高等学校土木工程本科指导性专业规范配套系列教材

总主编 何若全

地下工程施工

DIXIA GONGCHENG SHIGONG

主　编　姜玉松

副主编　张志红

　　　　陈海明

参　编　蔡海兵

　　　　李栋伟

重庆大学出版社

内容提要

《地下工程施工》是一门实践性很强的专业课程，是土木工程专业岩土与地下工程方向的核心课程之一。本书按高等学校土木工程指导委员会2011年编制的《高等学校土木工程本科指导性专业规范》的要求进行编写，遵照拓宽专业口径、核心内容最低标准的原则，重点介绍了交通、矿山、水利水电、城市地下空间等领域的地下工程中，普遍采用的、以暗挖为主的基本施工方法与工艺，内容包括：岩石平洞钻爆法施工、平洞支护施工、倾斜坑道施工、立井施工、岩石掘进机施工、盾构法施工、顶管法施工、沉管法施工、地下工程辅助工法等。

本书可作为高等院校土木工程有关方向的专业教材，也可供从事交通工程、矿山工程、水利水电工程、城市地下空间工程等领域的施工人员参考学习以及作为相关专业继续教育、培训教材使用。

图书在版编目(CIP)数据

地下工程施工/姜玉松主编.—重庆：重庆大学出版社，2013.12
高等学校土木工程本科指导性专业规范配套系列教材
ISBN 978-7-5624-7473-9

Ⅰ.①地… Ⅱ.①姜… Ⅲ.①地下工程—工程施工—高等学校—教材 Ⅳ.①TU94

中国版本图书馆CIP数据核字(2013)第130595号

高等学校土木工程本科指导性专业规范配套系列教材
地下工程施工
主 编 姜玉松
副主编 张志红 陈海明
责任编辑：王 婷 钟祖才 版式设计：莫 西
责任校对：刘 真 责任印制：赵 晟
*
重庆大学出版社出版发行
出版人：邓晓益
社址：重庆市沙坪坝区大学城西路21号
邮编：401331
电话：(023) 88617190 88617185(中小学)
传真：(023) 88617186 88617166
网址：http://www.cqup.com.cn
邮箱：fxk@cqup.com.cn (营销中心)
全国新华书店经销
重庆现代彩色书报印务有限公司印刷
*
开本：787×1092 1/16 印张：13.5 字数：337千
2014年1月第1版 2014年1月第1次印刷
印数：1—3 000
ISBN 978-7-5624-7473-9 定价：25.00元

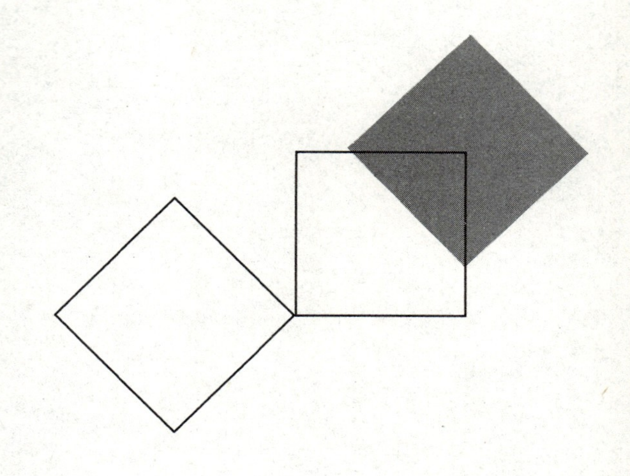

编委会名单

总　序

进入21世纪的第二个十年，土木工程专业教育的背景发生了很大的变化。“国家中长期教育改革和发展规划纲要”正式启动，中国工程院和国家教育部倡导的“卓越工程师教育培养计划”开始实施，这些都为高等工程教育的改革指明了方向。截至2010年年底，我国已有300多所大学开设土木工程专业，在校生达30多万人，这无疑是世界上该专业在校大学生最多的国家。如何培养面向产业、面向世界、面向未来的合格工程师，是土木工程界一直在思考的问题。

由住房和城乡建设部土建学科教学指导委员会下达的重点课题“高等学校土木工程本科指导性专业规范”的研制，是落实国家工程教育改革战略的一次尝试。“专业规范”为土木工程本科教育提供了一个重要的指导性文件。

由“高等学校土木工程本科指导性专业规范”研制项目负责人何若全教授担任总主编，重庆大学出版社出版的《高等学校土木工程本科指导性专业规范配套系列教材》力求体现“专业规范”的原则和主要精神，按照土木工程专业本科期间有关知识、能力、素质的要求设计了各教材的内容，同时对大学生增强工程意识、提高实践能力和培养创新精神做了许多有意义的尝试。这套教材的主要特色体现在以下方面：

(1)系列教材的内容覆盖了“专业规范”要求的所有核心知识点，并且教材之间尽量避免了知识的重复；

(2)系列教材更加贴近工程实际，满足培养应用型人才对知识和动手能力的要求，符合工程教育改革的方向；

(3)教材主编们大多具有较为丰富的工程实践能力，他们力图通过教材这个重要手段实现“基于问题、基于项目、基于案例”的研究型学习方式。

据悉，本系列教材编委会的部分成员参加了“专业规范”的研究工作，而大部分成员曾为“专业规范”的研制提供了丰富的背景资料。我相信，这套教材的出版将为“专业规范”的推广实施，为土木工程教育事业的健康发展起到积极的作用！

中国工程院院士　哈尔滨工业大学教授

沈世钊

前　言

21 世纪,人们将向地下要空间、要资源、要效益、要生存、要环境。据预测,今后数十年将是我国地下工程开发利用的突出时期。未来的时代是地下时代,人类将重返地下。因此,人们普遍认为,21 世纪将是开发地下工程的世纪。

从近十年看,地下工程的发展势头已初显端倪,交通、能源、水电、市政等地下工程建设的领域越来越广、数量越来越多、规模越来越大、埋藏越来越深。与日俱增的工程建设速度,增大了对地下工程建设人才的需求,不仅原具有地下工程建设强势的交通、矿业等院校加大了培养力度,同时许多综合性大学也纷纷开始涉足地下工程领域。为了迎接和满足这种需求,特编写了这本《地下工程施工》教材。

地下工程,顾名思义,是建设在地下的工程。它不仅容易受到地面环境因素的影响,而且更容易受到地下工程地质与水文地质条件的制约,同房屋、道路等地面工程相比,地下工程的建设更为艰难和复杂。因此,对每一位未来(或现在)的地下工程工作者来说,学习和掌握必要的地下工程施工技术,对保证施工安全,提高经济效益是十分重要的。

作为地下工程,工程规划与设计、结构设计与计算、施工工艺与技术是必修的三门核心专业课,这三者相辅相成,构成了地下工程设计与施工的完整体系:规划—设计—施工。本书讲述的主要是各种地下工程的施工方法与工艺,有关规划设计、结构设计等知识需在其他两门课程中学习。

地下工程是一个较为广阔的范畴。它泛指修建在地面以下岩层或土层中的各种工程空间与设施,是地层中所建工程的总称,通常包括交通山岭隧道工程、城市地铁隧道工程、矿山井巷工程、水工隧洞工程、水电地下硐室工程、地下空间工程、军事国防工程等,这些工程分属于不同的行业领域。从现有关于地下工程施工的教材看,行业特征比较明显,针对性较强,不符合当前教育体系的“大土木”精神。随着市场经济的发展,过去从事矿山、铁路、公路、水电、市政等建设施工的企业已逐渐打破了原有行业界限,纷纷跨出部门、行业,走向市场,承担着各种不同类型、不同领域的工程建设任务。对高等院校的人才培养而言,也应迅速适应这种市场变化,培养出能适应不同行业施工需要的人才。事实上,就地下工程而言,本质上只有两大工序:挖掘和支护,其他工作都是围绕这两大工序而开展的,所以不论哪一领域或行业,其基本施工原理和方法都是相通的。因此,本书尽量打破行业界限,淡化行业特征,重点讲述施工技术、施工工艺和施工方法,力求使本书打造成一本不具行业特征、以施工技术为主导体系的通用性教材。

地下工程种类繁多，分类不一。按空间位置分，有水平式、倾斜式和垂直式；按断面与长度的比例关系分，有厅房式（断面相对较大、长度较短）和洞道式之分；按领域分，有矿山、交通、水电、军事、建筑、市政等；按用途分，有交通、采掘、防御、储存、制造、加工、商贸、种植、养殖、居住、旅游、娱乐等；按形状分，有圆形、椭圆形、马蹄形、梯形、直墙拱形等；按埋藏深度分，有深埋式和浅埋式；按所处位置的介质分，有岩石、土和水。尽管分类繁多，但从施工角度看，最主要的是所处位置的介质、空间位置和形状，因为它们直接决定着施工方案与方法、施工工艺与设备的选择。岩石中与土层中、垂直的与水平的、圆形的和矩形的，所采用的施工设备和开凿方法差别很大。所以，本书在编写内容的安排上突出了这些特点，前4章按地下工程的空间状态及采用钻眼爆破法开挖编写（平洞、斜洞和立井）；第5章至第8章则是按照地层的不同及采用机械法施工为主编写，如岩石掘进机法、土层盾构机法和顶管法、水中的沉管法等。

岩石平洞是最为常见的地下工程，如公路与铁路山岭隧道、城市地铁隧道、地下矿山巷道、水工隧洞、人防坑道等，很多都设置在岩石中，且为呈水平布置的洞道式工程。岩石平洞的施工方法是地下工程施工最基本、最为常用的方法，因此要求学生必须牢固掌握。岩石平洞施工包括开挖和支护两个方面，考虑到篇幅的平衡，将其分别列章编写。但是，这里需要说明的是，对于平洞工程，不同行业领域有不同的称谓。公路及铁路部门称为隧道，矿山中称为巷道，水利水电部门称之为隧洞，而军事部门则称为坑道或地道，在市政工程中又称通道或地道。对此不同行业诸多的称谓，作为一本通用性教材，编者深感莫衷一是（在其他方面也存在类似问题）。因此，只好将其概念化，统称为平洞。但是，由于某种方法可能在某一领域使用较多，在叙述时又存在兼顾行业特点的称谓（如盾构主要用于隧道，书中不称平洞而仍称隧道），故在各章的叙述中又显得不够统一。好在名称的称谓不影响内容的理解，所以也就只好入行随俗了。

立井是地下矿山中的重要工程，也是过去矿山建设专业的重点教学内容。立井施工比平洞施工要复杂得多，技术性更强，而在通常的隧道工程书籍及地下工程书籍中却很少述及。近年来，随着山岭隧道长度的不断加大，通风立井、措施立井的施工项目越来越多，学习和掌握立井的施工技术显得十分必要。因此，本书将立井施工单独成章且做了重点叙述。

“无地铁，不城市。”我国目前发展最快的是城市地铁，全国已有36个城市拥有地铁、正在建设地铁和获准建设地铁。随着徐州、常州等“中等规模”城市地铁规划的获批，也让更多的二、三线城市看到了希望。预计今后10～20年将是我国地铁建设的兴盛时期。由于地铁必建于人口密集、商贸发达的地域，故其建设环境十分复杂，对其安全性要求极高，再加之考虑地层松软含水的因素，越来越多的地铁隧道采用了盾构法施工。为此，书中对盾构法做了较为详尽的论述，是学生学习的重点内容。

本书按高等学校土木工程指导委员会2011年编制的《高等学校土木工程本科指导性专业规范》进行编写，遵照拓宽专业口径、核心内容最低标准的原则，全书正文约30万字，按40学时讲授。由上述可知，地下工程门类多、行业领域多、施工方法多、工艺性强，在如此紧缩的字数和学时控制中难以做到面面俱到、事无巨细。按照编委会“留点空间给老师、留点时间给学生”的指示精神，在叙述上尽量做到言简意赅，在内容上尽量做到选精择要。“课本有限，网络无垠”，目前网络已经普及，为充实教学内容带来了极大的便利。因此，在教材的使用中，教师可在保证完成本书基本内容的前提下，根据各自情况通过网络查询有关内容，有补充地进行教学；学生应充分利用课余时间，上网查阅更多的专业知识和资料，深入了解各领域的技术发展现状。期待以此教学相长、课内外结合、“变本加厉”的方式,达到掌握地下工程施工技术的目的。

本书取材面广,内容精炼,尽量反映当前地下工程施工的主要工艺与技术,先进性与实用性结合,不同行业兼顾,不仅适用于矿山、铁路、公路、水利水电、城市地下空间等领域开设地下工程课程的高等学校使用,也可供这些行业的工程技术人员学习参考以及作为培训教材。

本书由安徽理工大学姜玉松教授担任主编并统稿,北京工业大学张志红副教授(博士后)和安徽理工大学陈海明副教授(博士后)任副主编。全书共分9章。第1、2章由姜玉松编写,第3、4章由安徽理工大学蔡海兵副教授(博士)编写,第5、6章由张志红编写,第7、9章由安徽理工大学李栋伟教授编写,第8章由陈海明编写。教材大纲规划承蒙系列教材总主编何若全教授、岩土与地下工程方向负责人刘东燕教授把关,教材编写参考了许多其他书籍及资料(详见参考文献)。在此谨向上述同志及书中引用文献的相关作者表示诚挚的谢意。

本书免费提供了配套的电子课件,包含各章的授课ppt课件、课后习题参考答案,放在重庆大学出版社教学资源网上供教师下载(网址:http://www.cqup.net/edustrc)。为方便教学,从网络上下载和书店里购买的资料中,选取了部分视频录像也一并提供,如顶管施工原理演示、沉管隧道施工、盾构施工、山岭隧道施工等。这里向这些视频资料的制作者们表示衷心感谢。

本书得到了重庆大学出版社的大力支持和资助,特别感谢重庆大学出版社的编辑为本书付出的心血。

受编者水平所限,书中缺点和错误在所难免,恳请读者提出宝贵意见,编者将不胜感激!

作者信箱:chm818@163.com(陈海明)、dwli@aust.edu.cn(李栋伟)、ysjiang@aust.edu.cn(姜玉松)

编 者

2013年7月

目 录

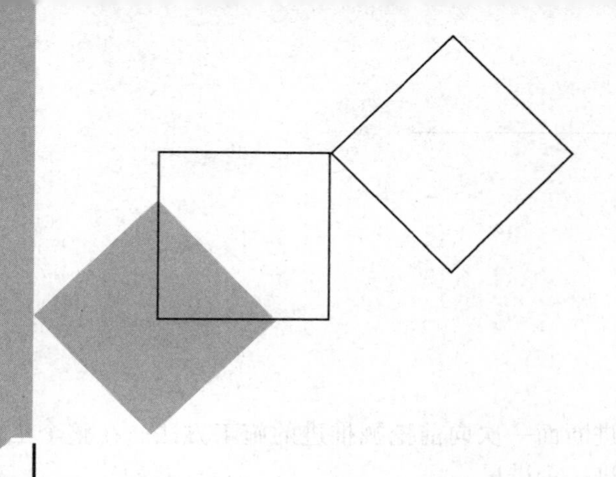

1 岩石平洞钻爆法施工

本章导读：

对于呈水平布置、断面相对较小、长度较大的洞道式地下工程，不同行业或部门有不同的称谓，例如，公路与铁路交通行业称其为隧道，矿山行业称其为平巷（巷道）或平硐，水利水电行业称其为隧洞，军事部门称其为坑道、通道等。为方便叙述，不失其通用性，本章将其统称为平洞。岩石平洞是最为常见的地下工程，其掘进施工方法大多为钻眼爆破法。钻眼爆破是地下工程开挖最基本也是应用最多的技术，要求学生牢固掌握。

- **主要教学内容**：以钻眼爆破法为主的开挖施工工艺与技术，包括开挖的基本方案、钻眼设备、炮眼的布置、爆破参数的选择、岩石装运设备以及不良地层的施工方法特点与要求。
- **教学基本要求**：掌握地下工程的基本开挖方案；了解常用的钻眼设备类型，能较为合理地选择钻眼机具；掌握开挖面炮眼的布置方法，能够编制出较为合理的爆破图表；熟悉岩石装运的设备和调车方法。
- **教学重点**：平洞开挖的基本方案，爆破参数的选择，岩石装运设备的选择。
- **教学难点**：爆破参数的合理选择及爆破图表的编制。
- **网络资讯**：网站：www. stec. net，www. cnksjxw. com。关键词：岩石巷道，平巷，隧道开挖，隧道施工，钻眼爆破，装渣机，装岩机，爆破图表，循环图表。

1.1 基本施工方案

1.1.1 全断面一次开挖法

全断面一次开挖法是按整个设计掘进断面一次向前挖掘推进的施工方法。在整个工作面上钻眼,然后同时爆破,使整个工作面推进一个进尺。

该法的优点是可最大限度地利用洞内作业空间,工作面宽敞,能使用大型高效设备,加快施工进度;断面一次挖成,施工组织与管理比较简单;能较好地发挥深孔爆破的优越性;通风、运输、排水等辅助工作及各种管线铺设工作均较便利,故条件许可时应优先被考虑。其缺点是施工时要使用笨重而昂贵的钻架,一次投资大;多台钻机同时工作时的噪声极大。

该法可用钻孔台车钻孔,一次爆破成洞,用大型装岩机及配套的运载车辆将渣石运出(图1.1)。掘进断面较小时,一般先登渣进行拱部锚喷支护,渣石出完后再进行墙部支护。断面较大时,通常需先进行初次支护(用钢拱架及锚喷),再进行二次混凝土支护。

一般认为,该法主要用于围岩稳定、坚硬、完整、开挖后不需临时支护的Ⅰ~Ⅱ类围岩的石质工程以及高度不超过5 m、断面不超过30 m^2 的中小型断面平洞。但随着大型施工设备的不断出现、施工机械化程度和施工技术的不断提高,全断面一次施工法用得越来越多,即使地质条件比较差时,由于新奥法、锚杆喷射混凝土、注浆加固、管棚支护及防排水等新技术的应用,也能够采用。日本施工的五里峰隧道,开挖断面70 m^2,采用了3 m^3 大型电铲、6臂龙门式凿岩台车及25 t自卸汽车等大型设备,采用此法实现了快速施工。

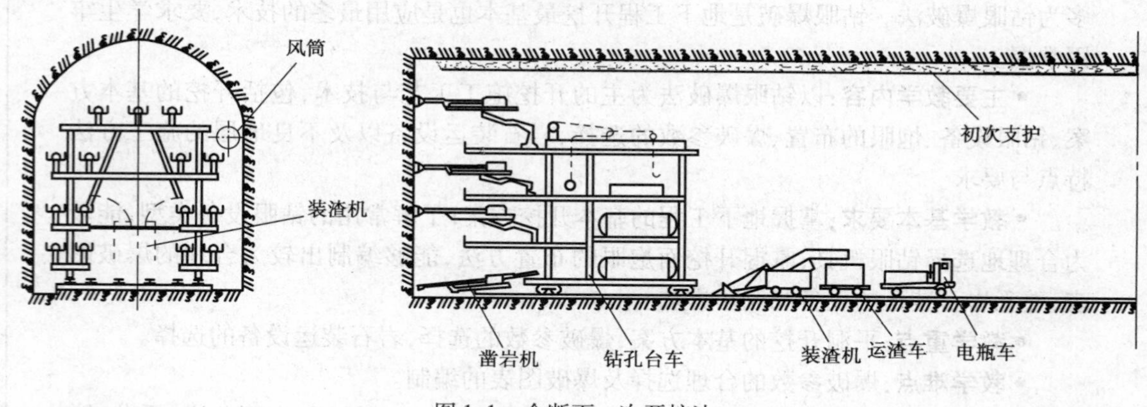

图1.1 全断面一次开挖法

1.1.2 分断面两次开挖法

该法是将整个平洞断面分成两部分,在全长范围内先开挖好一个部分,再开挖另一部分。它适合于稳定岩层中断面较大、长度较短(数百米)或者要求快速施工以便为另一平洞探清地质情况的平洞施工。

1)上半断面先行施工法

该法是先将平洞上半断面在全长范围内开挖完毕，然后再开挖下半断面。上下断面面积的比值取决于所采用的开挖设备和岩石的稳定性。开挖上半断面时，先进行顶部支护。下分层可采取垂直、倾斜或者水平的炮眼进行爆破开挖，钻孔和装渣可同时进行；开挖的同时进行两侧墙部支护。

该法与全断面一次开挖相比，开挖面高度不大；混凝土衬砌不需要笨重的模板，可降低造价；不需笨重的钻架；下分层开挖时运渣和钻孔可平行作业，进度快；下分层爆破有两个临空面，效率高、成本低。但由于上下分层施工循环各自独立，与全断面一次开挖相比，工期增长；必须在两个平面上铺设道路和管道。此法在长度较短的公路山岭隧道中应用较多。

2)下半断面先行施工法

该法是先将平洞的下半断面在全长范围内开挖完，然后再开挖上半断面。下半断面全宽开挖并进行衬砌。上半断面可站在岩堆上钻孔或从底板向上钻垂直孔。该法上部施工有两个临空面，钻爆成本低；开挖上部时钻孔和装岩可平行作业；涌水大时可有效地排水。但在岩堆上钻孔不方便也不安全；下分层施工时顶部需要支护，上分层施工时又需将其爆除或拆除，费工费时且不经济，故使用不多。

3)先导洞后全断面扩挖法

该法先沿平洞的中线，按全长开挖导洞，然后再扩挖至设计断面的施工方法。导洞的位置，可根据具体条件位于平洞的底板、顶板或中部(拱基线水平)。导洞可用掘进机或钻爆法挖掘。

该法可对洞内地质进行连续的调查，能进行涌水和瓦斯的预防及连续排放，能在扩挖之前预先加固岩体，能使岩体中的高应力预先释放，有利于扩挖期间的通风，便于增加一些中间入口实施多头同时扩挖，缩短整个平洞的开挖时间。

扩挖时，由于导洞提供了第二个临空面，可使用深孔爆破，提高爆破效果，被认为是一种能提高掘进速度的好方法。如秦岭铁路Ⅱ线隧道，为了对Ⅰ线隧道进行地质预报及为全断面掘进机提供通风、排水、运输等辅助条件，在隧道的中线沿底板先掘一导洞，设计掘进断面 26 m^2(宽 4.8 m、高 5.9 m)，直墙半圆拱形，采用钻爆法施工。待Ⅰ线隧道完工后再进行扩挖。南昆铁路米花岭隧道是利用平导通过数个横通道与正洞相连后，不扩大工作面而进行下导洞快速开挖，然后进行全断面扩挖，设备布置如图 1.2 所示。

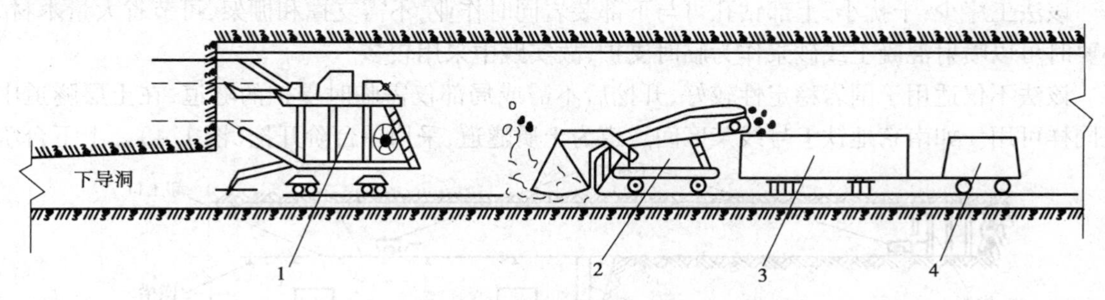

图 1.2　米花岭隧道先导坑后全断面扩挖设备布置

1—TH568-5 型门架式四臂凿岩台车；2—KL-20E8 型挖装机；

3—14 m^3 梭式矿车；4—蓄电池电机车

用掘进机掘进导洞是意大利广为采用的方法，故称“意大利施工法”。即先用小直径(3.5～5 m)全断面掘进机沿隧道中线掘一贯通导洞，然后用钻眼爆破法扩挖。

1.1.3 台阶工作面法

该法是将平洞断面分成2或3个分层，各分层在一定距离内呈台阶状推进。这种方法的特点是缩小了断面高度，不需笨重的钻孔设备；后一台阶施工时有两个临空面，爆破效率高。按台阶长度不同，可分为长台阶(一般大于5倍洞宽)和短台阶(小于2倍洞宽)；按台阶布置方式不同，可分为正台阶和反台阶两种方法。

1)正台阶法

该法为上部分层超前施工，故又称下行分层施工法。施工时首先掘上部弧形断面(高度一般为2～2.5 m)，然后逐一挖掘下面各部分。图1.3为3个分层的情况，其施工顺序(图中开挖用阿拉伯数字表示，衬砌或其他支护结构用罗马数字表示，二者续编，本节以下各图同)是：先开挖①部，其次开挖②部，最后再挖出③部。等断面全部挖出后，便浇筑边墙Ⅳ及拱圈Ⅴ。

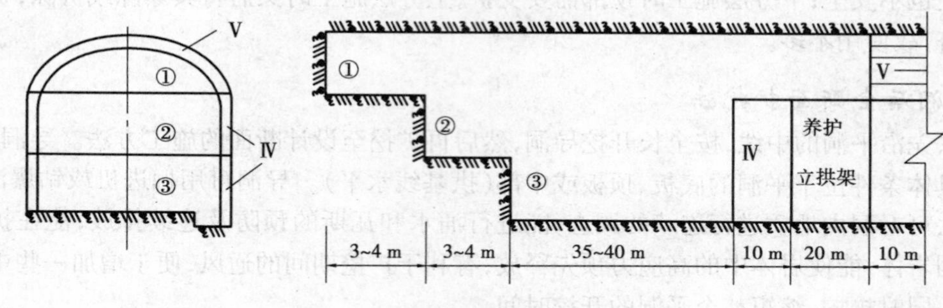

图1.3 正台阶施工法

采用正台阶施工法要注意以下几点：

第一，要根据具体条件合理确定上、下分层的错距。距离过大，上分层出岩困难；过小，上分层钻眼不便。分层数目少、分层断面大、使用较大型的施工机械时，错距可适当加大。

第二，装岩、钻孔机械能力足够时，应尽量减少分层数。台阶较短(3～5 m)时可采用上下分层同时钻眼、一次爆破的开挖法。

该法工序少，干扰小，上部钻孔可与下部装岩同时作业，不需支撑和棚架，可节省大量木材，必要时可以喷射混凝土或砂浆作为临时支护，故实践中采用较多。

该法不仅适用于围岩稳定性较好、开挖后不需或局部仅需临时支护的隧道，在土层隧道中也同样可用。如南京地铁1号线某区间隧道为土质隧道，采用单台阶开挖(图1.4)。上下台阶

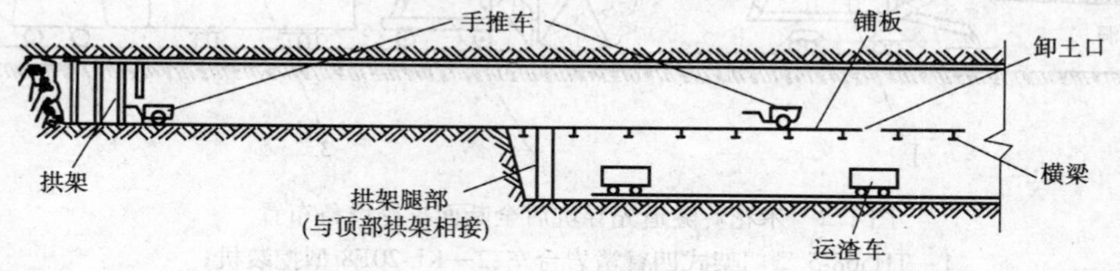

图1.4 土质隧道长台阶工作面施工方法

工作面相距30～50 m。上台阶挖掘时,进行拱部的钢拱架和锚喷支护;下台阶掘进时,进行墙部及底部的钢拱架施工,并与拱部的钢拱架接好,同时进行锚喷支护。下台阶掘进时,每隔1～2 m在位于上台阶底板水平安装一道横梁,横梁上面铺设复合压缩板,作为上台阶的出土运输平台。

如果顶部围岩不好时,上台阶施工应采用环挖预留核心土法,即先进行顶部环形开挖,并进行初次支护,再挖去中心土,施工顺序如图1.5所示。

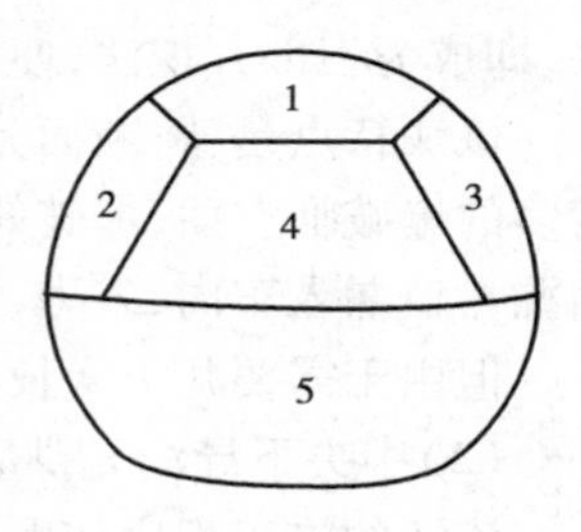

图1.5　上部台阶环挖法

2)反台阶法

反台阶法又称为上行分层施工法。即先挖掘最下部分层,再逐一向上挖掘其余各分层。该法能使施工工序减少,干扰小,下部断面可一次挖至设计宽度,空间大,便于出岩运输和布置管线。较适合于围岩稳定、不需临时支护、无大型装岩设备的情况。由于安全性比较差,后面台阶施工对前面施工有影响,故应用很少。

1.1.4　导洞施工法

导洞法即先以一个或多个小断面导洞超前一定距离开挖,随后逐步扩大开挖至设计断面,并相机进行砌筑的方法。该方法主要用于地质条件复杂或断面特大的地下硐室或隧道工程。

1)中央下导洞施工法

导洞位于断面中部并沿底板掘进。导洞掘至预定位置后,再开帮挑顶,完成永久支护。

(1)中央下导洞先墙后拱法

该法的施工顺序是下导洞掘进后,先挑顶后开帮,在开帮的同时完成砌墙工作。根据围岩条件、断面大小可采用六部开挖法或三部开挖法。六部开挖法如图1.6所示,施工工艺为:先开挖下导坑①部,考虑到爆破作业安全、存放渣车及探明地质,下导坑宜超前一定距离。随后架设漏斗棚架,向上开挖②(称为拉槽)和③部(挑顶)。挑顶时要挖至拱部设计轮廓线,并考虑一定的预留沉降量。③部开挖完后立即进行刷帮,开挖④、⑤、⑥部。最后按先墙后拱的顺序衬砌浇筑。

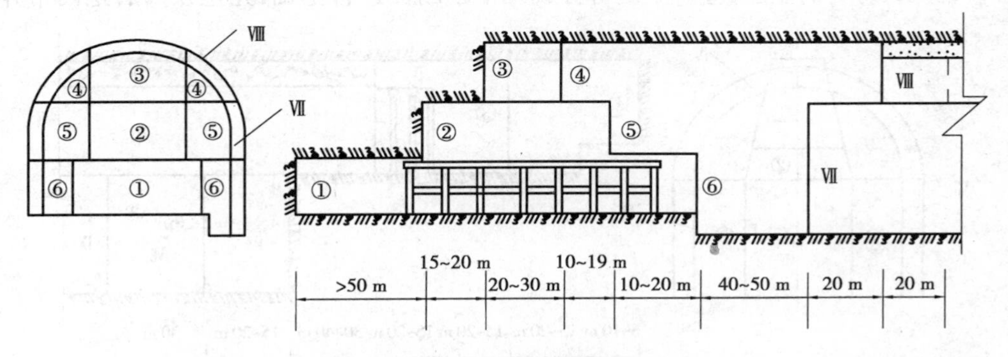

图1.6　下导洞漏斗棚架法

该法除下导坑和左右两帮(①部和⑥部)外,其余各部位的石渣均可经由漏斗漏到棚下的斗车内,再运出洞外。围岩条件允许时,可将①部与②部合并、③部与④部合并、⑤部与⑥部合并，即成为三部开挖法，使工序大为简化。

该法特点是：将断面分成若干部分进行开挖，可容纳较多人员同时施工；除下导洞外，均有较多的爆破临空面，爆破效果好；可利用棚架及岩堆完成整个断面的钻眼爆破作业；棚架上石渣由漏斗口漏入车内，省力、速度快；衬砌是先墙后拱连续施工，整体性好。

但由于需要几十米长的棚架，需用大量木材、钢轨，棚架也易因爆破而损坏。

(2)中央下导洞先拱后墙法

该法的施工程序如图1.7所示。以下导洞①领先，②部开挖的断面一般高2.0 m、宽2.0 m左右。开挖时要多布孔，少装药，尤其应控制离排架较近炮眼的装药量。④部扩大开挖距③部一般20 m左右，不宜太长，开挖的渣石不立即拉走，用其填平②部拉槽，作为衬砌工作平台。③、④部开挖后可立即用锚杆进行支护。扩大开挖完后，应立即灌注拱部混凝土。最后拆除棚架，开挖⑥部，并立即进行砌墙。

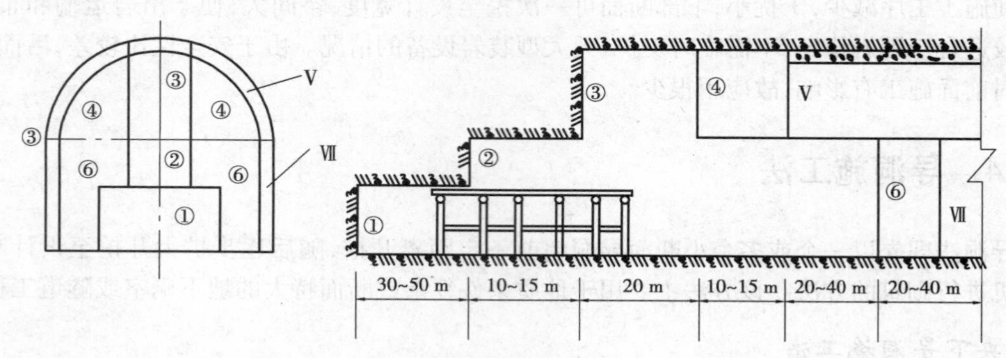

图1.7　下导洞先拱后墙法

该法施工效率高、速度快、施工安全好，地层变化时改换其他方法比较容易。但消耗木材和钢材较多，爆破易损坏棚架，衬砌整体性差。在条件允许时，也可将①、②部合并，③、④部合并，与⑥部形成三部开挖法，以使工序简化。

2)中央上导洞施工法

该法适用于需随挖随砌的围岩稳定性较差的石质或土质隧道，施工程序如图1.8所示。导坑①超前开挖并架临时支撑，随后落底②，更换导坑支撑。最后依次扩大两侧③，并立即进行砌筑。松软、含水、易坍的土层，应将导坑再分成几个小断面进行挖掘，先挖顶部后挖两帮并进行

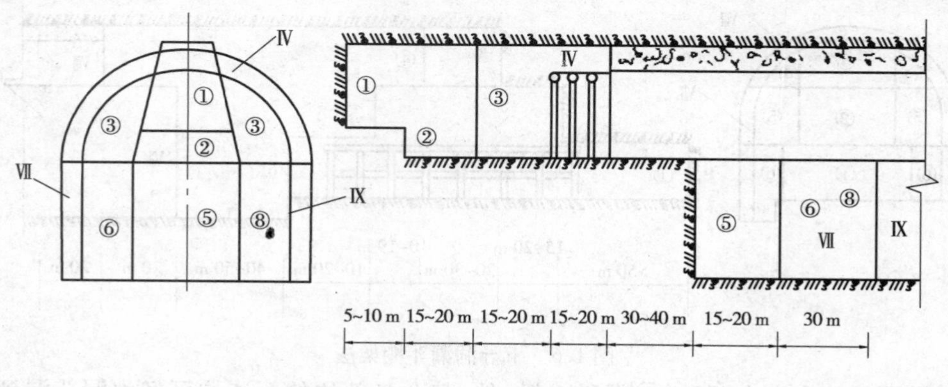

图1.8　中央上导洞施工法

临时支撑，最后挖掉中间部分。土质隧道中，中间部分⑤可分三层进行。为防止拱脚内移，可在拱脚处架设横撑梁；为防止两侧内移，在断面⑤的中上部也应设横撑。两侧墙⑥、⑧交替开挖，每侧开挖完成后立即砌墙。

3）侧壁导洞施工法

（1）单侧壁导洞法

该法是将断面分成3块（图1.9），首先开挖导洞1，并进行钢拱架支撑和锚喷支护，待导洞向前掘进一定距离后，再在后面进行断面2和3部分的开挖，并进行初次支护。2、3部分采用正台阶法开挖，并进行侧壁初次支护。掘至导洞位置后，再逐步拆除支撑，施工仰拱。最后浇筑全周圈的二次衬砌。如果围岩条件许可，2、3部分也可不设台阶，一步开挖；如果围岩较差，断面很大，还可设更多的台阶。导洞尺寸依据施工设备和施工条件而定，其宽度不超过全洞宽的一半，其高度以到起拱线为宜。

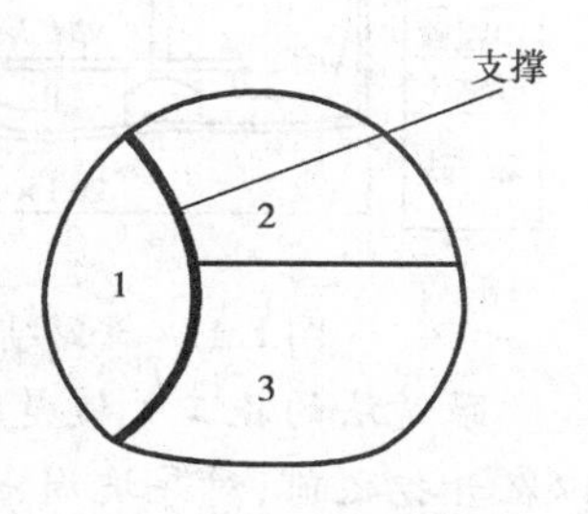

图1.9　单侧壁导洞法

该法适用于断面跨度较大的松散软弱地层、顶板难以控制的双线交通隧道。其特点是施工安全度较高，控制地层变形较好，但施工进度较全断面法和台阶法慢，造价略高。

（2）双侧壁导洞法（眼镜法）

该法在浅埋大跨度隧道，地表下沉量要求严格，围岩条件特别差，单侧壁法难以控制围岩变形时采用。该法一般将断面分成4块，如图1.10所示。根据围岩情况，两侧导坑可同时施工，也可顺序施工。导洞宽度不宜超过隧道最大宽度的1/3。左右导洞开挖面错开的距离，应根据开挖一侧导洞所引起的围岩应力重新分布的影响不致波及另一侧已成导洞的原则确定。如果侧向变形大，也可在导洞的中部设置横撑，形成双眼镜。

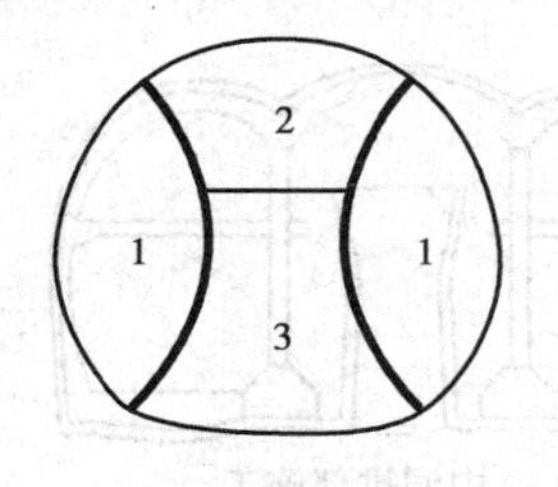

图1.10　双侧壁导洞法

施工顺序：开挖一侧导洞1并及时进行初次支护；相隔一定距离后开挖另一导洞并进行初次支护；开挖中间部分的上半断面2，进行拱部初次支护；拱脚支承在两侧导洞的初次支护上；开挖下部3并进行底部初次支护，使初次支护全断面闭合；拆除导洞部分的内侧初次支护，施作二次衬砌。

该法的特点是：虽然开挖断面分块多，扰动大，初次支护全断面闭合的时间长，但每个分块在开挖后立即各自闭合，所以在施工中变形很小（现场实测表明，地表沉陷仅为短台阶法的一半）；施工速度较慢，成本较高。

【工程实例1.1】　北京地铁西单车站施工

该工程是在繁华地区修建的大跨度、超浅埋、特大型地下工程，为三联拱双层岛式站台结构，如图1.11所示。车站通过的地层十分松散，自稳能力极差，埋深最大为6.0 m。车站全长260 m，高13.5 m，开挖宽度26.14 m。设计要求下沉值不得超过30 mm。

施工方案：在对施工方法进行比较后，决定采用如图1.12所示的眼镜法。其主要特点是：将车站主体结构分为三个洞，两侧洞分别采用眼镜法施工，形成空间，施作完二次衬砌，而后再用正台阶法施作中洞。采取“眼镜超前，化大为小，先侧后中，连环封闭”的施工原则，最大限度地控制地表下沉和对周边环境及结构物的影响。

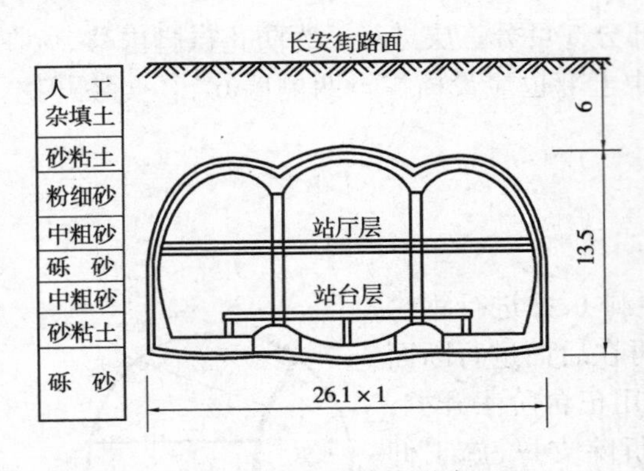

图 1.11　车站结构形式

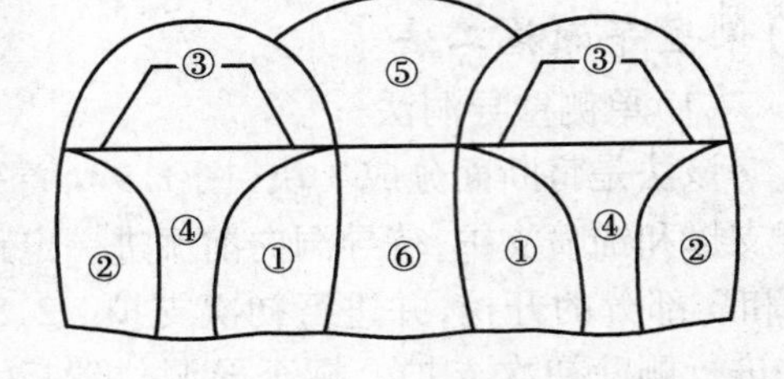

图 1.12　眼镜法施工图(数字为施工顺序)

眼镜法的施工关键是眼镜(大导坑)的开挖和支护。由于眼镜多处于砂层和黏土层中,所以在开挖之前,对导坑周围移动范围内的地层进行了小导管注浆加固,开挖时保留核心土,以提高工作面的稳定性。

施工过程:首先进行两侧边洞①、②的施工,边洞内采用正台阶法开挖,上台阶超前 3.5 m,开挖后及时支护并形成封闭环,如图 1.13(a)所示。两侧眼镜形成封闭环后,开始开挖上部半断面。这是整个施工过程中一次性开挖支护的最大断面。施工中,在拱部设置了 ϕ115 mm 的大管棚超前支护,并辅以小导管注浆,同时保留核心土;把上半断面的拱部格栅与眼镜格栅牢固连接好。根据施工步骤,两侧洞开挖后进行二次衬砌和施工站柱[图 1.13(b)],作好二次衬砌后,再开挖中洞。中洞开挖时,先开挖拱部,预留核心土,待拱部衬砌好后再挖去核心土,并封闭仰拱,如图 1.13(c)所示。中洞的初期支护由格栅、钢筋网和喷混凝土组成,并形成封闭环形。初次支护落在两侧洞的柱梁顶部,并连接牢固。

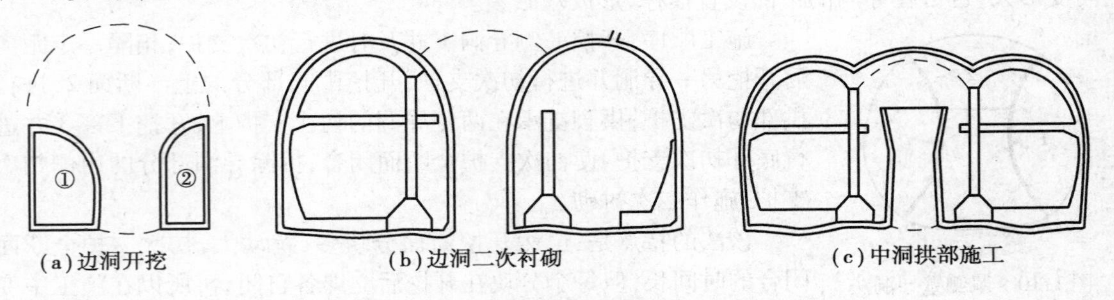

(a)边洞开挖　(b)边洞二次衬砌　(c)中洞拱部施工

图 1.13　地铁车站施工过程

4)中隔壁法

该法主要适用于地层较差和不稳定岩体,且地面沉降要求严格的地下工程施工。通常是将整个断面分为左右两部分,中间用临时支撑进行支护,形成中间侧壁,故称中隔壁法,又称 CD 法(Center Diaphragm Method)。中隔壁两侧分别开挖,中间不设横支撑。两侧断面都较大时,可将每侧断面分为 2 或 3 个台阶,形成台阶法开挖,如图 1.14(a)所示。

地下工程的设计断面宽度较大,围岩很不稳定,侧向变形大,仅竖向设置中隔墙难以保证围岩的稳定时,就需采用交叉中隔墙施工法,又称为 CRD 法(Cross Rib Diaphragm Method),即在水平方向再设置 1~2 层横向支撑(临时仰拱),如图 1.14(b)、(c)所示。

交叉中隔墙施工法与 CD 法相比,增加了横向支撑,所以必须采用台阶式(分层)开挖,开挖的顺序如图中的数字所示。也可以从上向下分层施工,在同一层中再分左右顺序开挖。

CD 法和 CRD 法是大跨度(20 m 以内)隧道或其他地下工程中应用较为普遍的方法。施工中应严格遵守正台阶法的施工要点,尤其要考虑时空效应,每一步必须快速,及时封闭成环。

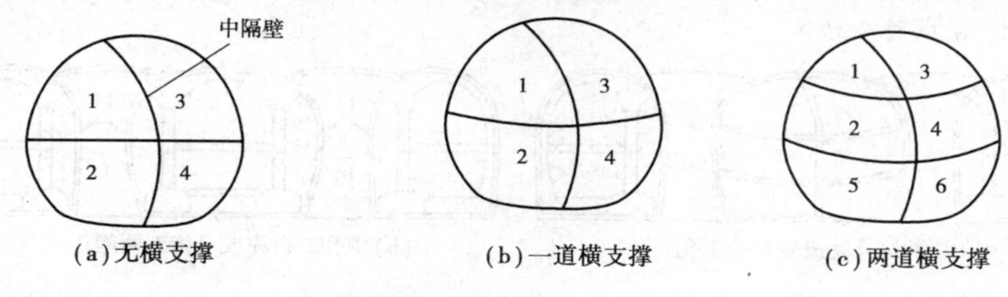

图 1.14　中隔壁法

【工程实例 1.2】　北京饭店地下停车库施工

该车库设于北京饭店东、中、西楼前车场下,覆土厚 6.2 m,采用暗挖法修建。东西全长 271.0 m,南北总宽 36.0 m,设计停车位 506 个。南侧毗邻在建的地铁王府井车站及区间,北侧紧临北京饭店大楼,其最近距离不到 2.0 m。停车库结构以上雨水、污水、热力、电力等地下管线纵横交错。车库主体结构为地下二层,五跨四柱拱形结构,如图 1.15 所示。

主体结构断面采用复合衬砌连拱结构,初期支护为网喷混凝土,厚 30 cm;二次衬砌为防水钢筋混凝土,最小厚度 50 cm,底板厚 110 cm。立柱采用 ϕ800 mm 钢管混凝土。

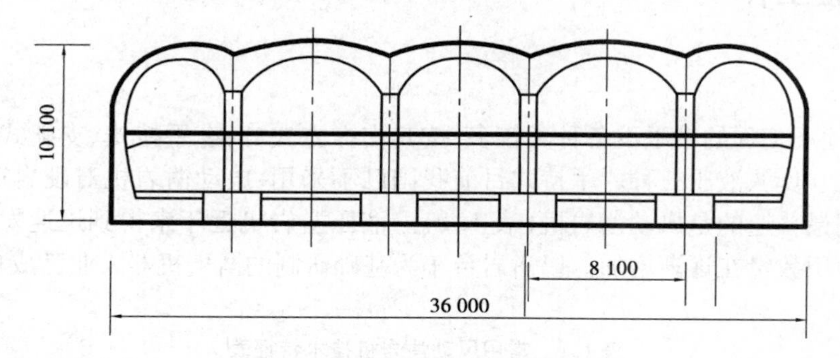

图 1.15　主体五跨结构断面图

针对本工程多跨连拱结构的特点,施工方案选择遵循的原则是:稳妥可靠、万无一失;地面沉陷不得大于 30 mm,并做到所有地下管线正常使用;保证饭店大楼的沉降及倾斜满足控制标准,即倾斜率≯29‰;充分利用我国现有的浅埋暗挖成熟技术;最大限度地减少施工对饭店营业的干扰。根据这些原则,经多方案比较,决定采用如图 1.16 所示的施工方案。

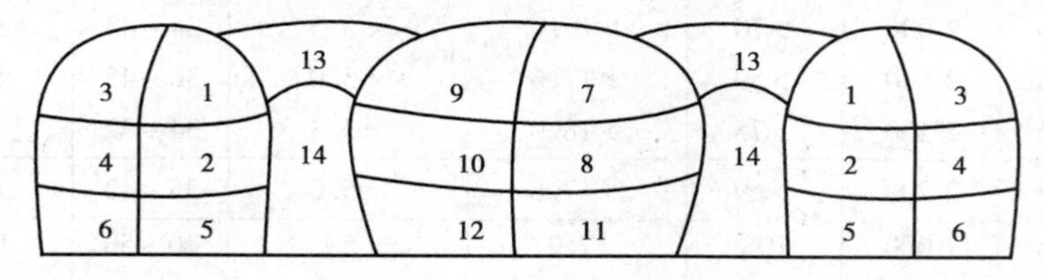

图 1.16　五跨结构施工方案

施工顺序:主体五跨结构断面的施工顺序如图 1.17 所示(图中数字为施工顺序)。

第 1 步:采用 CRD 法,按 1 ~6 顺序对称修建左、右边孔,包括开挖、支护。

第 2 步:边孔二衬完成后,采用 CRD 法,按 7 ~12 顺序修建中孔,包括开挖、支护等。

第 3 步:中孔二衬完成后施工两侧孔,采用上弧导开挖 13 和 14,并及时支护。

第 4 步:完成整个结构。

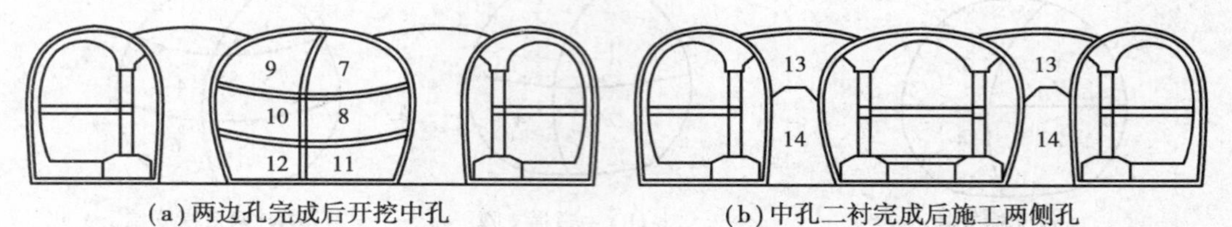

图 1.17　五跨结构施工步骤图

1.2　钻眼爆破作业

钻眼爆破是开凿岩石地下工程中最基本的施工作业方法。钻眼爆破的要求是:断面形状尺寸符合设计要求;矸石块度大小适中,便于装岩;掘进速度快,钻眼工作量小,炸药消耗量最小;有较好的爆破效果,表面平整,超欠挖符合要求,对围岩的震动破坏小。

1.2.1　钻眼工作

1)钻眼机具

用于开挖地下工程的钻眼设备种类较多,按其支撑方式分,有手持式、支腿式和台车式;按动分力,有风动、电动、液压三种。手持式目前我国已不采用,电动凿岩机对硬岩适应性较差而选用较少,使用最普遍的是风动凿岩机(表 1.1)。液压凿岩机近年来得到迅速发展,它与凿岩台车相配合,使用数量在逐渐增加。以凿岩台车为基础研制的凿岩机器人业已成功并已有样机问世。

表 1.1　常用风动凿岩机技术特征表

型　号	机重 /kg	冲击频率 次/ min	冲击功 /J	扭矩 /(N·m)	耗风量 /($m^3 \cdot min^{-1}$)	钻孔直径 /mm	最大钻深 /m	备　注
YT-23	23	2 100	59	>14.7	<3.6	34 ~42	5	气腿式
YT-24	24	1 800	>59	>12.7	<2.9	34 ~42	5	
YT-26	26	2 000	>70	>15.0	<3.5	34 ~43	5	
YTP-26	26	2 600	>59	>17.6	<3.0	36 ~45	5	
YT-28	26	2 100	>75	>18.0	<3.3	34 ~42	5	
YSP-45	44	2 700	>69	>17.6	<5.0	35 ~42	6	向上式
YG-40	36	1 600	103	37.2	5	40 ~50	15	导轨式
YG-80	74	1 800	176	98.0	8.1	50 ~75	40	
YGZ-90	90	2 000	196	117.0	11	50 ~80	30	

（1）气腿式风动凿岩机

气腿式风动凿岩机的结构和操作方式如图 1.18 所示。气腿式凿岩机一般都为中低频凿岩机，较硬岩石中使用时，应选冲击功、扭矩相对较大些的机型，如 YT-28 型。

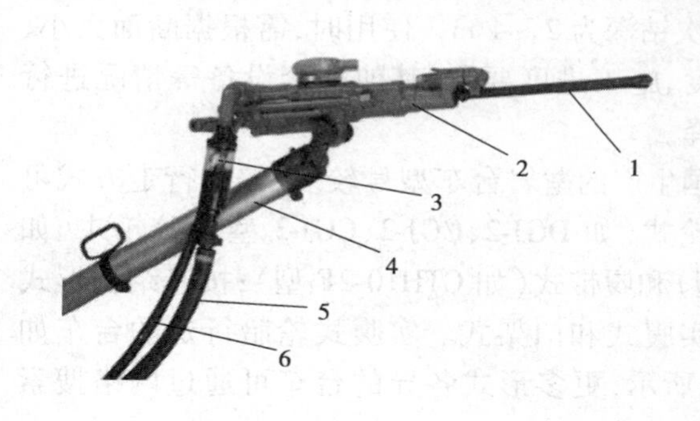

图 1.18　气腿式凿岩机外形图及操作方式

1—钎子；2—主机；3—注油器；4—气腿；5—压风软管；6—水管

使用气腿式凿岩机可多台凿岩机同时钻眼，钻眼与装岩平行作业，机动性强，辅助工时短，便于组织快速施工。工作面凿岩机台数：按巷道宽度来确定时，一般每 0.6～0.8 m 宽配备一台；按巷道断面面积确定时，在坚硬岩石中常为 2.0～2.5 m^2 配备一台，在中硬岩石中可按 2.5～3.5 m^2 配备一台。在高度较大的地下工程，采用多台凿岩机同时工作时，可使用自制凿岩台架。

钻眼前应做好各项准备工作。测量人员应给出准确的掘进方向。钻眼时应保证眼位准确。

掘进工作面同时使用风、水的设备较多，并且拆卸、移动频繁，为提高钻眼工作效率和各工序互不影响，必须配备专用的供风、供水设施，并予以恰当的布置。一般情况下，工作面风、水管路的布置如图 1.19 所示。它的主要特点是在工作面集中供风、供水，将分风、分水器设置在巷道两侧，这样既方便了钻眼工作，又不影响其他工作。分风、分水器通过集中胶管与主干管连接，便于移动，并分别采用滑阀式和弹子式阀门，使风动设备装卸方便。

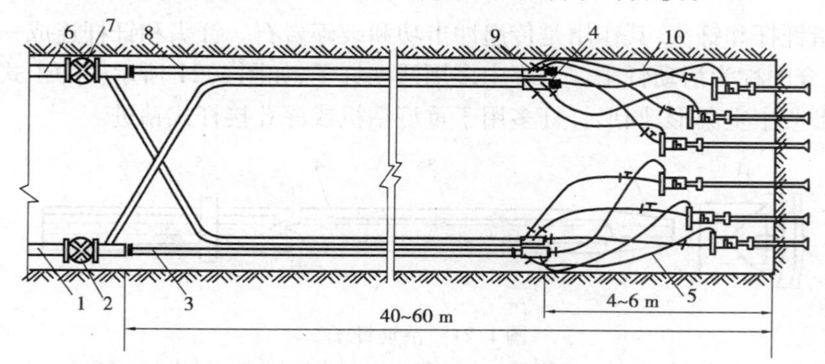

图 1.19　工作面风水管路布置

1—压风干管；2—压风总阀门；3—供风集中胶管；4—分风器；5—供风小胶管；
6—供水干管；7—供水总阀门；8—供水集中胶管；9—分水器；10—供水小胶管

（2）凿岩台车

凿岩台车是将一台或多台液压凿岩机连同推进装置安装在钻臂导轨上，并配以行走机构，使凿岩作业实现机械化的施工设备，具有效率高、机械化程度高、可钻中深炮孔、钻眼质量高等优点。随着隧道施工机械化水平的不断提高,台车式钻眼设备得到了越来越多的使用。

图 1.20　凿岩台车外形图

凿岩台车一般由行走部分、钻臂和凿岩推进机构三部分组成。台车的钻臂数目可为 1 ~4 个,常用 2 ~3 个,一次钻深为 2 ~4 m。使用时,需根据断面大小、岩石硬度、施工进度要求、其他配套设备等情况进行优化选择。

我国生产的凿岩台车型号较多,按其行走方式可分为轨轮式(如 DGJ-2、CGJ-2、CGJ-3 型)、胶轮式(如 CTJ-3 型)和履带式(如 CTH10-2F 型);按其结构形式可分为实腹式和门架式。实腹式轮胎行走的台车如图 1.20 所示,更多形式各异的台车可通过网络搜索而得。

轨轮式适用于中小型断面,易与装岩设备发生干扰;门架式适用于大型断面隧道,装岩设备可从门架内进出工作面,二者干扰少,有利于快速施工。米花岭隧道钻孔深 3.8 m,使用了 TH563-5 型门架式四臂台车。秦岭隧道Ⅱ线平导施工中,前期采用了 TH178 轮式三臂液压台车打眼,由于与运岩车及其他车辆避让困难,每 500 m 要增设一处会车道,放炮时台车停放在会车道上,运渣车过会车道后才往工作面开,工作面易形成空当,不利于快速施工。后改用了 TH568-10 门架式三臂凿岩台车打眼,隧道内每 1.0 ~1.2 km设一处会车道,放炮时台车退回 200 m 即可。工作面矸石未装完时,台车可开在附近做准备工作,这样工序紧凑,实现了快速施工。

20 世纪 70 年代末,芬兰、法国、美国、日本等近 20 个国家开始了凿岩机器人的研究。它是将信息技术、自动化技术、机器人技术应用于凿岩台车中的先进凿岩设备。国内于 2000 年成功开发出了国内第一台计算机控制的凿岩机器人,其功能和性能达到了国际先进水平。

2)钻眼工具

凿岩工具指钎杆和钎头,其作用是传递冲击功和破碎岩石。钎头和钎杆连成一体的称为整体钎子,分开组合的称为活动钎子。工程中多用活动钎子,如图 1.21 所示。冲击式凿岩用的钎杆为中空六边形或中空圆形,圆形钎杆多用于重型钻机或深孔接杆式钻进。

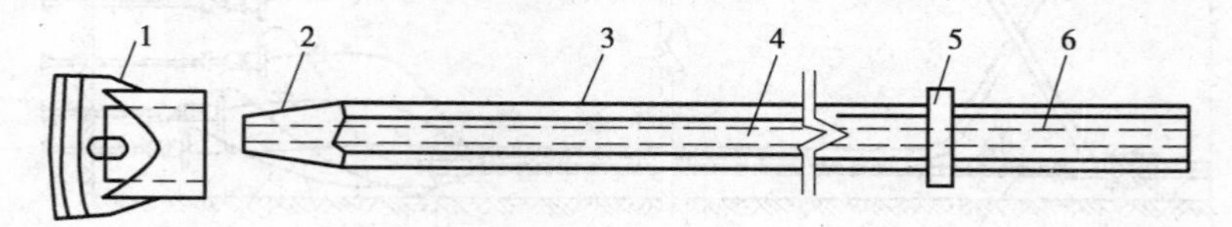

图 1.21　活动钎子

1—活动钎头;2—锥形梢头;3—钎身;4—中心孔;5—钎肩;6—钎尾

活动钎子由活动钎头和钎杆组成,二者用锥形连接。钎杆后部的钎尾插入凿岩机的转动套筒内,是直接承受冲击力和回转力矩的部分。钎肩起限制钎尾进入凿岩机头长度的作用,并便于卡钎器卡住钎子,防止钎子从机头内脱出。钎杆中央有中心孔,用以供水冲洗岩粉。

活动钎子可提高钎杆的利用率,钎头修磨时可减少钎杆搬运量,并有利于专门工厂研制高质量的硬质合金钎头,以适用不同岩性和凿岩机对钎头的不同需要。

钎头形式较多,但最常用的是一字形、十字形和柱齿形钎头,如图 1.22 所示。成品钎头镶有硬质合金片或球齿。一字形结构简单、凿岩速度较高、应用最广,适用于整体性较好的岩石。十字形较适用于层理、节理发育和较破碎的岩石,但结构复杂、修磨困难、凿岩速度略低。柱齿形钎头是一种新发展起来的钎头,排渣颗粒大、防尘效果好、凿岩速度快、使用寿命长,适用于磨蚀性高的岩石。钎头应根据钻眼的直径和岩石的硬度大小选择。一般气腿式凿岩机用钎头直径多为38 ~43 mm,台车多用 45 ~55 mm。

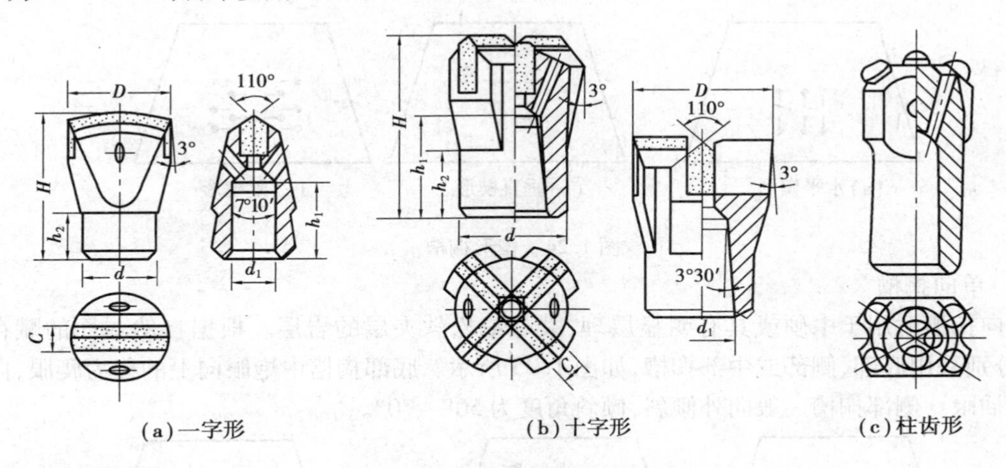

图 1.22　活动钎头结构示意图

1.2.2　爆破工作

1)掏槽方式

在全断面一次开挖或导坑开挖时,只有一个临空面,必须先开出一个槽口,作为其余部分新的临空面,以提高爆破效果。先开这个槽口称为掏槽。掏槽的好坏直接影响其他炮眼的爆破效果。掏槽形式分为斜眼和直眼两类,每一类又有各种不同的布置形式。

斜眼掏槽适用范围广,爆破效果较好,所需炮眼少。但炮眼方向不易掌握,孔眼受断面大小的限制,碎石抛掷距离大。直眼掏槽的特点是:所有炮眼都垂直于工作面且相互平行,技术易于掌握,可实现多台钻机同时作业;不装药的炮眼可作为装药眼爆破时的临空面和补偿空间,有较高的炮眼利用率;不受断面大小限制;但总炮眼数目多,炸药消耗量大。

(1)锥形掏槽

锥形掏槽是一种斜眼掏槽,爆破后槽口呈角锥形,常用于坚硬或中硬整体岩层。根据孔数的不同,有三眼锥形和四眼锥形,如图 1.23 所示。这种掏槽不易受工作面岩层层理、节理及裂隙的影响,掏槽力量集中,故较为常用,但打眼时其眼孔方向掌握较难。

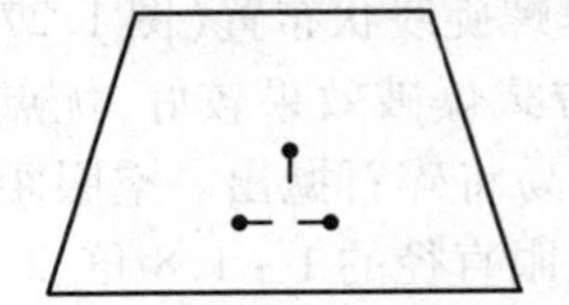
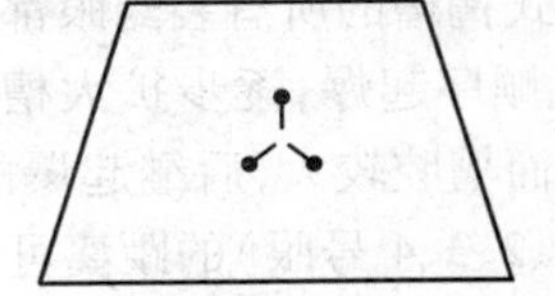
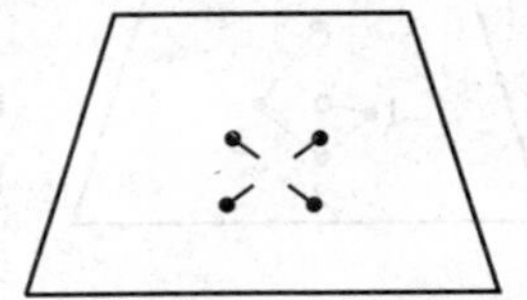

图 1.23　常用锥形掏槽

(2)楔形掏槽

楔形掏槽(图1.24)适用于各种岩层,特别是中硬以上的稳定岩层。楔形掏槽因其掏槽可靠、技术简单而应用最广。槽口水平时称为水平楔形如图1.24(a)所示。槽口垂直时称为垂直楔形,如图1.24(b)所示。炮眼底部两眼相距200~300 mm,炮眼与工作面相交角度为60°左右。断面较大、岩石较硬、眼孔较深时,还可采用复楔形,如图1.24(c)所示,其内楔眼深较小,装药也较少,并先行起爆。一般情况下采用垂直楔形较多。

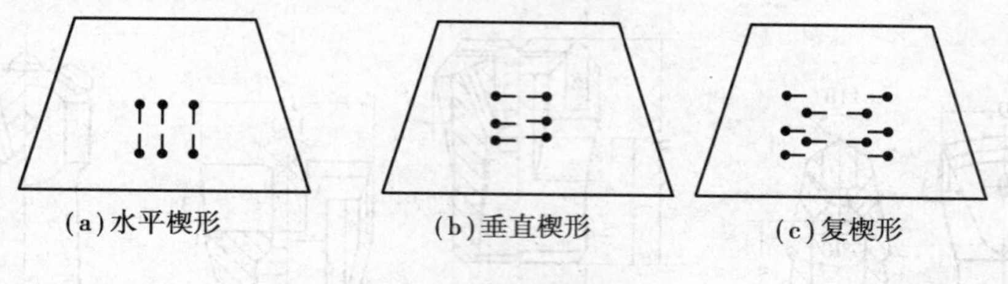

(a)水平楔形　(b)垂直楔形　(c)复楔形

图1.24　楔形掏槽

(3)单向掏槽

单向掏槽适用于中硬或具有明显层理、裂隙或松软夹层的岩层。根据自然弱面的赋存情况,可分别采用底部、侧部或中部掏槽,如图1.25所示。底部掏槽中炮眼向上的称为爬眼,向下的称为插眼。侧部掏槽一般向外倾斜,倾斜角度为50°~70°。

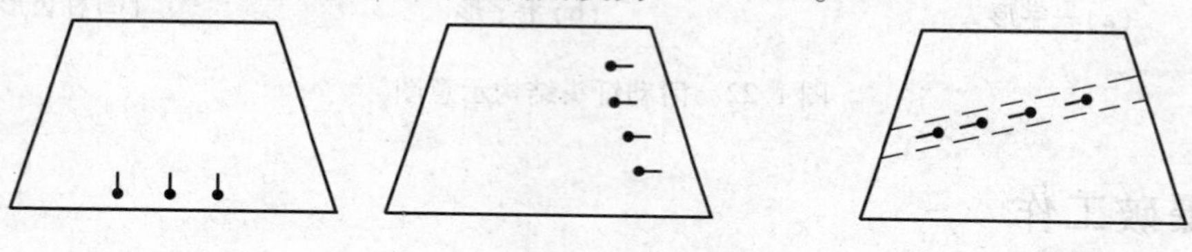

图1.25　单向掏槽

(4)角柱式掏槽

角柱式掏槽是应用最为广泛的直眼掏槽方式,适用于中硬以上岩层。角柱式掏槽各眼相互平行且与工作面垂直,其中有的眼不装药,称为空眼。根据装药眼、空眼的数目及布置方式的不同,有各种各样的角柱形式,如图1.26所示。

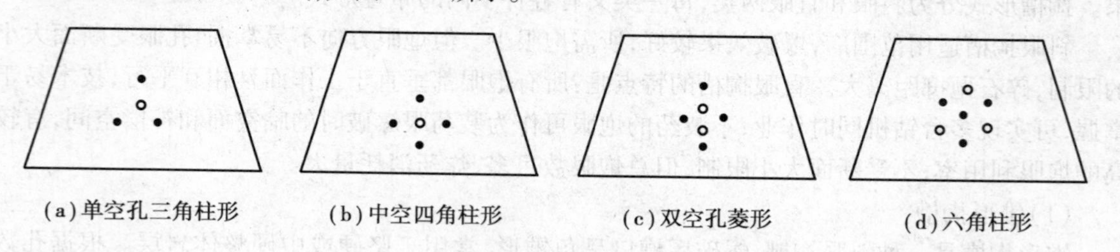

(a)单空孔三角柱形　(b)中空四角柱形　(c)双空孔菱形　(d)六角柱形

图1.26　角柱式掏槽

图1.27　螺旋式掏槽

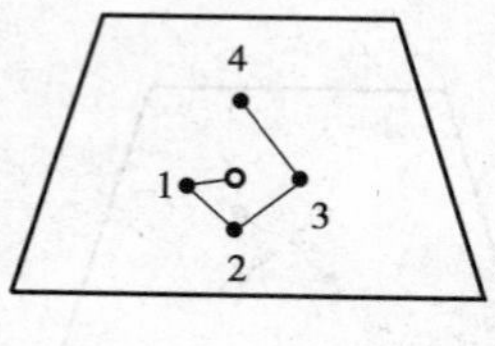

(5)螺旋式掏槽

螺旋式掏槽的所有装药眼都绕空眼呈螺旋线状布置(图1.27),1~4号孔顺序起爆,逐步扩大槽腔。该方式爆破效果较好,优点是炮眼较少而槽腔较大,后继起爆的装药眼易将碎石抛出。空眼距各装药眼(1、2、3、4号眼)的距离可依次取空眼直径的1~1.8倍、2~3倍、3~3.5倍、4~4.5倍。遇到难爆岩石时,也可在1、2号和2、3号眼之间各加一个空眼。空眼比装药眼深30～40 cm。

2)爆破参数

(1)炸药消耗量

炸药消耗量包括单位消耗量和总消耗量。爆破每立方米原岩所需的炸药量称为单位炸药消耗量,每循环所使用的炸药消耗量总和为总消耗量。

单位炸药消耗量(q)可根据经验公式计算或者根据经验选取,也可根据炸药消耗定额确定。经验公式有多种,此处仅介绍形式较简单的普氏公式:

$$q = 1.1K\sqrt{f/S} \tag{1.1}$$

式中 f——岩石坚固性系数;

S——巷道掘进断面积,m^2;

K——考虑炸药爆力的修正系数,$K=525/P$,P为所选用炸药的爆力,单位为mL。

按定额选用时需注意,不同行业的定额指标不完全相同,施工时需根据工程所属行业选用相应的定额。隧道施工的定额消耗量见表1.2。

表1.2 开挖1 m^3 原状岩石的炸药用量 单位:kg

开挖部位		软　石	次坚石	坚　石	特坚石
导洞断面/m^2	4～6 m^2	1.5/1.1	1.8/1.3	2.3/1.7	2.9/2.1
	7～9 m^2	1.3/1.1	1.6/1.25	2.0/1.6	2.5/2.0
	10～12 m^2	1.2/0.9	1.5/1.1	1.8/1.35	2.25/1.7

注:表中分子为硝铵炸药用量,分母为62%硝化甘油炸药用量。

单位炸药消耗量确定后,根据断面尺寸、炮眼深度、炮眼利用率即可求出每循环所使用的总炸药消耗量。确定总用量后,还需将其按炮眼的类别及数目加以分配(按卷数或质量)。掏槽眼因只有一个临空面,药量可多些;周边眼中,底眼药量最多,帮眼次之,顶眼最少。扩大开挖时,由于有2～3个临空面,炸药用量应相应减少,两个临空面时减少40%,三个临空面时可减少60%。

(2)炮眼数目

炮眼数目主要与挖掘的断面大小、岩石性质、炸药性能、临空面数目等有关。目前尚无统一的计算方法,常用的有以下几种:

①根据掘进断面面积S(m^2)和岩石坚固性系数f估算,有

$$N = 3.3\sqrt[3]{fS^2} \tag{1.2}$$

②根据每循环所需单位炸药消耗量与每个炮眼的装药量计算,有

$$N = \frac{qS\eta m}{\alpha p} \tag{1.3}$$

式中 q——单位炸药消耗量,kg/m^3;

S——掘进断面面积,m^2;

η——炮眼利用率;

p——每个药卷的质量,kg;

m——每个药卷的长度，m；

α——炮眼的平均装药系数，取0.5～0.7。

③按炮眼布置参数进行布置确定，即按掏槽眼、辅助眼、周边眼的具体布置参数进行布置，然后将各类炮眼数相加即得。

(3)炮眼深度

炮眼深度指炮眼眼底至临空面的垂直距离。炮眼深度与掘进速度、采用的钻孔设备、循环方式(浅孔多循环、深孔少循环)、断面大小等有关。根据经验，炮眼深度一般取掘进断面高(或宽)的0.5～0.8倍；围岩条件好及断面小时，对爆破夹制力大，系数取小值。也可根据所使用的钻眼设备确定，采用气腿式凿岩机时，炮孔深度一般为1.5～2.5 m；使用中小型台车或其他重型钻机时，孔深一般为2.0～3.0 m；使用大型门架式凿岩台车时，孔深可达4～5 m。

(4)炮孔直径

炮眼直径对钻眼效率、炸药消耗、岩石破碎块度等均有影响。合理的孔径应是在相同条件下，能使掘进速度快、爆破质量好、费用低。采用不耦合装药时，孔径一般比药卷大5～7 mm。目前，国内药卷直径有32、35、45 mm等几种，其中32 mm和35 mm的使用较多，故炮孔直径多为38～42 mm。

3)炮眼布置

掘进工作面的炮眼，按其用途和位置不同分为掏槽眼、辅助眼和周边眼三类。各类炮眼应合理布置，布置方法和原则有以下几点：

①首先选择掏槽方式和掏槽眼位置，然后布置周边眼，最后根据断面大小布置辅助眼。

②掏槽眼一般布置在开挖面中部或稍偏下，并比其他炮眼深10～20 cm。

③帮眼和顶眼一般布置在设计掘进断面轮廓线上，并符合光爆要求。在坚硬岩石中，眼底应超出设计轮廓线10 cm左右，软岩中眼口应在设计轮廓线内10～20 cm。

④底眼眼口应高出底板水平15 cm左右；眼底超过底板水平10～20 cm，眼深宜与掏槽眼相同，以防欠挖；眼距和抵抗线与辅助眼相同。

⑤辅助眼在周边眼和掏槽眼之间交错均匀布置，圈距一般为65～80 cm，炮眼密集系数一般为0.8左右。

⑥周边眼和辅助眼的眼底应在同一垂直面上，以保证开挖面平整。

⑦炮眼布置要均匀，间距通常为0.8～1.2 m。

4)装药结构与填塞

装药结构指炸药在炮眼内的装填情况，主要有耦合装药、不耦合装药、连续装药、间隔装药、正向起爆装药及反向起爆装药等。

不耦合装药时，药卷直径要比炮眼直径小，目前多采用此种。间隔装药是在药卷之间用炮泥或木棍或空气隔开，这种装药爆破震动小，故较适用于光面爆破等抵抗线较小的控制爆破以及炮孔穿过软硬相间岩层时的爆破；若间隔较长不能保证稳定传爆时，应采用导爆索起爆。正向起爆装药是将起爆药卷置于装药的最外端，爆轰向孔底传播，反向装药与正向装药相反。反向装药由于爆破作用时间长，破碎效果好，故优于正向装药。

在炮孔孔口一段应填塞炮泥。炮泥通常用黏土或黏土加砂混合制作，也可用装有水的聚乙烯塑料袋作充填材料。填塞长度约为1/3的炮眼长度；当眼长小于1.2 m时，填塞长度需有眼长的1/2左右。

5)起爆

起爆方法有电起爆和非电起爆两类。电起爆系统由放炮器、放炮电缆、连接线、电雷管组成。非电起爆有火雷管法、导爆索法和非电导爆管法等。目前常用的是电雷管、导爆索雷管起爆法。起爆顺序一般为:掏槽眼→辅助眼→帮眼→顶眼→底眼。

起爆电源有发爆器起爆和交流电源起爆两种。雷管的连线方式有串联、并联、串并联、并串联等。用电雷管起爆时,要认真检查电爆网路,以免出现瞎炮(即由于操作不良、爆破器材质量等原因引起的药包不爆炸)。出现瞎炮时应严格按照规定的方法处理。瞎炮处理完毕之前,不允许继续施工,处理瞎炮应由专人负责,无关人员撤离现场。

6)光面爆破

为了减少超挖,减轻爆破对围岩的扰动,获得既符合设计要求又平整、稳定的围岩,降低工程成本,掘进施工中应采用光面爆破。

光面爆破是指沿隧道设计轮廓线布置间距较小、相互平行的炮眼,控制每个炮眼的装药量,采用不耦合装药,同时起爆,使炸药的爆炸作用刚好产生炮眼连线上的贯穿裂缝,使爆破面沿周边眼崩落出来,在围岩上形成较为平整的岩面。

光面爆破质量一般应达到3条标准:岩石上留下具有均匀眼痕的周边眼数应不少于周边眼总数的50%;超挖尺寸不得大于150 mm,欠挖不得超过质量标准规定;岩石上不应有明显的炮震裂缝。隧道施工规范的规定是:眼痕保存率,软岩中要≥50%,中硬岩中要≥70%,硬岩中要≥80%;爆破块度应与所采用的装岩机相适应,以便于装岩。

为搞好光面爆破,应采取以下技术措施:

①合理布置周边眼。周边眼布置参数包括眼距E和最小抵抗线W,二者既相互独立又相互联系。E值与岩石的性质有关,一般为40~70 cm,层理、节理发育、不稳定的松软岩层中应取较小值。W值与E值相关,二者的比值m($m=E/W$,称为周边炮眼密集系数,在隧道中称为相对距离)一般为0.8~1.0,软岩时取小值,硬岩和断面大时取大值。

②合理选择装药参数。根据经验,周边眼的装药量为普通装药量的1/3~2/3,并采用小直径药卷,低密度、低爆速炸药。装药结构采用不耦合装药或空气柱装药。小直径药卷在孔中可连续装填,也可用导爆索连接、分段装药。

③精心实施钻爆作业。周边炮眼应相互平行,开孔位置准确,炮眼向外偏斜角度不要超过5°。最外圈辅助眼与周边眼宜采用相近的斜率钻眼。装药质量应符合设计要求。

④顶部和帮部周边眼采取一些特殊的措施和新技术,如切槽法、缝管法、聚能药包法等。

7)爆破图表

爆破图表是指导和检验钻眼爆破工作的技术性文件,必须根据具体条件认真编制。施工过程中,爆破图表要根据地质条件的变化不断修正、完善。

爆破图表包括炮眼布置图、爆破参数表和爆破技术经济指标表,如图1.28、表1.3和表1.4所示。

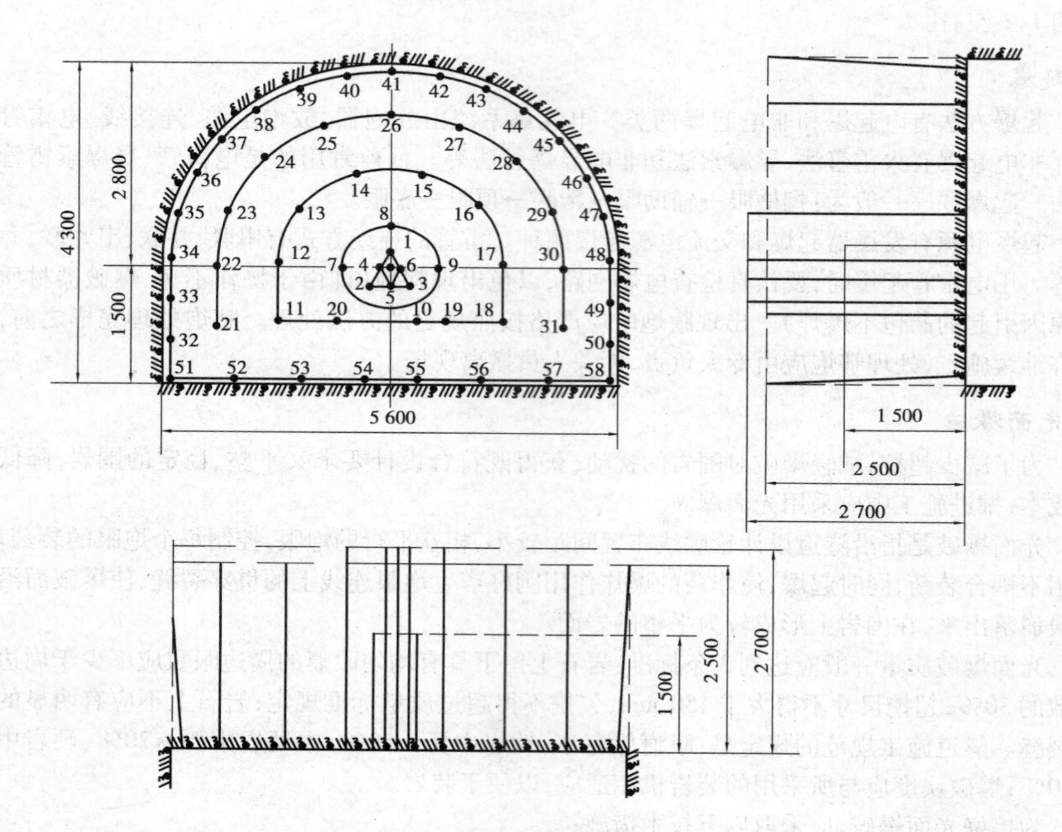

图 1.28　巷道炮眼布置图

表 1.3　爆破参数表

序号	炮眼名称	眼　号	眼数/个	眼深/m	眼距/mm	倾角/(°) 水平	倾角/(°) 垂直	装药量/kg 单孔	装药量/kg 小计	起爆顺序	连线方式
1	中心眼	0	1	2.7		90	90				串联
2	掏槽眼	1 ~ 3	3	1.5	500	90	90	1.35	4.05	Ⅰ	
3	掏槽眼	4 ~ 6	3	2.7	250	90	90	1.20	3.60	Ⅱ	
4	辅助掏槽眼	7 ~ 10	4	2.7	850	90	90	2.40	9.60	Ⅲ	
5	辅助眼	11 ~ 20	10	2.5	800	90	90	1.65	16.50	Ⅳ	
6	辅助眼	21 ~ 31	11	2.5	800	90	90	1.65	18.15	Ⅴ	
7	边眼	32 ~ 50	19	2.5	600	87	87	0.8	15.2	Ⅵ	
8	底眼	51 ~ 58	8	2.5	800	90	87	1.65	13.2	Ⅶ	
9	合　计		59						80.30		

表 1.4 爆破技术经济指标表

指标名称	单位	数量	指标名称	单位	数量
掘进断面积	m^2	20.71	炮眼利用率	%	85
岩石性质		中硬岩(f=4~6)	循环进尺	m	2.13
炸药名称		2 号岩石硝铵	炸药单位消耗量	kg/m^3	1.82
雷管名称		段发(延时 100 ms)	雷管单位消耗量	发/m^3	1.31
循环炸药用量	kg	80.3	每米进尺炸药消耗量	kg	37.70
循环雷管用量	发	58	每米进尺雷管消耗量	发	27.23

1.3 岩石装运工作

1.3.1 装渣工作

装渣方式有人力和机械两种。机械装渣速度快、效率高,是主要的装渣方式。

装渣机械种类繁多,按取岩构件名称分,有铲斗式、耙斗式、蟹爪式、立爪式等;按行车方式分,有轨轮式、胶轮式、履带式以及履带与轨道兼有式;按驱动方式分,有电动、风动、液压、内燃式;按卸岩方向分,有后卸式、前卸式、侧卸式等。

轨轮式装渣机需铺设行走轨道,因而其工作范围受到限制,一般只适用于断面较小的平洞。为了改进其缺点,有的轨轮式能转动一定角度,以增加其工作宽度;必要时可采用增铺轨道来满足更大的工作宽度要求。胶轮式装渣机移动灵活,工作范围不受限制,在大断面导洞及全断面隧道的施工中,采用无轨运输时,可使用大型胶轮式铲车装渣。履带走行的大型电铲则适用于特大断面的隧道。

1)铲斗前卸式装渣机

这种装渣机多采用轮胎行走。轮胎行走的铲斗式装渣机多采用铰接车身,燃油发动机驱动;装渣机转弯半径小,移动灵活;铲取力强,铲斗容量大,达 0.76~3.8 m^3,工作能力强;可侧卸也可前卸,卸渣准确。但燃油废气会污染洞内空气,需配备净化器或加强隧道通风,常与装载汽车配套用于较大断面的隧道工程,如图 1.29 所示。

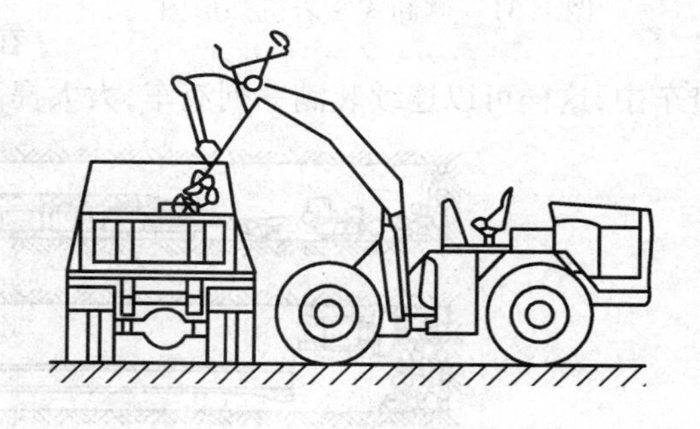

图 1.29 轮胎行走铲斗式装渣机

2)耙斗式装渣机

耙斗装渣机是一种结构简单的装渣设备,为电动轨轮式,在矿山中应用最为广泛。

耙斗装渣机主要构成如图 1.30 所示。其工作原理是:耙斗装岩机在工作前,用卡轨器将机体固定在轨道上,并用固定楔将尾轮悬吊在工作面适当位置。工作时,通过操纵手把启动行星轮或摩擦轮传动装置,驱使主绳滚筒转动,并缠绕钢丝绳牵引耙斗把渣石耙到卸料槽。此时,副绳滚筒从动并放出钢丝绳,渣石靠自重从槽口卸载入渣车。然后使副绳滚筒转动,主绳滚筒变为从动,耙斗空载返回工作面。这样,耙斗往复运行,不断进行装渣。

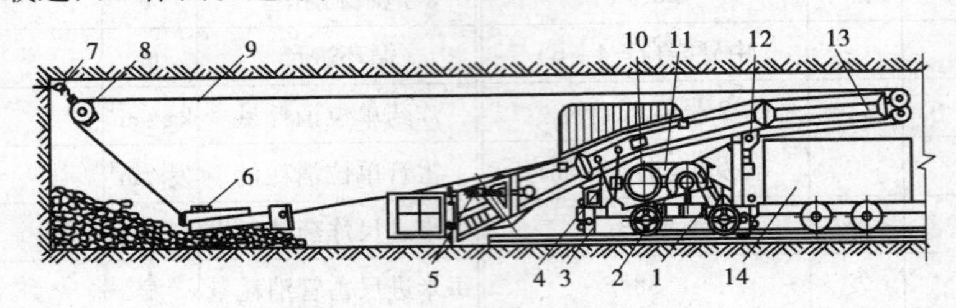

图 1.30　耙斗装岩机总装示意图

1—连杆;2—主、副滚筒;3—卡轨器;4—操作手把;5—调整螺丝;6—耙斗;7—固定楔;8—尾轮;9—耙斗钢丝绳;10—电动机;11—减速器;12—架绳轮;13—卸料槽;14—矿车

耙斗装渣机常用型号有 P-15、P-30、P-60、YP-90 等,其耙斗的容积为 0.1~0.9 m^3 不等,最常用的是 0.3,0.6,0.9 m^3。如 YP-90B 型,耙斗容积 0.9 m^3,装岩能力为 120~150 m^3/h,900 mm 轨距,适用于高度 3 m 以上、断面 12 m^2 以上的平洞或斜洞。

3)铲斗侧卸式装渣机

这种装渣机是正面铲取岩石,在设备前方侧转卸载,行走方式为履带式,如图 1.31 所示。与铲斗后卸式比较,它的铲斗插入力大、斗容大、提升距离短;履带行走机动性好,装渣宽度不受限制,铲斗还可兼做活动平台,用于安装锚杆和挑顶等。

图 1.31　侧卸式装岩机外形图

侧卸式装岩机装岩效率比较高,如 ZLC-60 型的斗容为 0.6 m^3,生产能力为 90 m^3/h,常将其与转载机配合使用,形成以侧卸式装渣机为主的机械化作业线(图 1.32)。装渣机铲取的岩石直接卸到停靠在掘进工作面前部的料仓中,通过转载机再转卸到渣车中,这样可以连续装满一列渣车,大大提高装运效率。

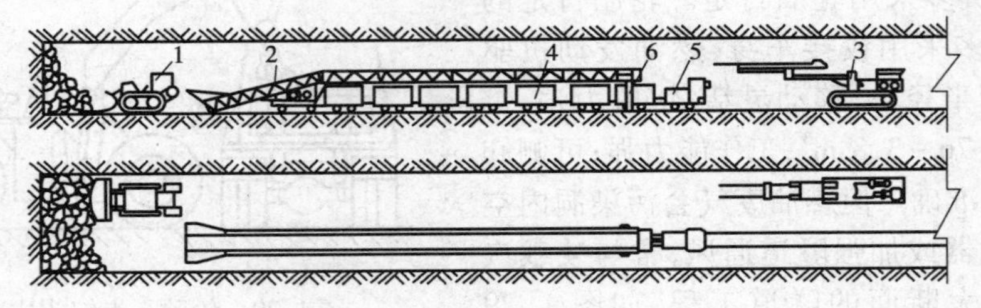

图 1.32　侧卸式装岩机与转载机配套示意图

1—侧卸式装岩机;2—支撑式胶带转载机;3—凿岩台车;4—矿车组;5—电机车;6—支撑

4)爪式装渣机

爪式装岩机是为实现快速掘进施工而发展起来的一种可连续工作的高效装岩机。按扒爪的布置形式,有蟹爪式、立爪式和蟹立爪式。蟹爪式如图 1.33 所示,由蟹爪、履带行走部分、输

送机、液压系统和电气系统等部分组成。在前方倾斜的受料盘上装有一对由曲轴带动的蟹爪式扒爪。装岩时，受料盘插入岩堆，同时两个蟹爪交替将岩渣扒入受料盘，并由刮板输送机将岩渣装入机后的运输车内。

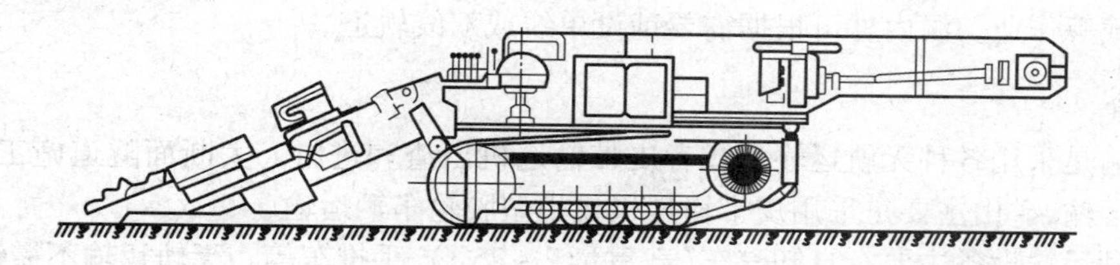

图 1.33 蟹爪式装岩机

装岩机的选择与平洞断面的大小、运输方式及轨距、施工速度、转载和运输设备供应、操作维修水平以及机械化配套等因素有关。所选装岩机的类型和能力必须要与其他设备配套合理，以充分发挥装岩机的单机能力和设备的综合能力，并保证施工安全，获得合理的技术经济指标。在大型机械化配套施工及快速掘进时，宜选用大容积铲斗装渣机配以大型斗车装渣或选用蟹爪式连续装渣机配以胶带转载机的转载式装渣，转载机可一次连续装满数个斗车，节省大量调车时间。如秦岭隧道Ⅱ线平导施工中，使用了 ZL-120 型电动立爪式装渣机及 ITC312H4 型挖装机（装渣能力为 250 m^3/h），创造了硬岩独头月掘进 456 m 的好成绩。

1.3.2 运输工作

地下工程施工运输的主要任务是运送渣石和材料。运输方式分为有轨运输和无轨运输两种。有轨运输和无轨运输各有利弊，施工时应根据平洞长度、开挖方法、机具设备、运量大小等具体情况确定。大断面平洞由于空间大，可使用大型装载车辆进入且错车方便，故多为无轨运输；断面较小、长度较大时多采用有轨运输，如矿山地下工程。铁路、公路交通隧道则二者都有使用，一般认为，长大单线隧道宜用有轨运输。选择运输方式时要满足：运输能力大于开挖能力；调车容易、便捷；有效时间利用率高；作业环境良好等条件。

1）有轨运输

有轨运输是铺设轨道，用轨道式运输车出渣和进料。有轨运输既适应大断面开挖的工程，也适用于小断面开挖的工程，是一种适应性较强且较为经济的运输方式。有轨运输多采用蓄电池式电机车（图 1.34）、架线式电机车或内燃机车牵引，运输距离较短或无牵引机械时也可使用人力推车运输。蓄电池式机车牵引的优点是无废气污染，但电瓶需充电，能量有限，必要时应增加电瓶车台数。内燃机车牵引能力较大，但存在噪声和污染问题，须加强洞内通风。

运输车辆按形式分有斗车、窄轨矿车、梭车、平板车等。斗车结构简单，使用方便，适应性强，是较经济的运输方式。按其容量大小可分为小型斗车（容量小于 3 m^3）和大型斗车（单车容量可达 20 m^3）。小型斗车结构简单、轻便灵活、满载率高、调车便利，一般均可人力翻斗卸渣。大型斗车需用动力机车牵引，并配用大型装渣机械才能保证快速装运。窄轨矿车在地下矿山应用最多，形式有固定车厢式、翻转车

图 1.34 蓄电池式电机车

厢式等。平板车主要用于运送材料和设备。

轨道要根据所选用的设备选择,小型设备一般用轻型钢轨,轨距为 600 mm;大型设备则须用重轨(38 kg/ m 以上)和 900 mm 轨距。洞内外轨道、岔线、渡线布置要有利于调车、装渣、支护、装料、卸载等作业。洞内外可根据需要铺设单线或双线轨道。

2)无轨运输

无轨运输是采用各种无轨运输车或者皮带输送机出渣和进料。大断面隧道施工基本上采用无轨车辆运输,矿山主要是采用皮带输送机或小型胶轮车辆运输。

无轨车辆运输设备主要有自卸汽车(载重量 2 ~25 t)、手推车等。无轨运输不需铺设轨道,无电瓶车充电、车辆掉道等问题,其最大优点是比有轨运输施工速度快,劳动强度比有轨运输低。另外,无轨运输对洞口场地要求不高,对洞外上坡、远距离弃渣、场地狭窄等困难地形的适应性强,因此得到较多应用,如我国的都军山、大瑶山隧道及日本的九鬼、三户隧道等。但其最大缺点是由于运输车辆排放的废气多,洞内空气污染严重,通风费用大,尤其在单线长距离施工时,增加了通风难度;其次,如果施工组织不合理,易产生出渣车与衬砌车的干扰。因此,无轨运输时必须加强通风,要多开工作面,长隧短打,缩短独头通风距离。掘进与衬砌要拉开距离并合理组织,洞内各种管线应尽量在拱顶及侧帮布置,以减少对车辆的干扰。

1.3.3 调车工作

有轨运输和机械装渣时,选用合理的调车设施和方法,对提高施工速度有很大影响,良好的调车应使装渣机不间断地连续工作。有轨运输中,调车方法有固定调车场式、浮放道岔式、平行调车器式等,施工中应根据具体情况选用。

1)固定调车场调车

在铺设单轨的平洞中每隔一定距离(60 ~100 m)铺设一个错车场(即一段双轨),以存放空车,如图 1.35 所示。在双轨平洞内,可利用道岔调车,如图 1.36 所示。

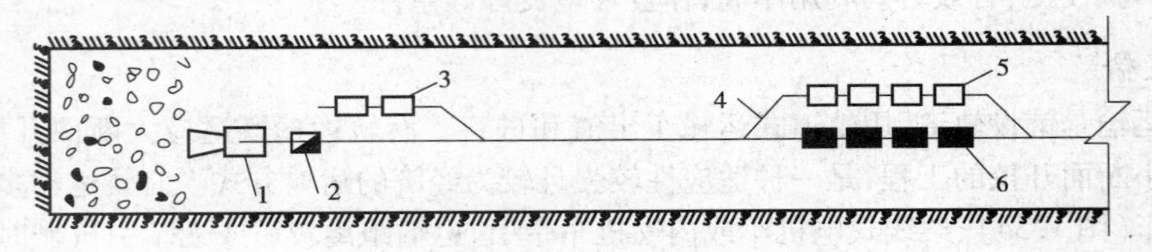

图 1.35　单轨固定错车场调车

1—装岩机;2—正在装岩的斗车;3—等待装岩的空车;4—错车场;5—空车;6—重车

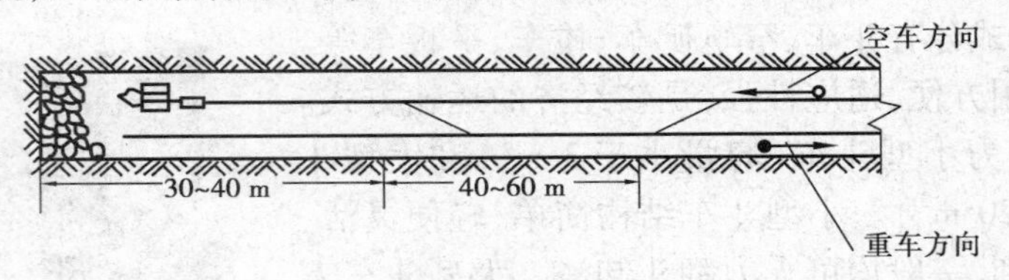

图 1.36　双轨道岔调车

2）*浮放道岔调车*

浮放道岔不仅在钻爆法施工时采用，而且在掘进机施工的隧道也可使用。

浮放道岔调车是利用搭设在原线路上的一组完整的道岔进行调车。浮放道岔结构简单、移动方便，调车距离可随需要及时调整。常用的浮放道岔有钢板对称式、双轨错车场式等。钢板对称浮放道岔的结构和调车方法如图 1.37 所示。

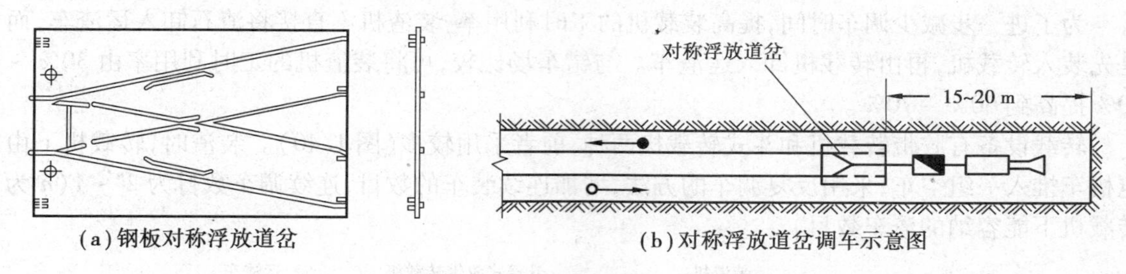

(a) 钢板对称浮放道岔　　(b) 对称浮放道岔调车示意图

图 1.37　钢板对称浮放道岔及调车方法

双轨错车场式实质上是由两个对称道岔和一段直线组合而成的调车场（会让站），随着平洞的延伸，可每 2 ~ 3 km 增设一幅。这种道岔的结构和布置方式如图 1.38 所示。

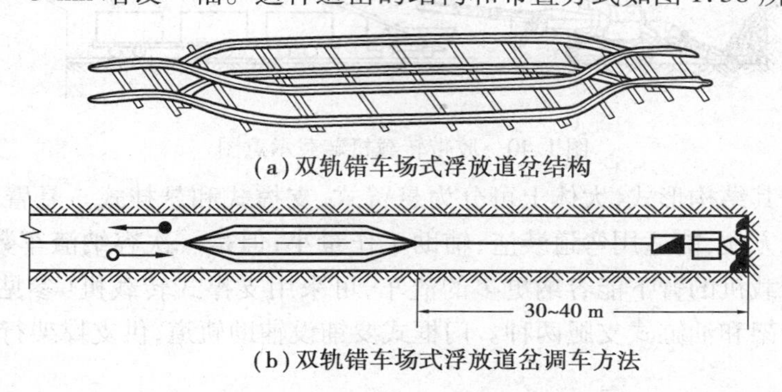

(a) 双轨错车场式浮放道岔结构

(b) 双轨错车场式浮放道岔调车方法

图 1.38　双轨错车场式浮放道岔的布置及调车方法

3）*移车器式调车*

该类调车方法是在距工作面 10 ~ 20 m 处安设移车器，将空车平移至装载线路上进行装车的方法。横向移车器有平移式、吊车式等。

平移式调车器由底架、车架和车轮组成，如图 1.39(a) 所示。工作面的矿车装满推出后，空

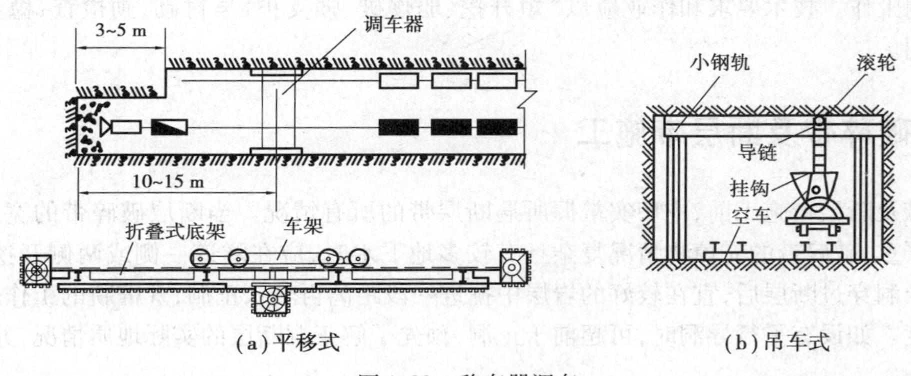

(a) 平移式　　(b) 吊车式

图 1.39　移车器调车

车线上的空车通过调车器平移到装车线上继续装车。

吊车式调车器的调车方式如图1.39(b)所示,它在单轨或双轨巷道内都可使用。双轨使用时直接将空车线上的空车移动到装车线上去;单轨使用时,可提前将空车吊在空中,移位到巷道一侧,待工作面重车推出后,再将空车移到装车线上,推到工作面装车。

4)渣石转载

为了进一步减少调车时间,提高装载机的工时利用率,装渣机不直接将渣石卸入运渣车,而是先装入转载机,再由转载机卸入运渣车。与错车场比较,可将装渣机的工时利用率由30%~40%提高到60%~70%。

转载设备有胶带转载机和斗式转载机两种,前者采用较多(图1.40)。装渣时,转载机下由电机车推入一组空车,采用反复调车的方法,增加连续装车的数目,连续调车数目为2^n-1(n为转载机下能容纳的渣车数目)。

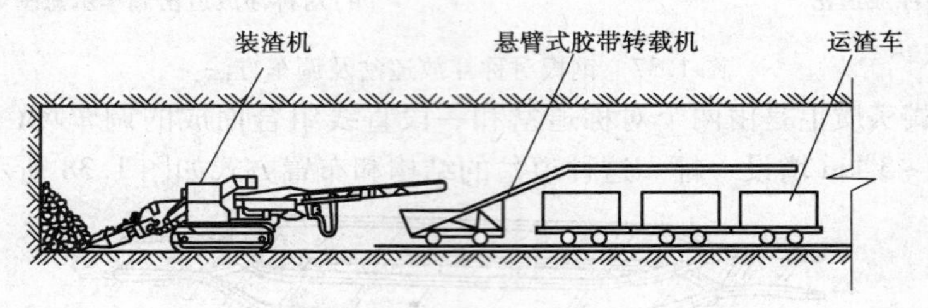

图1.40　胶带转载机转载示意图

胶带转载机按其结构形式,大体上可分为悬臂式、支撑式和悬挂式。悬臂式转载机长度较短,结构简单,行走方便,能适用弯道装渣,辅助工作量小;但是一次容纳渣车数量少,连续转载能力较小。欲使转载机的臂下能容纳更多的渣车,可采用支撑式转载机(参见图1.32)。支撑方式有门框式支撑架和油缸式支腿两种。门框式要铺设辅助轨道,供支撑架行走。

1.4　不良地质条件下的施工

不良地质条件是指处于偏压、断层、高应力、岩爆、松软、流沙、瓦斯溢出等不利于地下工程施工的不良地质环境。不良地质地段的变异条件非常复杂,施工过程中应经常观察地层与地质条件的变化,监测、检查支护与衬砌的受力状态,及时排险,防止突发事故的发生。另外,还要做好超前探测工作。技术要求和作业应以“短开挖、弱爆破、强支护、早衬砌、勤检查、稳步前进”为指导原则。

1.4.1　破碎带及断层带施工

破碎带及断层带施工前,应切实掌握所遇断层带的所有情况。当断层破碎带的宽度较大、破坏程度严重、破碎带的充填物情况复杂且有较多地下水时,应在隧道一侧或两侧开挖调查导洞。调查导洞穿过断层后,宜在较好的岩层中掘进一段距离再转入正洞,开辟新的工作面,以加快施工进度。如设有平行导洞时,可超前于正洞,预先了解正洞断层的实际地质情况,并有利于排水。

1）选择合理施工方法

应根据有关施工技术与机具设备条件、进度要求、材料供给等，慎重选择通过断层地段的施工方法。当断层带内充填软塑状的断层泥或特别松散的颗粒时，比照松散地层中的超前支护，采用先拱后墙法。岩体破碎严重或涌水量较大时，应先采用工作面注浆进行加固堵水。

2）开挖施工注意事项

①断层有水补给时，应在地表设置截排系统引排。对断层承压水，应在每个掘进循环中，向前钻凿不小于2个超前钻孔，其深度宜在4 m以上。坚持"有疑必探"的原则。

②随工作面的向前推进挖好排水沟，并根据岩质情况，必要时加以铺砌。如为反坡掘进，除应准备足够的抽水设备外，还应安排适当的集水坑。

③洞壁或洞顶有水流出时，应凿眼安置套管集中引排，使其不漫流。

④各施工工序之间的距离宜尽量缩短，并尽快地使全断面衬砌封闭，以减少岩层的暴露、松动和地压增大。

⑤采用上下导洞、先拱后墙法施工时，其下导洞不宜超前过多，并改用单车道断面，掘进后随即将下导洞予以临时衬砌。

⑥采用爆破法掘进时，应严格掌握炮眼数量、深度及装药量。原则上应尽量减小爆破对围岩的震动。

⑦采用分部开挖法时，其下部开挖宜左右两侧交替作业。如遇两侧软硬不同时，应用偏槽法开挖，按先软后硬顺序交错进行。

⑧断层地带的支护应宁强勿弱，并应经常检查加固。

⑨断层破碎地带中，开挖后要立即喷射一层混凝土，并架设有足够强度的钢架支撑。

⑩衬砌应紧跟开挖面，衬砌断面应尽早封闭。

1.4.2　松散地层施工

松散地层的特点是：结构松散，胶结性弱、稳定性差，施工中极易发生坍塌，若有地下水时则更甚。松散地层施工方法的基本原则是：采用超前支护、先护后挖、密闭支撑、边挖边封闭。必要时可采用超前注浆预加固地层，以达到提高围岩自稳性的目的。

1）超前支护的方法

（1）超前支护类型

①超前锚杆或小钢管法。爆破前，将超前锚杆或小钢管打入掘进前方稳定的岩层内，外端支承在作为支护结构的锚杆上。超前锚杆（钢管）的长度一般为3.5～5.0 m，长者可达7.0 m；倾角一般为6°～12°；横向间距一般为0.2～0.4 m；若采用双层支护时，间距为0.4～0.6 m，其上下层应错开排列。纵向间距一般取1.0～1.5 m，最大不超过2.0 m。

②超前管棚法。如图1.41所示，使用外径ϕ40～108 mm或其他直径的无缝钢管插入围岩，一般在十分软弱的地层可直接将管顶入，或借助于手动液压千斤顶、凿岩机、液压钻的冲击力，将钢管顶入未端开挖的地层中去。直接顶入困难时需钻孔插入。钢管打入就位后，应及时向管内及周围压注水泥浆。超前管棚的倾角，一般选用5°～10°，钢管长度8～30 m不等，布置间距一般为2～2.5倍的钢管直径，前后管棚的搭接长度应大于3.0 m。

③超前小导管预注浆法。如图 1.42 所示，这是松散地层中施工使用较多的一种方法。在砂夹砾石、粗砂且有侵蚀性水的地层中，采用水泥砂浆压注；在粉、细砂地层或有侵蚀性水时，可压注化学浆液。施工时，先沿开挖断面周边布置压浆孔，其间距视围岩松散情况一般为 0.6～0.8 m，压浆后要求在开挖断面外要有约 0.1 m 厚的加固层。小导管用 ϕ30～50 mm、长 3～6 m 的钢管制作，钢管前端做成尖楔状，在管前部 2.0～4 m 范围内按梅花形布置 ϕ6 mm 的注浆孔，孔距 100～150 mm，以便钢管顶入地层后对围岩空隙注浆。超前小导管预注浆中的钢管倾角，一般情况下同超前管棚法。前后两排小导管的搭接长度一般不小于 1.0 m。

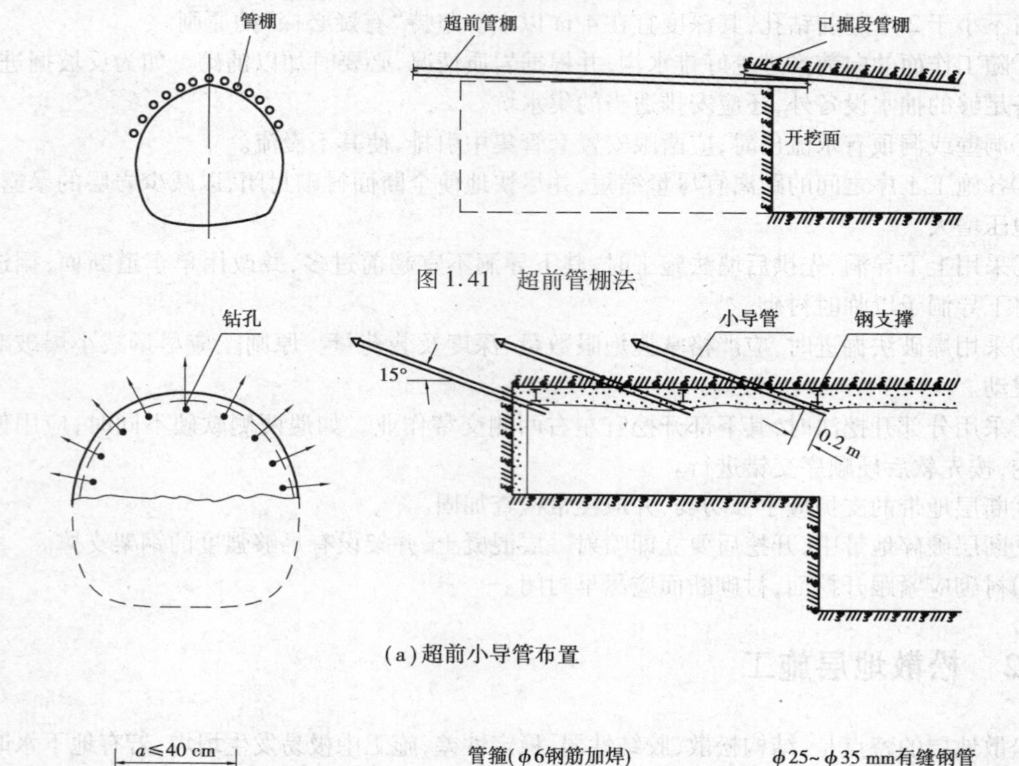

图 1.41　超前管棚法

(a)超前小导管布置

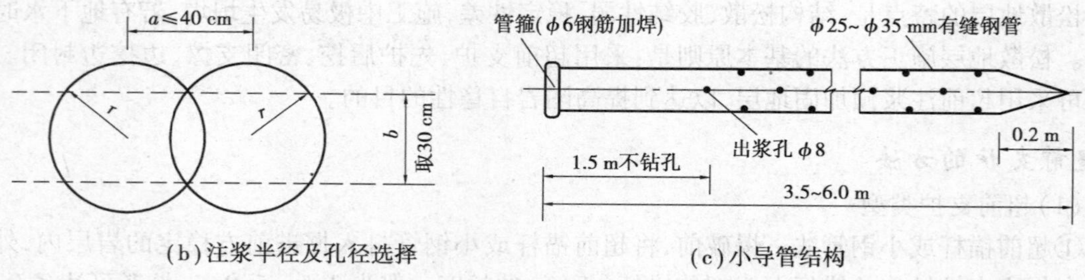

(b)注浆半径及孔径选择　　(c)小导管结构

图 1.42　超前小导管预注浆法

(2)超前支护法的开挖顺序

①先顶后墙：在超前支护保护下先开挖拱部并进行喷锚支护，然后再开挖下半部。

②分层开挖：采用台阶法开挖，层数及台阶层的长度视地质情况确定。台阶层至顶部的开挖高度受装渣机高度和凿岩台车的长钻杆向上垂直钻孔的要求所限制。

③留核心土开挖法：在极为软弱或破碎的地层，拱部采用环状开挖，留梯形核心土，以减小工作面的开挖高度，便于架设钢架支撑，挂网和喷射混凝土，缩短围岩的暴露时间，有利于增强

顶部围岩和工作面的自稳能力。

(3)超前支护法施工注意事项

①合理运用微振动爆破,以免引起围岩过大的扰动和破坏。

②喷锚支护既要及时又要保证质量。

③采用半断面掘进时,掘进长度不大于2倍洞径时就应施作临时仰拱。

④及时检查、量测,对有异状或变形量较大处进行加固。

2)松散围岩分部开挖方法

遇到松散破碎地层时,隧道施工多采用导洞领先,先拱后墙,分部开挖法。

(1)插钎法

开挖时,用风锤或人力将2 m左右长的钢钎或短钢轨,沿最前一排支撑上缘向工作面打入,方向略向上斜,其间距可根据具体地质情况而定。

(2)插板法

适用于石屑堆积、沙层或软塑地层。一般用宽0.1 m左右,长0.8~1.0 m的长板,前端劈尖,板与板间应相互抵紧或适当错搭。在横梁上的上下两块板间,以木楔楔紧。工作面设置护板,开挖时由上而下拆除,向前掘进。

(3)钻钎护顶法

若采用一般插钎法打入极端困难,而且不易掌握方向、达不到护顶目的时,可运用钻钎护顶,不仅穿入地层速度较快,而且易于控制钻钎位置和方向。其方法是用凿岩机在横梁下缘向上倾斜($\measuredangle 30°$)钻入一排钢钎,钎长为1.5~2.0 m,间距一般为20~25 cm,钎尾用铅丝系于横梁上,然后在钢钎护顶下,自上而下边挖边支,排架间距50 cm。

插板和钻钎护顶法开挖顺序:单车道隧道宜采用上导坑先拱后墙法,起拱线以上用上导坑及分部扩大,起拱线以下用挖井法开挖边墙部位及灌注边墙;也可用短段拉中槽加背板和横撑的方法,分段施工边墙,并随即做好仰拱。双车道隧道则宜采用侧壁导坑先墙后拱法施工。

分部开挖施工应注意:上导坑与扩大部分之间的距离应尽量缩短,拱部衬砌要紧跟;在松散的碎石或砂层中开挖时,应准备草束或麻袋,随时堵塞缝隙,以免漏砂造成空洞,引起坍塌;支撑架设应预留沉落量;衬砌应隔适当距离设置沉降缝;无论松散地层中有无水,衬砌断面封闭后,均应向衬砌背后(包括仰拱下)压注水泥砂浆加固。

1.4.3 瓦斯地层施工

地下施工中经常会遇到CO_2、CO、H_2S、NO_2等有毒有害气体。这些有害气体,在矿井中总称为瓦斯,由于从煤(岩)层涌出的有害气体主要是沼气,因此习惯上将沼气称为瓦斯。

1)瓦斯浓度控制

地下工程施工中必须将瓦斯浓度控制在安全的限值。

①隧道总回风风流或一翼回风中,瓦斯浓度应小于0.75%。

②工作面风流中,瓦斯浓度达到1%时,必须停止用电钻打眼;放炮地点附近20 m以内,风流中的瓦斯浓度达到1%时,禁止放炮。

③开挖工作面风流中,瓦斯浓度达到1.5%时,必须停止工作,撤出人员,切断电源,进行处

理;电动机或其开关地点附近20 m以内,风流中瓦斯浓度达到1.5%时,必须停止运转,撤出人员,切断电源,进行处理。

④因瓦斯浓度超过规定而切断电源的电气设备,都必须在瓦斯浓度降到1%以下时,方可开动机器,使用瓦斯自动检测报警断电装置的掘进工作面只准人工复电。

⑤停工后或风机停止运转,在恢复通风前,局部通风机及其开关附近10 m以内风流中,瓦斯浓度都不超过0.5%时,方可开动局部通风机。

2)**施工技术安全措施**

(1)施工方法

隧道通过瓦斯地区的施工方法,宜采用全断面开挖,因其工序简单、面积大、通风好,随掘进随衬砌,能够很快缩短煤层的瓦斯放出时间,缩小围岩暴露面,有利于排除瓦斯。

采用平行导坑施工时,不使用的横通道宜迅速封闭。由于平行导坑一般不衬砌,坑壁极不平整,在支撑背后容易积聚瓦斯。虽有强大风流,亦不易驱除干净。作为排除瓦斯回风流巷道,应特别注意对瓦斯浓度的检查,不准超过规定。

(2)电气设备安全技术

所有洞内机电设备,不论移动式或固定式都必须采用安全防爆类型;在工作面或回风巷道中,必须采用矿用防爆型照明灯;检修和迁移电气设备必须停电进行。测量仪表只准在瓦斯浓度1%以下的地点使用;蓄电池机车的电气设备,只准在车库内检修;电气设备的修理工作应在洞外进行;洞内各种机电设备的开关、保险丝盒等均应密闭。

照明电压不得超过127 V。输电线路必须使用密闭电缆。使用的灯头、开关、灯泡等照明器材必须为防爆型。使用手电筒及空气电池灯照明时,所有使用接触导电的部件,必须进行焊接;不准在导坑内进行装拆、敲打、碰击。

(3)进洞人员管理

工作人员进洞前必须进行登记,不准将火柴、打火机、损坏的头灯及其他易燃物品带入洞内;严禁穿化纤衣服进洞;携带工具应防止敲打、撞击,以免引起火花。

3)**防治技术措施**

①选择关键地点,对爆炸性混合气体进行监测。

②工作面附近应保持正常通风,防止瓦斯积聚。

③瓦斯排放技术:充分利用辅助坑道采用巷道式通风排放瓦斯,因这种通风方式风量大,收效快,施工简单;利用局扇正压排放瓦斯,将局扇安设在新鲜风流中,用风管将新鲜风流引向瓦斯排放地点,如坑道距离长,可采取局扇并、串联的方法提高风压。

1.4.4 流沙治理措施

流沙是沙土或粉质黏土在水的作用下丧失其内聚力后形成的,多呈糊浆状,对地下工程施工危害极大。由于流沙可引起围岩失稳坍塌,支护结构变形,甚至倒塌破坏。因此,治理流沙必先治水,以减少沙层的含水量为主。

1)**加强调查,制订方案**

施工中应调查流沙特性、规模,了解地质构成、贯入度、相对密度、粒径分布、塑性指数、地层承载力、滞水层分布、地下水压力和渗透系数等，并制订出切实可行的治理方案。

2）因地制宜，综合治水

隧道通过流沙地段，处理地下水的问题，是解决隧道流沙、流泥施工难题中的首要关键技术。施工时，应因地制宜，采用“防、截、排、堵”的治理方法。

①防：建立地表沟槽导排系统及仰坡地表局部防渗处理，防止降雨和地表水下渗。

②截：在正洞之外水源一侧，采用深井降水，将储藏丰富构造裂隙水，通过深井抽水排走，减少正洞的静水和动水压力，对地下水起到拦截作用。

③排：有条件的隧道在正洞水源下游一侧开挖一条洞底低于正洞仰拱的泄水洞，用以降排正洞的地下水，或采用水平超前钻孔真空负压抽水的办法，排除正洞的地下水。

④堵：采用注浆方法充填裂隙，形成止水帷幕，减少或堵塞渗水通道。

3）先护后挖、加强支护

开挖时，必须采取自上而下分部进行，先护后挖，密闭支撑，边挖边封闭，遇缝必堵，严防沙粒从支撑缝隙中逸出。也可采用超前注浆，以改善围岩结构，用水泥浆或水泥水玻璃为主的注浆材料注入，或用化学药液注浆加固地层，然后开挖。

在施工中，应观测支撑和衬砌的实际沉落量的变化，及时调整预留量。架立支撑时应设底梁并纵横、上下连接牢固，以防箱架断裂倾倒。拱架应加强刚度，架立时设置底梁并垫平楔紧，拱脚下垫铺牢固。支撑背面用木板或槽型钢板遮挡，严防流沙从支撑间逸出。在流沙逸出口附近较干燥围岩处，应尽快打入锚杆或施作喷射混凝土，加固围岩，防止逸出扩大。

4）尽早衬砌，封闭成环

流沙地段，拱部和边墙衬砌混凝土的灌筑应尽量缩短时间，尽快与仰拱形成封闭环。这样，即使围岩中出现流沙，也不会对洞身衬砌造成破坏。

1.4.5 岩爆地段施工

所谓岩爆，是指在开挖过程中，围岩突然猛烈释放弹性变形能，造成岩石脆性破坏，或将大小不等的岩块弹射或掉落，并伴有响声的现象。

围岩发生岩爆一般应满足三个条件：岩石属硬质岩，强度与最大地应力之比小于7；岩体完整性好，能储存较大的能量，一般岩体呈块状或厚层状整体结构；无地下水活动。

1）岩爆的特点

①岩爆是岩石内部能量突然释放的结果，故高应力区的坚硬岩石最易出现岩爆。

②岩爆发生时常伴有声音，有的虽不闻其声，但通过仪器仍可发现有声发射现象。

③多在开挖后数小时内发生，但有时也在较长时间后发生，或1～2个月，甚至更长。

2）岩爆地段的施工注意事项

①根据地质钻孔资料，预测硬岩地层的位置和厚度，及时了解地层的地下水活动情况。

②改变围岩物理力学性能，弱化围岩。向岩层表面喷水和向深部岩体注水，使水渗到岩体的内部空隙中，降低岩石强度和弹性模量，可消除岩爆或使其烈度降低。

③改善围岩应力条件，采用超前钻孔、松动爆破等方法卸压，降低围岩应力。

④强化围岩,采用多种围岩加固方法,及时进行支护。

⑤随时注意地层完整性和产状的变化,以判断有否发生岩爆的可能。

⑥对可疑地层进行岩石力学参数测试,一般抗压强度大于60 MPa的硬岩易发生岩爆。

⑦有岩爆现象的地层应采取测压措施,以便对岩爆发生的可能性进行预测和监控。

⑧由于岩爆一般在爆破后1 h左右比较激烈,故爆破后施工人员应躲避在安全处,待激烈的岩爆之后再进行施工。岩爆产生的松动石块必须清除,以保证施工安全。

⑨如设有平行导坑,则平导应超前正洞一定距离掘进。

⑩使用光面爆破,并严格控制炸药量,以减少对围岩的影响。

本章小结

(1)地下工程开挖方案有多种,选择时应根据地质条件、断面大小及形状、隧道长度、工程的支护形式、施工技术与装备、工程工期等因素,经技术经济比较后综合确定。一般宜优先选用全断面法和正台阶法。对地质变化较大的隧道,选择施工方法时要有较大的适应性,以使在围岩变化时易于变换施工方法。

(2)本章虽然讲述的是洞式工程,但其施工原理与方法也同样适用于室式工程,工程实践中可灵活运用。

(3)装岩(又叫装渣)运输是巷道或隧道掘进中比较繁重的工作,占掘进循环的35%~50%,个别可达70%,在一定条件下会成为影响掘进速度的重要因素。因此,提高装岩调车和运输机械化水平,是快速掘进的主要措施。

习　题

1.1　地下工程施工的基本方案有哪几种?

1.2　分断面两次开挖法有哪几种具体方法?它与台阶法有何区别?

1.3　什么是CD法和CRD法?二者的区别是什么?

1.4　选择开挖方法时需考虑哪些因素?

1.5　爆破参数有哪几个?如何确定各个参数?

1.6　光面爆破的标准是什么?如何搞好光面爆破?

1.7　某平洞为半圆拱形断面,掘进高度4.3 m,掘进宽度6 m,岩石坚固性系数为6~8。炮眼深度为3 m,炮眼直径55 mm。试进行该断面的炮眼布置并绘制出炮眼布置图。

1.8　装岩机有哪些分类方式和类型?

1.9　为何要采用调车措施?简述不同调车方式的使用方法。

1.10　从网上查询并下载更多的钻眼、衬砌、装渣、运渣设备,每类不小于5种。用表格列出其型号、主要技术特征和适用条件。

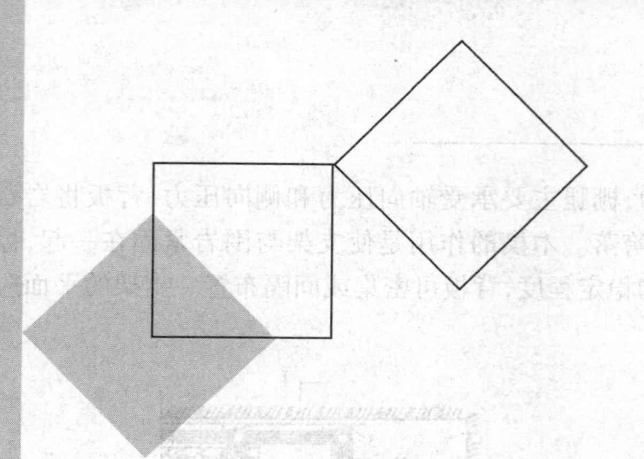

2 平洞支护施工

本章导读：

地下工程施工主要包括掘进、支护两大工序。掘进是进行岩体破碎，支护是为了防止岩体破碎。为保证工程的安全使用，围岩不稳定时，掘进后必须进行及时、有效的支护。本章主要介绍地下工程中常用的支护形式和施工方法。

- **主要教学内容**：地下工程中常用的各种支护形式、施工工艺与方法，包括棚式支架、锚喷支护、模筑混凝土衬砌和新奥法施工。
- **教学基本要求**：掌握地下工程中的常用支护形式和支护结构，主要的支护参数，支护施工工艺和常用的支护设备；了解新奥法的基本原理。
- **教学重点**：地下工程支护有很多种形式，目前最常用的是锚喷支护和混凝土衬砌支护。因此，本章要求重点讲授锚喷支护和混凝土衬砌的工艺与方法。
- **教学难点**：一是各种锚杆形式和结构，除了照片外，应配备一定数量的实物或模型，以增加学生的感性认识；二是新奥法的基本概念和基本原理，应弄清新奥法与矿山法的关系及与锚喷支护的关系。
- **网络资讯**：网站：www.cnksjxw.com。关键词：喷射混凝土，锚杆，棚式支架，巷道支架，模筑混凝土，新奥法。

2.1 棚式支架

棚式支架按地下工程的断面形状分，有梯形支架、矩形支架和拱形支架及各种不规则支架；按支架材料分，有木支架、金属支架、钢筋混凝土支架、钢管混凝土支架等。

2.1.1 木支架

木支架的基本结构如图 2.1 所示，它由顶梁、棚腿以及背板、撑柱、木楔等组成。顶梁主要承受顶板的垂直压力和侧帮的横向压力，棚腿主要承受轴向压力和侧向压力，背板将岩石压力均匀传递给顶梁与棚腿，并能阻挡岩石垮落。木楔的作用是使支架与围岩紧固在一起，撑柱的作用是加强支架的稳定性。根据围岩的稳定程度，背板可密集或间隔布置。支架的平面应与平洞的纵轴相垂直。

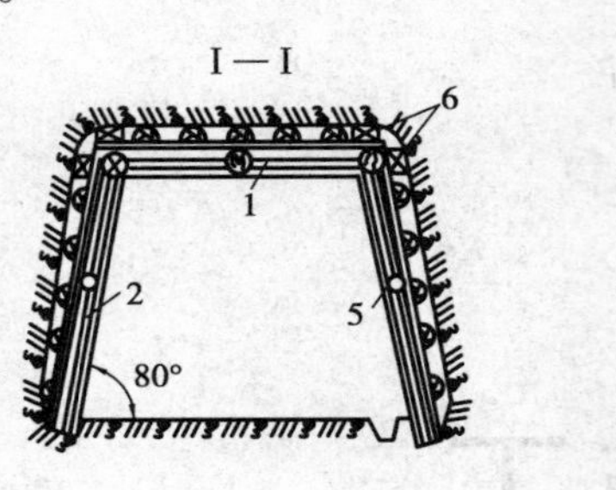

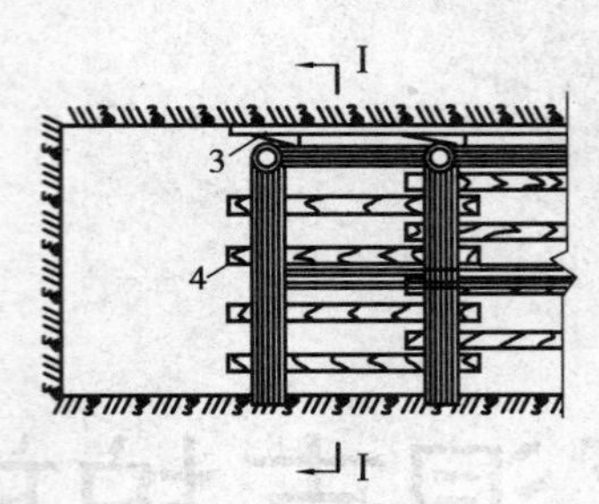

图 2.1　木支架

1—顶梁；2—棚腿；3，6—木楔；4—背板；5—撑柱

木支架的特点是质量小，加工容易，架设方便，特别适应于多变的地下条件，但其强度低，易朽易燃，不能阻水和防止围岩风化。一般用于地压不大、服务年限不长、断面较小的工程中，有时也用作岩土体开挖中的临时支架。

2.1.2　金属支架

金属支架的主要形式有梯形和拱形两种，如图 2.2 所示。其特点是强度大，体积小，坚固、耐久、防火，在构造上可以制成各种形状的构件。虽然初期投资大些，但工程维修量小，并且可以回收复用，最终成本还是经济的。

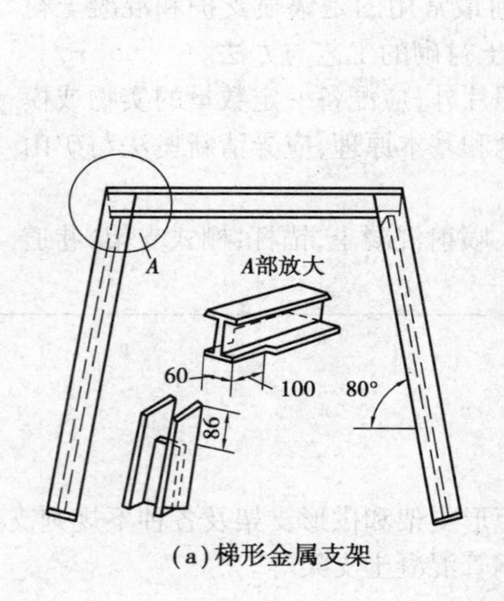

(a) 梯形金属支架

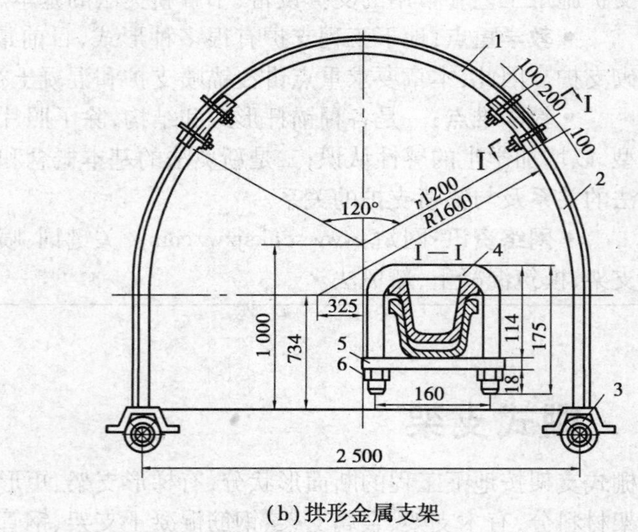

(b) 拱形金属支架

图 2.2　金属支架

1—顶梁；2—棚腿；3—底座；4—U 形卡子；5—垫板；6—螺母

1)梯形金属支架

常用18~24 kg/ m钢轨或16~20号工字钢制作,由两腿一梁构成。型钢棚腿的下端焊有一块钢板,以防止陷入底板。梁腿连接要求牢固可靠,安装、拆卸方便。

2)拱形型钢支架

拱形金属支架又叫钢拱架,通常用工字钢、H型钢、U型钢、钢轨、钢管等型钢制作。工字型钢架加工较简易,使用方便,由于截面纵横方向不是等刚度和等强度而容易失稳,在较大跨度中使用有困难,适用于跨度较小的矿山巷道或隧道施工支护。H型钢虽克服了工字型钢架的缺点,但自重大、费钢材多、安装较困难,所以使用不广。钢管钢架比H型钢架轻便,但造价较高。

对于围岩变形量大的地下工程,多采用U型钢制作成可缩性支架[图2.2(b)]。它可避免使用刚性金属支架的大量折损。这种可缩性支架由三节(或四节)曲线形构件组成,接头处重叠搭接0.3~0.4 m,并用螺栓箍紧(箍紧力靠螺栓调节)。通常取顶部构件的曲率半径r小于两帮棚腿的曲率半径R,顶部构件曲率半径逐渐增大,当其和棚腿的曲率半径R相等,并且沿搭接处作用的轴向力大于螺栓箍紧所产生的摩擦力时,构件之间便相对滑动,支架即产生可缩性。这时,围岩压力得到暂时卸除,支架构件在弹性力作用下又恢复到原来$r<R$的状态,直到围岩压力继续增加至一定值时,再次产生可缩现象,如此周而复始。这种支架的可缩量可达0.2~0.4 m。在地板压力较大时,可制作成封闭型,在底板加反拱形支撑构件。

2.1.3 预制钢筋混凝土支架

钢筋混凝土支架一般用于梯形断面的地下工程,其结构形式与木支架相同,只是材料不同。这种支架的构件在地面工厂预制,故构件质量高。它可紧跟工作面架设,并能立即承受地压,支护效果良好,但其缺点是构件太重、用钢量多、成本高以及可缩性不够。这种支架分普通型和预应力型两种。预应力钢筋混凝土支架进一步提高了钢筋混凝土构件的强度,缩小了支架断面尺寸,同时节约材料,减轻构件自重,降低支架成本。

2.2 锚喷支护

2.2.1 锚杆支护

锚杆是用金属、木质、化工等材料制作的一种杆状构件。锚杆支护是首先在岩壁上钻孔,然后通过一定施工操作将锚杆安设在地下工程的围岩或其他工程体中,即能形成承载结构、阻止变形的围岩拱结构或其他复合结构的一种支护方式。

实践证明,锚杆支护效果好、用料省、施工简单,有利于机械化操作,施工速度快。但是锚杆不能封闭围岩防止围岩风化,不能防止各锚杆之间裂隙岩石的剥落。因此,在围岩不稳定情况下,往往需配合其他支护措施,如挂金属网、喷射混凝土等,形成联合支护形式。

1)锚杆作用原理

(1)悬吊作用

悬吊作用理论认为是通过锚杆将不稳定的岩层和危石悬吊在上部坚硬稳定的岩体上,以防止其离层滑脱(图2.3)。若顶板中没有坚硬稳定的岩层或顶板软弱岩层较厚、围岩破碎区范围较大,势必无法将锚杆锚固到上面的坚硬岩层或未松动岩层时,悬吊理论则难以适用。

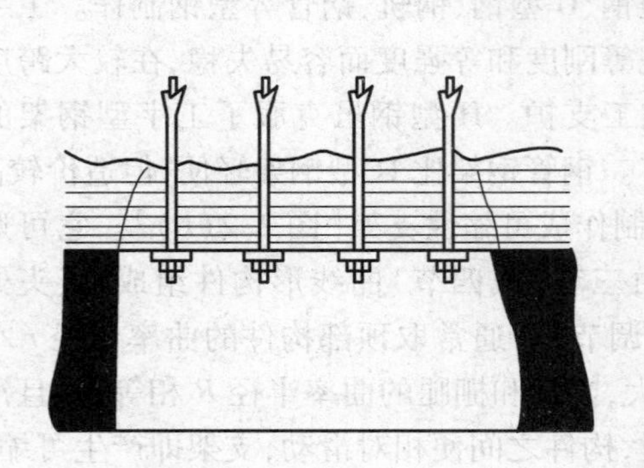

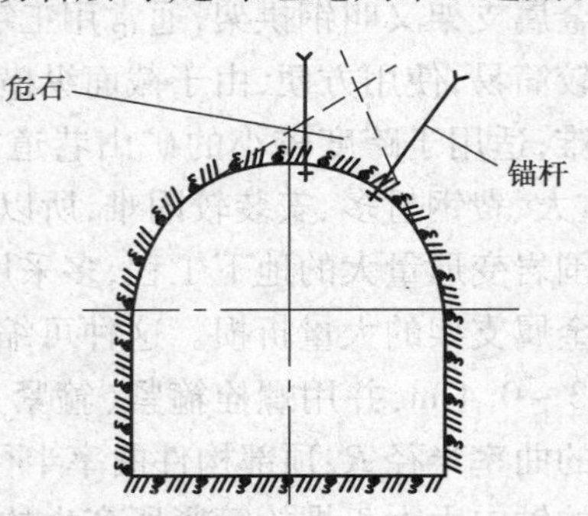

图2.3　锚杆的悬吊作用

(2)组合梁作用

组合梁作用是指把层状岩体看成一种梁(简支梁),没有锚杆时,它们只是简单地叠合在一起。由于层间抗剪能力不足,各层岩石都是各自单独地弯曲。若用锚杆将各层岩石锚固成组合梁,层间摩擦阻力将大为增加,从而增加了组合梁的抗弯强度和承载能力。如图2.4所示的试验模型较好地诠释了这种作用,人们曾将这种作用形象地比喻为“纳鞋底”作用。

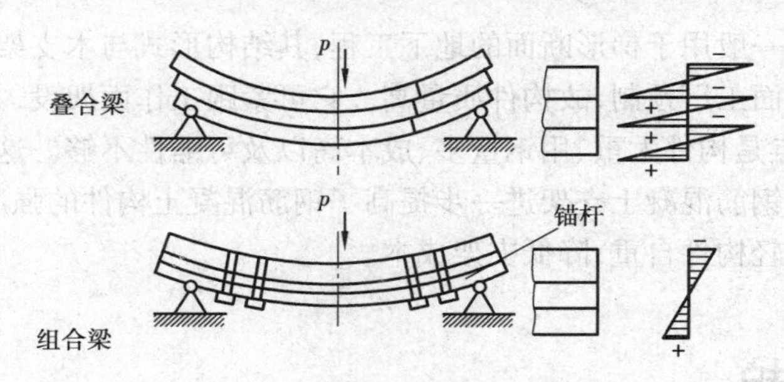

图2.4　锚杆支护的组合梁作用原理

(3)挤压加固拱作用

该作用认为,对于被纵横交错的弱面所切割的块状或破裂状围岩,由于锚杆挤压力的作用,在每根锚杆周围都形成一个以锚杆两头为顶点的锥形体压缩区,各锚杆所形成的压缩区彼此重叠,便形成一条拱形连续压缩带(组合拱),如图2.5所示。

(4)三向应力平衡作用

地下工程的围岩在未开挖前处于三向受压状态,开挖后围岩则处于二向受力状态,故易于破坏而丧失稳定性。锚杆安装以后,相当于岩石又恢复了三向受力状态,从而增大了它的强度。

上述锚杆的支护作用原理在实际工程中并非孤立存在,往往是几种作用同时存在并综合作用,只是在不同的地质条件下某种作用占主导地位而已。

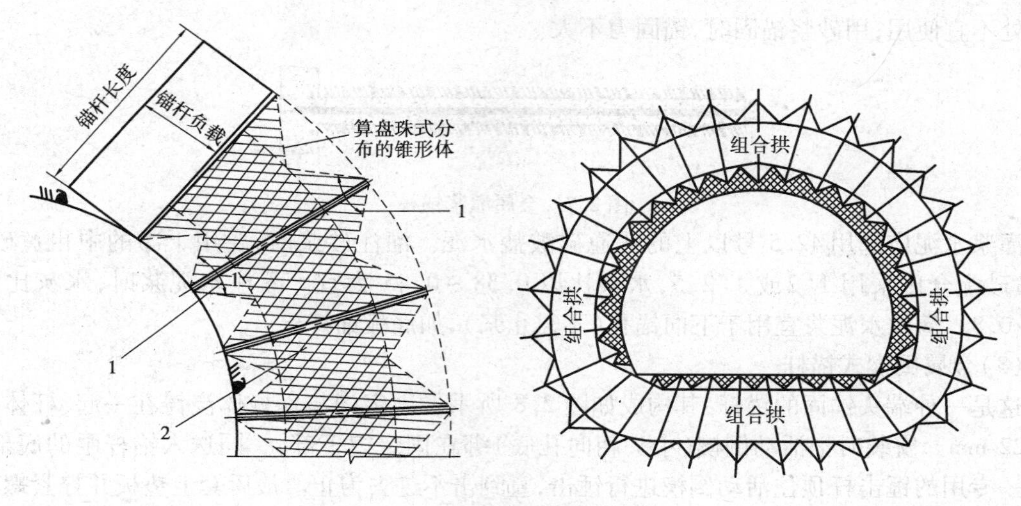

图 2.5　挤压加固拱作用

1—锥形体压缩区;2—连续压缩带(组合拱)

2)锚杆种类

锚杆种类繁多,形式不一,分类方法也各不相同,一般按锚固形式、锚固原理和锚杆材料分类较多。按锚固形式分有端头锚固和全长锚固两大类,锚固力集中在岩体内一端的锚杆,称为端头锚固锚杆;锚固力分布在锚杆全长范围内时称为全长锚固锚杆。常用的端头锚固式锚杆有倒楔式、楔缝式、快凝水泥式、树脂药包式、胀壳式等;全长锚固式锚杆有砂浆式、管缝式、树脂药包式、内注浆式等。按锚固原理分,锚杆有机械锚固、粘结式锚固和自锚固三种;按材料分有金属锚杆、木质锚杆和化工材料锚杆。工程中以金属锚杆为多。

为能满足围岩变形的需要,还有一些具有一定伸长量、可拉伸让压的锚杆,如可控式金属伸长锚杆、管缝式可拉伸锚杆、锯齿型胀壳让压锚杆、套管摩擦式伸长锚杆、孔口弹簧压缩式伸长锚杆、蛇形伸长锚杆、杆体伸长锚杆等。

(1)木质锚杆

木质锚杆有木锚杆和竹锚杆,木锚杆的结构如图 2.6 所示。木锚杆杆体直径一般为 38 mm、长 1.2 ~1.8 m。锚杆安装到位后,一般在孔口的锤击作用下,内楔块劈进锚杆体杆端的楔缝,使杆体楔缝两翼与孔壁挤紧而产生锚固力,然后装上垫板,再将外楔块锤入杆尾楔缝,将锚杆固定,从而实现对围岩的支护作用。木锚杆结构简单、易加工、成本低,安装方便,但其强度和锚固力较低,锚固力一般在 10 kN 左右。

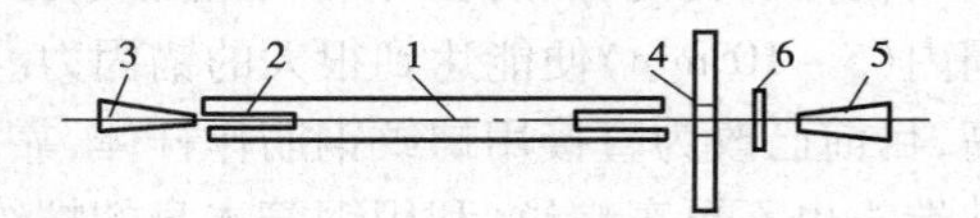

图 2.6　木锚杆结构

1—杆体;2—楔缝;3—内楔块;4—垫板;5—外楔块;6—加固钢圈

竹锚杆是用 22 号铅丝将竹片箍成圆形杆体而成,其锚固方法与木锚杆相同。垫板均用木材制作。竹片锚杆锚固力不够稳定,锚固力略低于普通木锚杆。

(2)金属灌浆锚杆

这种锚杆是在孔内放入钢筋或钢索,再在孔内灌入砂浆或水泥浆,利用砂浆或水泥浆与钢筋、孔壁间的粘结力锚固岩层,如图 2.7 所示。钢筋灌浆锚杆一般用螺纹钢制作。钢索可用废旧的钢丝绳制作,以节省工程费用。这是一种全长锚固的锚杆,其特点是不能立即承载,在破碎围岩处不宜使用;用砂浆锚固时,锚固力不大。

图 2.7　金属灌浆锚杆

灌浆水泥应选用42.5号以上的普通硅酸盐水泥。灌注砂浆时,要用干净的中粗黄砂,水泥、黄砂配合比采用1∶2或1∶2.5,水灰比以0.38～0.45为宜。灌注水泥浆时,水灰比可为0.5～0.8。灌注水泥浆宜用于下向锚孔(不需止浆),如底板锚杆。

(3)金属倒楔式锚杆

这是一种端头锚固的锚杆,其构成如图2.8所示。固定楔与钢杆体浇铸在一起,杆体直径14～22 mm。安装时把活动倒楔(小头朝向孔底)绑在固定楔下部,一同送入锚杆眼的底部,然后用一专用的锤击杆顶住活动倒楔进行锤击,直到击不进去为止。最后套上垫板并拧紧螺帽。

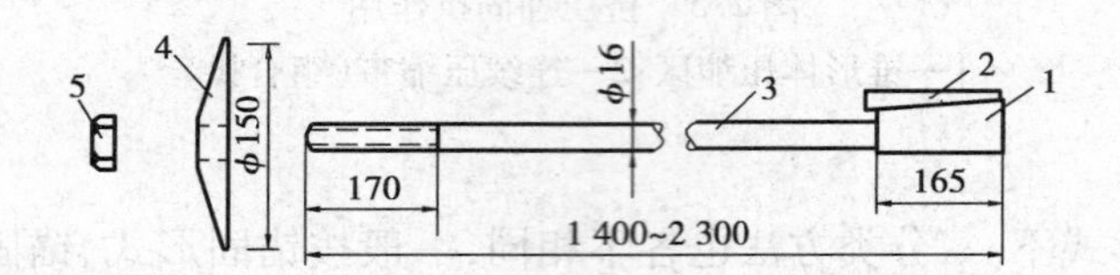

图 2.8　金属倒楔式锚杆

1—铸铁固定楔;2—铸铁活动倒楔;3—金属杆体;4—金属垫板;5—螺帽

这种锚杆理论上可以回收复用,安装后可以立即承载,它结构简单,易于加工,设计锚固力为40 kN左右。

(4)锚固剂粘结锚杆

这种锚杆多为端头锚固型,其原理是在孔内放入锚固剂,利用锚固剂把锚杆的内端锚定在锚孔内。根据所使用的锚固剂不同,分为树脂锚杆、快硬水泥锚杆和快硬膨胀水泥锚杆等,目前多用树脂锚杆(图2.9)。树脂锚杆由杆体和树脂锚固剂组成,使用时先将锚固剂卷放入孔内,再用专用风动工具或凿岩机将锚杆推入锚孔,边推进边搅拌,在固化剂的作用下,将锚杆的头部粘结在锚杆孔内,然后在外端装上盖板,拧紧螺帽即可。它凝结硬化快,粘结强度高,在很短时间内(5～10 min)便能达到很大的锚固力。以往用的圆钢杆体、麻花状锚固头式加工麻烦,成本高,目前已改为直接用螺纹钢筋作杆体,靠钢筋上的螺纹直接起到搅拌和增大锚固力作用,而且外端头也不再车螺纹,利用钢筋本身的螺纹配上相应的螺帽即可,加工和使用十分方便。

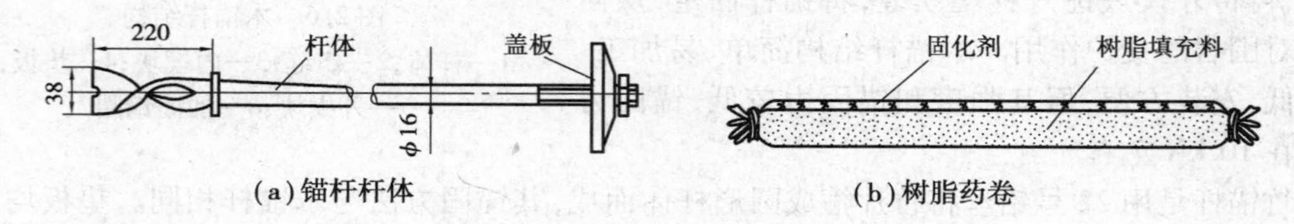

图 2.9　树脂锚杆

快硬水泥锚杆和快硬膨胀水泥锚杆的杆体结构与树脂锚杆相同,只是用水泥卷代替了树脂卷,使用前需先将水泥卷在水中浸泡2～3 min。这种锚固剂在1 h后锚固力可达60 kN。水泥药卷材料来源广,锚固力较高,成本约为树脂锚固剂的1/4。

(5)管缝式锚杆

管缝式锚杆又称开缝式或摩擦式锚杆,属全长锚固型自锚式锚杆。带纵缝的管状杆体由高强度钢板卷压而成(图2.10),杆体材料为屈服应力>350 MPa的16Mn和20MnSi钢,管壁厚2.0~2.5 mm,管径38~41.5 mm,开缝为10~14 mm。使用时用凿岩机强行压入比杆径小1.5~2.5 mm的锚孔即可。为安装方便,打入端略呈锥形。

该种锚杆锚固力60 kN以上,结构简单、制作容易、安装方便、质量可靠。

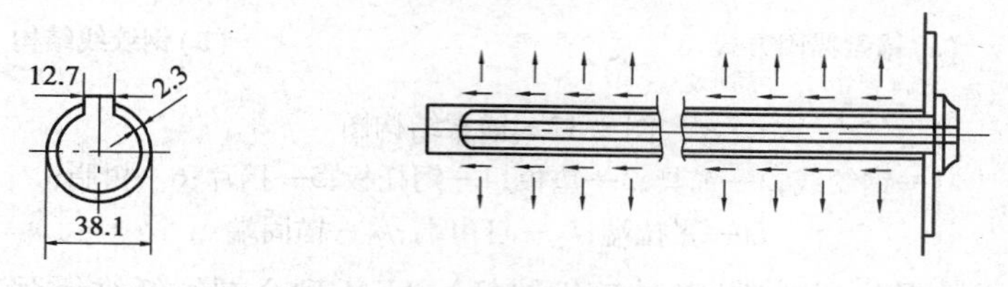

图2.10　管缝式锚杆

(6)中空注浆锚杆

这是一类可用于注浆的锚杆。在破碎岩体中施工时,为了加固围岩,利用锚杆进行注浆,形成锚注支护形式。这类锚杆形式较多,如普通式、自进式、半自进式、胀壳式、组合式等,部分形式的注浆锚杆如图2.11所示。自钻式锚杆在强度很低和松散的地层中钻进后不需退出,并可利用中空杆体注浆。胀壳式中空锚杆是在钻孔完成后安设,前头带有可张开的钢质锚头,锚头在锚杆顶紧状态下张开,与孔壁贴合;外端有塑料止浆塞,防止注浆时漏浆。注浆锚杆也可使用树脂锚固剂进行锚固,其锚固方法与树脂锚杆相同。

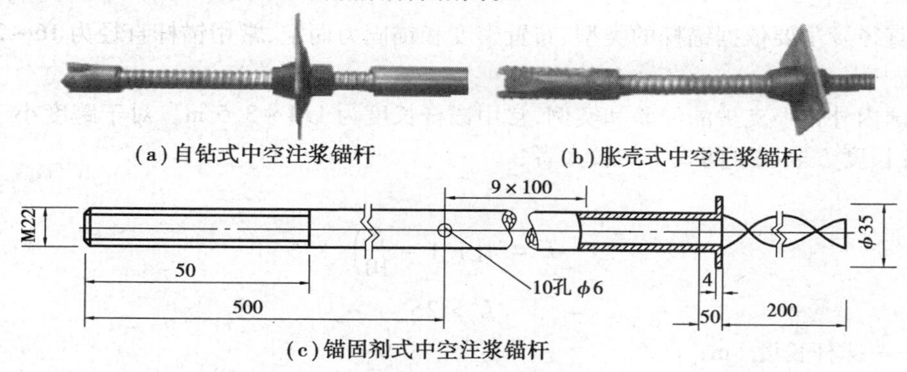

(a)自钻式中空注浆锚杆　(b)胀壳式中空注浆锚杆

(c)锚固剂式中空注浆锚杆

图2.11　中空注浆锚杆

(7)锚索

近年来,锚索在地下工程中得到了较多的应用。当围岩破碎范围大,普通锚喷支护难以控制围岩变形时,使用锚索可收到良好效果。隧道用锚索一般为由多根高强钢丝组成的单股钢绞线,如图2.12所示。锚索直径28~32 mm,长5~15 m,用树脂锚固剂锚固,锚固长度1 m以上。锚索大多布置在洞室顶部,每隔3~5 m布置一排,每排布置3~5根。

锚索安装工艺:用锚索钻机钻孔;将树脂药卷装入锚孔内,用锚索机旋转锚索,并向孔内推进,将孔内的树脂药卷绞碎;装上托盘、锚具和张拉器,进行张拉,给锚索施加预应力;达到预定预应力要求时卸载,锚头锁具自动将锚索锁住;用切割器将露出孔外的多余锚索切去。

(8)化工材料锚杆

利用化工材料制作的锚杆主要有普通PVC塑料锚杆、双抗(抗静电、阻燃)塑料锚杆、塑料

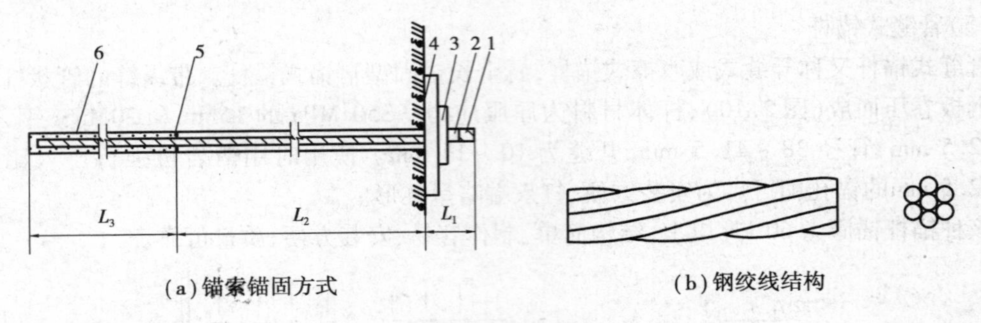

(a)锚索锚固方式

(b)钢绞线结构

图 2.12　锚索结构图

1—钢绞线;2—锚具;3—垫板;4—钢托板;5—挡片;6—树脂;

L_1—张拉端;L_2—自由端;L_3—锚固端

胀壳式锚杆、玻璃纤维强化塑料锚杆(玻璃钢锚杆)、TKM 型全螺纹纤维增强树脂锚杆等。这类锚杆的质量较小,易于切割,节约钢材,成本低,抗腐蚀,使用范围广,锚固力能够满足要求,尽管目前使用尚不普遍,但是值得今后大力推广应用。

3)锚杆支护技术参数

锚杆支护技术参数主要包括锚杆直径、锚杆长度、锚杆间排距、锚杆安装角度、锚固力等,其中长度、间排距为主要设计参数,其确定方法有经验法、理论计算法、数值模拟法和实测法等,应用较多的是经验法和计算法。

(1)锚杆直径

锚杆直径 d 主要依据锚杆的类型、布置密度和锚固力而定,常用锚杆直径为 16 ~ 24 mm。

(2)锚杆长度

依据国内外锚喷支护的经验和实例,常用锚杆长度为 1.4 ~ 3.5 m。对于跨度小于 10 m 的洞室,锚杆长度 L 取以下两式中的较大者:

$$L = n\left(1.1 + \frac{B}{10}\right) \tag{2.1}$$

$$L > 2S \tag{2.2}$$

式中　L——锚杆长度, m;

B——洞室跨度, m;

n——围岩稳定性系数,对于稳定性较好的Ⅱ类岩石(按锚喷支护围岩分类,下同),$n = 0.9$;对于中等稳定的Ⅲ类岩石,$n = 1.0$;对于稳定性较差的Ⅳ类岩石,$n = 1.1$;对于不稳定的Ⅴ类岩石,$n = 1.2$;

S——围岩中节理间距。

在层状顶板中,按悬吊作用,锚杆的长度为:

$$L = KH + L_1 + L_2 \tag{2.3}$$

式中　K——安全系数,一般取 2;

H——软弱岩层厚度(或冒落拱高度), m;

L_1——锚杆锚入稳定岩层的深度,一般取 0.25 ~ 0.3 m;

L_2——锚杆外露长度,一般取 0.1 m。

(3)锚杆间距

锚杆间距 D 取以下两式中较小者：

$$D \leqslant 0.5L, \quad D < 3S' \tag{2.4}$$

式中 L——锚杆长度，m；

S'——围岩裂隙间距，m；

D——锚杆间距，一般为0.8～1.0 m，最大不超过1.5 m。

依据地质条件，按照选定的排距，锚杆通常按方形或梅花形布置。方形布置适用于较稳定岩层，梅花形适用于稳定性较差的岩层。

锚杆支护参数设计还可以根据锚杆锚固力的大小，参照锚杆材质、锚固方式、锚杆结构及长度、锚杆直径以及隧道洞室支护要求而定。

4)锚杆支护施工

(1)锚杆施工要求

①锚杆应均匀布置，在岩面上排成矩形或菱形，锚杆间距不宜大于锚杆长度的1/2，以有利于相邻锚杆共同作用。

②锚杆的方向，原则上应尽可能与岩面垂直布置，但钻孔不宜平行于岩层层面；对于倾斜的成层岩层，锚杆应与层面斜交布置，以便充分发挥锚杆的作用。

③锚杆眼深必须与作业规程要求和所使用的锚杆相一致。

④锚杆眼必须用压气吹净扫干孔底的岩粉、碎渣和积水，保证锚杆的锚固质量。

⑤锚杆直径应与锚固力的要求相适应。锚固力应与围岩类别相匹配。

⑥保证锚杆有足够的锚固力。

(2)锚杆施工机械

锚杆施工机械主要是钻孔机械、安装机械、灌浆机械等，应根据具体的岩层条件和锚杆种类选择合适的施工机具。地下工程的断面较小、锚杆较短时，一般使用气腿式凿岩机钻孔，锚索孔一般采用旋转式专用锚索钻机。

不同的锚杆有不同的安装方式和机具，如风钻、煤电钻、风动扳手、锚杆钻机等。树脂或快硬水泥锚杆的推进，一般用手持式风动锚杆钻机。锚杆孔深度大时，需使用专用锚杆打眼安装机。

(3)锚杆施工质量检测

锚杆质量检测包括锚杆的材质、锚杆的安装质量和锚杆的抗拔力检测。材质监测在实验室进行。锚杆安装质量包括锚杆托盘安装质量、锚杆间排距、锚杆孔深度和角度、锚杆外露长度和螺帽的拧紧程度以及锚固力。其中有的应在隐蔽工程检查中进行。锚杆托盘应安装牢固、紧贴岩面；锚杆的间排距的偏差为 ±100 mm，喷浆封闭后宜采用锚杆探测仪探测和确定锚杆的准确位置；锚杆的外露长度应≤50 mm。

锚杆质量检测的重要项目是抗拔力测试。锚固力（锚固力与抗拔力有一定区别。抗拔力是个广义指标，包括锚杆的拉断、外部丝扣的滑脱等。）达不到设计要求时，一般可用补打锚杆予以补强。锚杆锚固力（抗拔力）采用锚杆拉力计进行检测（图2.13）。试验时，用卡具将锚杆紧固在千斤顶活塞上，摇动油泵手柄，高压油经高压胶管到达拉力计的油缸，驱使活塞对锚杆产生拉力。压力表读数乘以活塞面积即为锚杆的锚固力，锚杆的位移量可从随活塞一起移动的标尺上直接读出，其位移量应控制在允许范围内。各种锚杆必须达到规定的抗拔力。

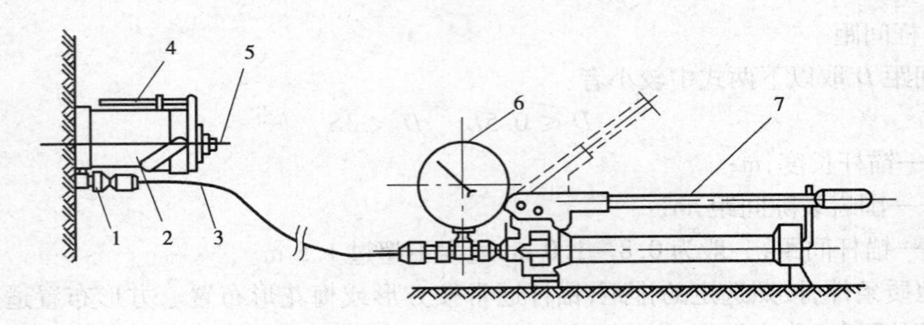

图 2.13　锚杆锚固力检测

1—胶管接头;2—空心千斤顶;3—高压胶管;4—标尺;
5—锚杆;6—压力表;7—手摇油泵

2.2.2　喷射混凝土支护

喷射混凝土支护是将一定配比的混凝土,用压缩空气以较高速度喷射到洞室岩面上,形成混凝土支护层的一种支护形式。

1)喷射混凝土作用原理

(1)充填粘结作用

高速喷射的混凝土充填到围岩的节理、裂隙及凹凸不平的岩面上,把围岩粘结成一个整体,大大提高了围岩的整体性和强度。

(2)封闭作用

当地下工程围岩壁面喷上一层混凝土后,完全隔绝了空气、水与围岩的接触,有效地防止了风化、潮解引起的围岩破坏和强度降低。

(3)结构作用

靠喷射混凝土与围岩之间的粘结力及其自身的抗剪力起到承载作用。喷射混凝土层将锚杆、钢筋网和围岩粘结在一起,构成一个共同作用的整体结构,从而提高了支护结构的整体承载能力。

2)喷射混凝土材料

喷射混凝土材料主要由水泥、砂子、石子、水和速凝剂组成。一些特殊的混凝土尚需掺入相关材料,如喷射纤维混凝土需掺入纤维材料等。

①水泥:应优先选用普通硅酸盐水泥,也可根据工程实际选用矿渣硅酸盐水泥或火山灰硅酸盐水泥。水泥的强度等级一般不得低于32.5,不得使用受潮或过期结块的水泥。

②砂子:应采用坚硬耐久的中砂或粗砂,细度模数应大于2.5,含水率以控制在5%~7%为宜,含泥量不得大于3%。

③石子:又叫瓜子片,最大粒径一般不超过15 mm,含泥量不得大于1%。

④水:不应含有影响水泥正常凝结与硬化的有害杂质,不得使用污水及pH<4的酸性水和含硫酸盐量按SO_4计算超过水重1%的水。

⑤速凝剂:掺入速凝剂的目的是加快混凝土的凝固,提高早期强度,及时提供支护抗力;增加一次喷射混凝土厚度和缩短喷层之间的喷射间歇时间。

速凝剂的掺量，应在使用前做速凝效果试验。一般要求初凝应在3～5 min范围内，终凝不应大于10 min。一般掺量为水泥质量的2.5%～4%。

⑥喷射混凝土配合比：与普通混凝土相比，石子含量要少得多，砂子含量则相应增大，一般含砂率在50%左右。一般喷射混凝土的配合比如下：水泥∶砂∶石子为1∶2∶2或1∶2.5∶2；水灰比0.4～0.5。

3)喷射混凝土机具

混凝土喷射机具主要包括喷射机、上料机、搅拌机等，其中最主要的设备是混凝土喷射机。国内混凝土喷射机种类繁多，形式各异，按喷射料的干湿程度分有干喷机、潮喷机和湿喷机三类。干喷机使用最为广泛，但干喷机的粉尘太大，故应大力推广使用潮喷机和湿喷机。

(1)干式混凝土喷射机

使用最多的干式混凝土喷射机为转子式，其体积小、质量小、结构简单、使用和移动方便，其结构如图2.14所示。机器工作时，转子体即旋转体由传动系统带动不断旋转，随旋转体转动的拨料板，将料斗中的干料连续拨入旋转体料腔内。旋转体是喷射机的核心，转体上有14个料杯，当旋转体上的料杯转至主送气管下时，干料即被转入料杯，当料杯旋转到出料弯管口时，料杯内的干料在压缩空气作用下被输送出去。

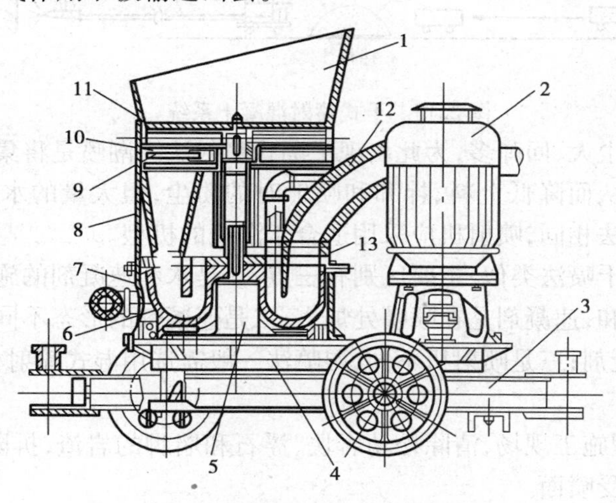

图2.14　转子型混凝土喷射机

1—料斗；2—电机；3—车架；4—减速箱；5—主轴；6—转子体；7—下座体；8—上座体；9—拨料板；10—定量板；11—搅拌器；12—出料弯管；13—橡胶结合板

(2)潮式混凝土喷射机

潮式混凝土喷射机也多属转子型，型号较多，外形结构与干喷式相仿，如PC5B型混凝土喷射机。该机采用了防粘转子，综合了国内外喷射机的优点，体积小、质量小、作业时粉尘少、回弹率低、易损部件寿命长、使用维修方便。

(3)湿式混凝土喷射机

湿式喷射的主要目的是减少粉尘，国内已有多种产品，如SPZ-6型、TK-961型等。

(4)其他机械

其他机械还有搅拌机、上料机、喷射机械手等，可根据情况选用。

4)混凝土喷射工艺

(1)混凝土喷射方法

喷射混凝土施工,按喷射方法可分为干式喷射法、潮式喷射法和湿式喷射法三种。

干式喷射法的施工工艺如图 2.15 所示。砂和石子预先在洞外(或地面)洗净、过筛,按设计配比混合,用车辆运到喷射工作面附近,再加入水泥进行拌和,然后用人工或机械将拌料加入喷射机。速凝剂可同水泥一起加入并拌和,现场施工多在喷射机料斗处,一边上料一边添加。水在喷嘴处施加,水量由喷嘴处的阀门控制,水灰比由喷射手根据喷料的流淌情况控制,以不干不淌为宜。

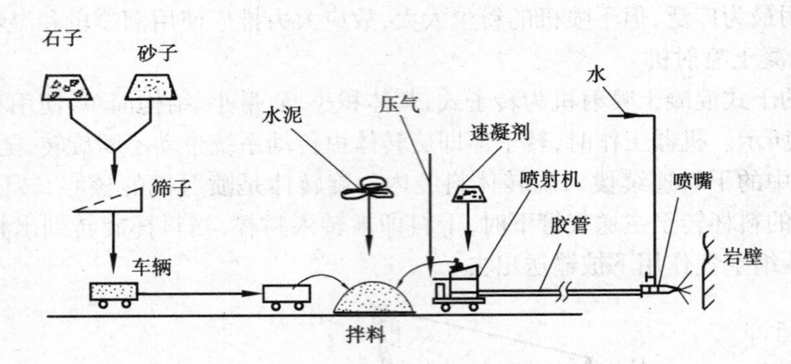

图 2.15　干式喷射混凝土系统

干喷法的缺点是粉尘大、回弹多,为此出现了潮式喷射法。潮喷是将集料预加少量水,使之呈潮湿状,再加水拌和,从而降低上料、拌和和喷射时的粉尘,但大量的水仍是在喷头处加入。潮喷的工艺流程与干喷法相同,喷射机应采用适合于潮喷的机型。

湿喷法基本工艺与干喷法类似,主要区别有三点:一是水和速凝剂的施加方式不同,湿喷时水与水泥同时加入并拌和,速凝剂是在喷嘴处加入;二是速凝剂的形态不同,干喷法用粉状速凝剂,湿喷法多用液体速凝剂;三是喷射机不同,湿喷法一般需选用湿式喷射机。

(2)施工准备

施工现场准备:清理施工现场,清除松动岩块、浮石和墙脚的岩渣,拆除操作区域的各种障碍物,用高压风、水冲洗受喷面。

施工设备布置:做好施工设备的就位和场地布置,保证运输线路、风水电畅通,保证喷射作业地区有良好的通风条件和充足的照明设施。

(3)喷射作业

为了减少喷射混凝土的滑动或脱落,喷射时应按分段(长度不宜超过 6 m)分片、自下而上、先墙后拱的顺序操作。喷射机供料应保持连续、均匀,以利于喷射手控制水灰比。

喷射作业时,喷头应正对受喷面呈螺旋形轨迹均匀地移动,以使混凝土喷射密实、均匀和表面光滑平顺。为了保证喷射质量,减少回弹量和降低喷射中的粉尘,作业时应正确控制水灰比,做到喷射混凝土表面呈湿润光泽,无干斑或滑移流淌现象。

喷层较厚时,喷射作业需分层进行,通常应在前一层混凝土终凝后方可施喷后一层。若终凝 1 h 以后再进行二次喷射时,应先用压气、压水冲洗喷层表面,去掉粉尘和杂物。

5)喷射混凝土的主要工艺参数

(1)工作压力

工作压力是指喷射混凝土正常施工时,喷射机转子体内的压气压力。为降低粉尘和回弹,通常采用低压喷射。一般混合料水平输送距离30~50 m条件下,喷射机的供气压力保持在0.12~0.18 MPa为宜。

(2)水压

为了保证喷头处加水能使随气流迅速通过的混凝土混合料充分湿润,通常要求水压比气压高0.1 MPa左右。

(3)水灰比

理论上最佳水灰比为0.4~0.5,干喷时靠喷射手的经验加以控制,新喷射的混凝土易粘着、回弹量小、表面有一定光泽,说明水灰比适宜。

(4)喷头方向

除喷岩帮侧墙下部时,喷头的喷射角度可下俯10°~15°外,其他部位喷射时,均要求喷头的喷射方向基本上垂直于围岩受喷面。

(5)喷头与受喷面的距离

喷头与受喷面的距离最大为0.8~1.0 m。喷距过大、过小,均可引起回弹量的增大。

(6)一次喷射厚度及间隔时间

分层喷射时,一次喷射厚度应根据岩性、围岩应力、裂隙、隧道规格尺寸,以及与其他形式支护的配合情况等因素确定。在掺速凝剂的情况下,喷射边墙时为70~100 mm,拱部为50~70 mm。分层喷射的合理时间间隔应根据水泥品种、速凝剂种类及掺量、施工温度和水灰比大小等因素确定,一般为15~20 min。

2.2.3 联合支护

锚喷支护是指以锚杆、喷射混凝土为主体的一类支护形式的总称,根据地质条件及围岩稳定性的不同,它们可以单独使用也可联合使用。联合使用时即为联合支护,具体的支护形式依所用的支护材料而定,如锚杆+喷射混凝土支护,称锚喷联合支护,简称锚喷支护;锚杆+注浆支护,简称锚注支护;锚杆+钢筋网+喷射混凝土支护,简称锚网喷联合支护等。

联合支护在设计与施工中应遵循的原则:有效控制围岩变形,尽量避免围岩松动,以最大限度地发挥围岩自承载能力;保证实现围岩、喷层和锚杆之间具有良好的粘结和接触,形成共同体;选择合理的支护类型与参数并充分发挥其功效;合理选择施工方法和顺序,避免对围岩产生过大扰动,缩短围岩暴露时间。

1)锚喷支护

锚喷支护是同时采用锚杆和喷射混凝土进行支护的形式,适用于Ⅲ、Ⅳ类围岩和部分Ⅱ类围岩。它能同时发挥锚杆和喷射混凝土的作用,并且能取长补短,使二者合一,形成联合支护结构,是一种有效的支护形式,因此得到了广泛应用。

2)锚网喷支护

锚网喷支护是锚杆、金属网和喷射混凝土联合形成的一种支护结构。金属网的加入,提高了喷射混凝土的抗剪、抗拉及其整体性，使锚喷支护结构更趋于合理，在较为松软破碎的围岩中得到广泛应用。网片长宽尺寸各为1～2 m，网格尺寸不小于150 mm×150 mm，网筋直径为5～10 mm。

施工时，将金属网挂在锚杆上并用锚杆盖板压紧。网片的搭接长度不小于200 mm。网片固定后再进行喷射混凝土。岩面平整度较差时，可先初喷一层混凝土后再铺设金属网。

3）喷锚网架支护

对于松软破碎严重的围岩及浅埋、偏压隧道，需在喷锚网的基础上再加入刚度较大的钢拱架，构成喷锚网架联合支护。

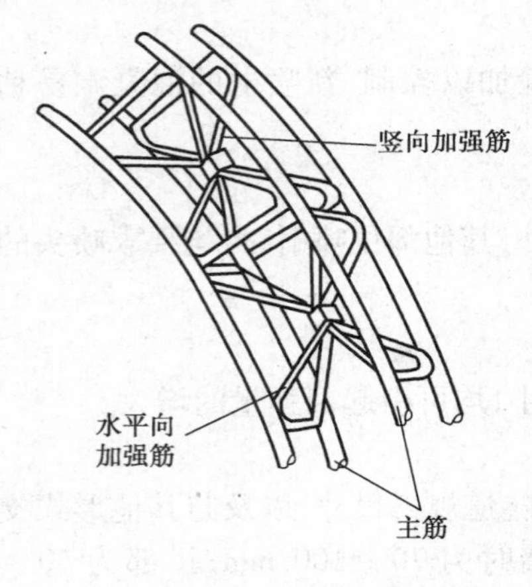

图2.16　格栅钢架结构示意图

钢架的纵向间距一般不大于1.2 m，钢架与围岩之间的混凝土厚度不小于40 mm。钢架的截面高度一般为10～18 cm，最大不超过20 cm，且要有一定保护层。为架设方便，每榀钢架一般分为2～6节，并应保证接头刚度；节数应与净空断面大小及开挖方法相适应。

钢拱架用槽钢、工字钢、钢管、钢筋制作。隧道中初次支护多用由钢筋焊接而成的格栅钢架（图2.16），受力性能较好，安装方便，并能和喷射混凝土结合较好，节省钢材，优点较多。

钢筋格栅钢拱架采用钢筋现场加工制作，技术难度不高，对隧道断面变化的适应性好。每榀钢架由3～5节组成，节与节之间用螺栓连接。

格栅钢架的主筋直径不宜小于22 mm，材料宜采用20 MnSi或A3钢筋，联系钢筋可按具体情况选用。

4）锚注喷射混凝土支护

这是在破碎软岩中应用的一种支护结构，即在掘进后先利用内注式注浆锚杆及喷射混凝土进行锚喷初次支护，滞后开挖面一定距离再进行二次支护。

锚注支护技术利用锚杆兼作注浆管，实现了锚注一体化。注浆可改善更深层围岩的松散结构，提高岩体强度，并为锚杆提供可靠的着力基础，使锚杆与围岩形成整体，从而形成多层有效组合拱，即喷网组合拱、锚杆压缩区组合拱、浆液扩散加固拱，提高了支护结构的整体性和承载能力。

锚注支护适用于节理、裂隙发育、断层破碎带等松散围岩注浆，一般采用单液水泥浆，也可掺加一定量的水玻璃等外加剂。注浆按自下而上、先帮后顶的顺序进行，为提高注浆效果，可采用隔排初注、插空复注的交替性作业方式。

2.3　模筑混凝土衬砌

现浇混凝土支护是地下工程中应用最为广泛的支护形式。浇筑前需先构筑好模板再进行浇灌混凝土，故称为模筑混凝土衬砌。现浇混凝土衬砌施工的主要工序有为：浇筑准备、拱架与模板架立、混凝土制备与运输、混凝土灌筑、混凝土养护与拆模等。

2.3.1 模板

1)模板的形式

模板是铺板、骨架、操作平台及附属品等的总称。模筑衬砌所用的模板应式样简单、装拆方便、表面光滑、接缝严密、有足够的刚度和稳定性。

目前所用模板主要有整体移动式和组装式两种。整体移动式又称模板台车,结构如图2.17所示,采用大块曲模板(钢模或预制板)、钢拱架(骨架)、操作平台、机械或液压脱模、振捣设备等组装成整体,并在轨道上行走,从而可缩短立模时间,墙拱连续浇筑,加快施工速度。主要用于长度较大的全断面一次开挖成型或大断面开挖成型的隧道衬砌施工中。

模板台车的长度即一次模注段长度,应根据施工进度要求、混凝土浇筑能力、隧道的曲率等条件确定,一般多为9~12 m。由于整体移动式模板台车的一次浇筑的混凝土量较大,多与混凝土输送泵联合作业,如图2.18所示。这种设备由于其单件性比较强,一般由施工单位根据隧道结构尺寸自行设计和加工。

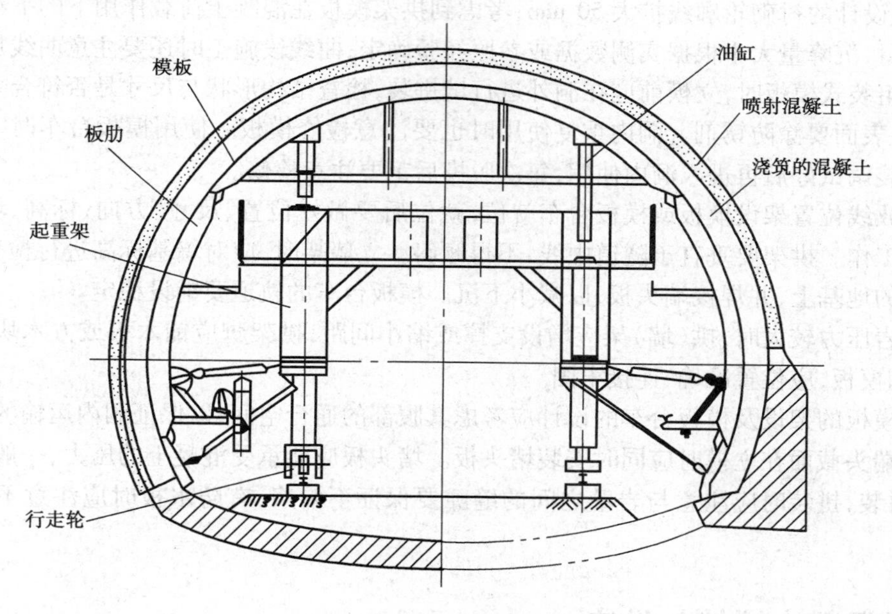

图2.17 移动式模板台车

组装式模板由骨架和模板组成。骨架用型钢制作或用钢筋焊接成桁架式。为便于安装和运输,常将每榀骨架分解为2~4节,现场进行组装。模板可采用组合式钢模板(由角钢和钢板制作)、槽钢、木材。组合式钢模板的宽度为100~300 mm,长度为1~1.5 m。一次模注长度一般为2~6 m。骨架的间距根据混凝土荷载大小和隧道断面大小而定,一般为1~1.5 m,为便于铺设模板,应与模板的长度相协调,即模板接头位于骨架上。

组装式模板的灵活性大,适应性强,尤其适用于曲线地段。由于其安装架设费时费力,故生产能力较模板台车低。地下硐室式工程、地下通道工程、中小型隧道工程、分部开挖大断面工程中使用较多。

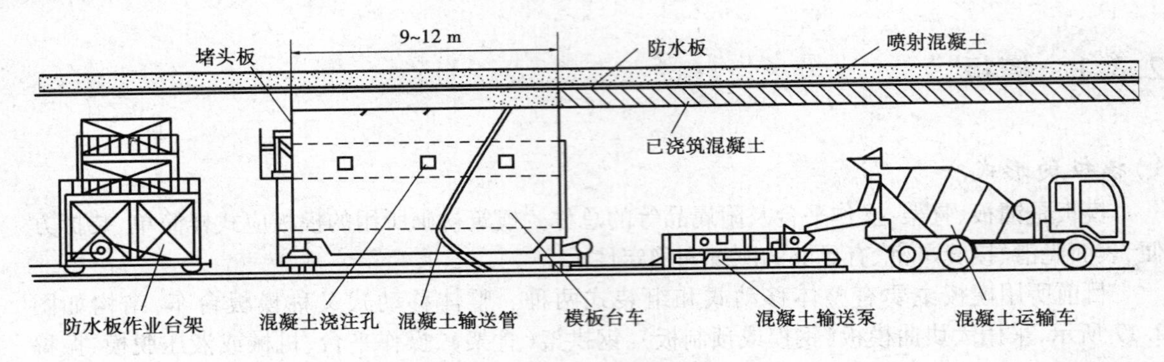

图 2.18　模板台车衬砌施工系统图

2）模板的架设

衬砌施工开始前，应清理场地，进行中线和水平施工测量，检查开挖断面是否符合设计要求，然后放线定位、架设模板支架或架立拱架。同时，准备砌筑材料、机具等。

放线定位时，为保证衬砌不侵入建筑限界，应预留放线测量误差量和拱架模板的就位误差量，一般将设计的衬砌轮廓线扩大 50 mm；考虑到拱架模板在混凝土荷载作用下的下沉，应适当预留沉降量，沉降量大小根据实测数据或参照经验确定；曲线段施工时还要注意曲线加宽。

使用组装式模板时，立模前应在洞外进行试拼装，检查结构形状与尺寸是否符合要求，配齐配件，模板表面要涂防锈剂。洞内重复使用时也要注意检修模板。使用模板台车时，要在洞外将台车组装调试好后再进入洞内使用，每次脱模后都要注意检修。

根据放线位置架设模板或模板台车就位，就位后要做好位置、尺寸、方向、标高、坡度、稳定性等检查工作。拱架要垂直于隧道中线，不得倾斜。立墙架时，应对墙基标高进行检查，拱架应立在稳定的地基上，并焊接端头板，以减小下沉。模板台车的轨道要铺设稳定。

当围岩压力较大时，拱（墙）架应增设支撑或缩小间距，拱架脚应铺木板或方木块。架设拱架、墙架和模板，应位置准确、连接牢固。

拱架模板的架设及模板台车的设计应考虑其腹部的通行空间，以保证洞内运输的畅通。

衬砌端头截面在立模时应同时安装堵头板。堵头板应能承受混凝土的压力，一般用木板加工，现场拼装，拼装时应注意与岩壁之间的缝隙要保证不漏浆，有防水板时应注意不要损伤防水板。

2.3.2　混凝土搅拌与供应

衬砌混凝土的配合比应满足设计要求。目前，现场多采用机械拌和混凝土，在混凝土制备中应严格按照质量配合比供料，特别要重视掌握加水量，控制水灰比和坍落度等。

在边墙处混凝土坍落度为 10 ~ 40 mm；在拱圈及其他不便施工处为 20 ~ 50 mm。当隧道不长时，搅拌机可设在洞口。在矿山井下施工时，搅拌机一般设在施工地点。

混凝土拌和后，应迅速运送，尽快浇筑，充分捣固。从拌和到浇筑完成的时间，原则上，在外界气温超过 25 ℃时为 1.5 h，25 ℃以下时为不超过 2 h。混凝土的运送时间一般不得超过 45 min，以防止产生离析和初凝。如运送时间过长应研究使用缓凝剂和流动剂等。

运送设备可根据工程情况，选用各种斗车、罐式混凝土输送车、输送泵等。城市地下工程原则上应采用混凝土搅拌运输车,采用其他方法运送时,应确保混凝土在运送中不产生损失及混入杂物,已经达到初凝的剩余混凝土,不得重新搅拌使用。

采用商品混凝土时应按有关规定执行。

2.3.3 浇筑与养护

混凝土浇筑前要按设计图确认模板和防水板的安装质量。衬砌施工时,其中线、标高、断面尺寸和净空大小均须符合隧道设计要求。

1)混凝土的浇筑

混凝土衬砌的浇筑应分节段进行,节段的长度即模板的长度,在节段内应自下向上顺序浇筑。为保证拱圈和边墙的整体性,每节段拱圈或边墙应连续进行灌筑混凝土,以免产生施工缝。衬砌的施工缝应与设计的沉降缝、伸缩缝结合布置,在有地下水的隧道中,所有施工缝、沉降缝和伸缩缝均应进行防水处理。

浇筑混凝土的同时要进行充分振捣,保证混凝土密实。振捣器原则上应采用内部振捣器。振捣器的大小、数量应根据一次捣固的混凝土体积确定,并留有备用数量。有防水板时,捣固作业要注意不要损伤背后的防水板。

①浇筑边墙混凝土。浇筑前,必须将基底石渣、污物和基坑内积水排除干净,墙基松软时,应做加固处理;边墙扩大基础的扩大部分及仰拱的拱座,应结合边墙施工一次完成;边墙混凝土应对称浇筑,以避免对拱圈产生不良影响。

②拱圈混凝土衬砌。拱圈浇筑顺序应从两侧拱脚向拱顶对称进行;分段施工的拱圈合拢宜选在围岩较好处;先拱后墙法施工的拱圈,混凝土浇筑前应将拱脚支承面找平。钢筋混凝土衬砌先做拱圈时,应在拱脚下预留钢筋接头,使拱墙连成整体;拱圈浇筑时,应使混凝土充满所有角落,并应充分进行捣固密实。

③拱圆封顶。封顶应随拱圈的浇筑及时进行。先拱后墙施工时,墙顶封口应留 7 ~ 10 cm,在完成边墙灌筑24 h后进行,封口前必须将拱脚的浮渣清除干净,封顶、封口的混凝土均应适当降低水灰比,并捣固密实,不得漏水。封顶混凝土应采用高流动性混凝土,以保证充填密实。

④仰拱施工。应结合拱圈和边墙施工抓紧进行,围岩条件差时应使结构尽快封闭;围岩条件较好时,可在不妨碍工作面开挖作业的距离上施作仰拱。仰拱浇筑前应清除积水、杂物、虚渣;超挖应采用同级混凝土回填。仰拱宜超前拱墙二次衬砌 3 倍以上衬砌循环作业长度。

⑤拱墙背后回填。拱墙背后的空隙必须回填密实,边墙基底以上 1 m 范围内的超挖,宜用与边墙相同标号混凝土同时浇筑;超挖大于规定时,宜用片石混凝土或 10 号砂浆砌片石回填,不得用渣体随意回填,严禁片石侵入衬砌断面。

2)衬砌混凝土养护

衬砌混凝土灌筑后 10 ~ 12 h 应开始洒水养护,以保持混凝土良好的硬化条件。养护时间应根据衬砌施工地段的气温、空气相对湿度和使用的水泥品种确定,使用硅酸盐水泥时,养护时间一般为 7 ~ 14 d。寒冷地区应做好衬砌混凝土的防寒保温工作。

拱架、边墙支架和模板的拆除时间,应满足下列要求:

①不承受外荷载的拱、墙,混凝土强度不得低于 2.5 MPa,或拆模时混凝土表面及棱角不致

损坏,并能承受自重。

②承受较大围岩压力的拱、墙封口或封顶混凝土应达到设计强度100%。

③受围岩压力较小的拱和墙,封顶或封口混凝土应达到设计强度的70%。

④围岩较稳定、地压很小的拱圈,一般封顶混凝土应达到设计强度的40%。

2.4 新奥法

2.4.1 新奥法的概念

新奥法是新奥地利隧道施工方法(New Austrian Tunnelling Method,缩写 NATM)的简称,由奥地利专家拉布希维兹(L. V. Rabcewicz)于20世纪50年代提出,1963年形成系统理论。几十年来,新奥法在交通隧道、矿山巷道、水利水电、地下空间等地下工程中得到了广泛应用。

新奥法是针对不稳定地层中采用矿山法开挖隧道时提出的。它应用岩体力学原理,以维护和利用围岩的自稳能力为基点,进行合理的隧道支护设计与施工。其主要特征有以下几点:

①及时初次支护。隧道开挖后,为防止围岩的风化、变形、冒落,采用锚喷技术立即进行一次支护,及时对围岩进行覆盖,并适当控制围岩的变形与松弛。

②坚持变形监测。隧道进行一次支护后,要及时进行围岩松弛、变形的量测,利用量测信息指导施工,改进支护设计。

③适时二次支护。通过现场监测信息分析,认为围岩与初次支护变形已基本稳定时,方可进行二次支护,如图2.19所示。

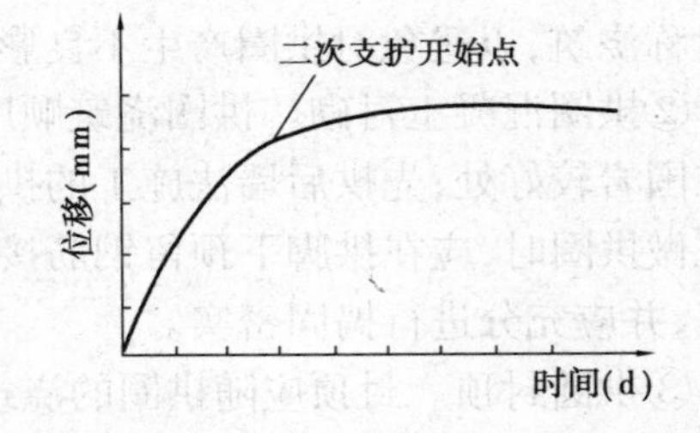

图2.19 正常的位移与时间关系曲线

④减少围岩扰动。开挖时能用机械的就不用钻爆法。采用钻爆法时要实施控制爆破和光面爆破。控制掘进循环进尺量,支护紧跟工作面。

⑤封闭支护。对于软弱岩层,要采用封闭式支护,形成中空状支撑环结构。

⑥尽量使隧道断面周边轮廓圆顺,避免棱角突变处应力集中。

因此,新奥法不同于传统工程中应用厚壁混凝土结构一次性支护松软围岩的理论,不拘泥于一种特定的施工方法或具体的支护技术,是一套地下工程设计、掘进、衬砌、测试相结合的完整新概念。应当强调,新奥法的基本支护原理是先柔后刚,先允许围岩有一定的松弛变形。当在城镇人口密集区域修建浅埋地下工程(如地铁隧道)时,不允许有较大变形,必须进行强支护,故不完全适宜采用新奥法。

2.4.2 动态施工

利用现场监测检测信息指导施工是新奥法的主要特征之一。新奥法的量测工作是伴随着施工过程同时进行的,通过变形量测数据和对开挖面的地质观察等不断进行预测、预报和反馈,及时对施工方法、断面开挖步骤及顺序、初期支护的参数等进行合理调整,以保证施工安全、围岩稳定、工程质量和支护结构的经济性。这就是动态施工,其原理如图2.20所示。

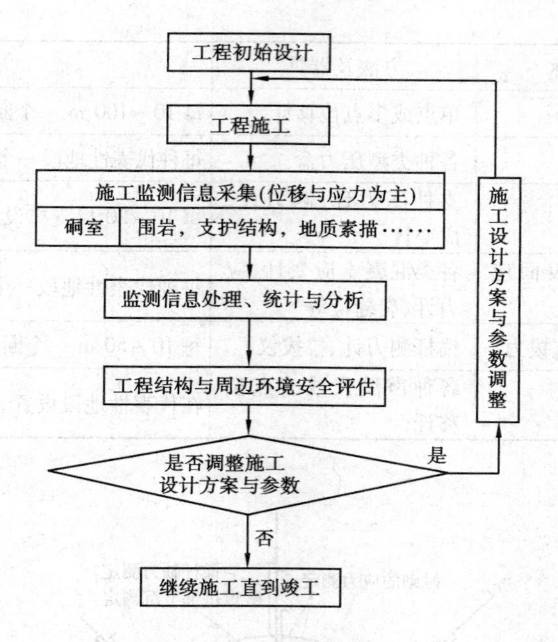

图 2.20 动态施工原理

所谓“动态”,是指施工过程中地质条件是不断变化的,其力学动态也是不断变化的,因此,施工过程不可能一成不变,各种施工方法和技术应适应这种“动态”变化。

动态施工与动态设计密不可分,施工必须按设计进行。设计单位的设计在没有通过实践检验前始终具有预设计性质,真正的设计是在施工过程中完成和完善的。因此,施工中应根据监测结果对支护设计进行不断修改和调整。

2.4.3 隧道变形监测

隧道变形监测的目的在于掌握施工中围岩和支护的力学动态信息及稳定程度,并及时反馈,指导施工作业;通过对围岩和支护变位、应力的量测,预测和确认隧道围岩最终稳定时间,及时修改支护系统设计,指导施工顺序和施作二次衬砌时间;深入了解围岩的松动范围及稳定状态,为未开挖隧道的设计和施工积累现场资料。

隧道变形监测的项目很多,为判断围岩稳定状态、支护结构工作状态所进行的主要量测项目有侧墙收敛、拱顶沉降、松动圈、围岩内部位移、地表沉降、锚杆锚固力、衬砌应力等,其中净空侧墙收敛(又称净空变位)、拱顶沉降是必须监测的项目,其他可根据情况确定。

不同的测试项目需用不同的仪器仪表和不同的方法,如表 2.1 和图 2.21 所示。侧墙的相对收敛及拱顶沉降常用收敛计法。

表 2.1 隧道内常用监测项目及方法

序号	监测项目名称	方法及器具	布置要求
1	边墙收敛	各种类型收敛计	每 10 ~ 50 m 一个断面,每断面 2 ~ 3 对测点
2	拱顶下沉	水平仪、水准尺、钢尺或测杆	每 10 ~ 50 m 一个断面

续表

序号	监测项目名称	方法及器具	布置要求
3	围岩内部位移	单点或多点位移计	每10~100 m一个断面,每断面5~10个测点
4	围岩压力	各种类型压力盒	每种代表性地段一个断面,每断面10~20个测点
5	钢支撑内力及外力	支柱压力计、测力计、应变计	每10~20榀支撑设置一组
6	衬砌内部应力、表面应力、裂缝	各类混凝土应变计、应力计、裂缝计等	每种代表性地段一个断面,每断面10个测点
7	锚杆(索)内力及抗拔力	锚杆测力计、拉拔仪	每10~50 m一个断面,每断面至少3根锚杆
8	围岩松动圈	各种声波仪或多点位移计	在代表性地段设置

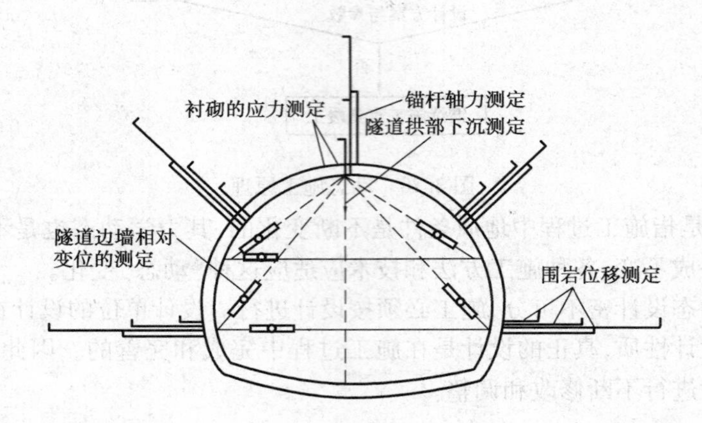

图 2.21 隧道内部量测仪器布置示意图

采用全断面开挖时,一般每个断面埋设5个测桩,布置4~6条测线。监测断面应尽量靠近开挖面,沿隧道纵向设置的间隔,根据岩性不同和围岩类别的差异布置,Ⅲ类围岩一般每隔10~20 m布设一个监测断面,围岩越好,间距越大。根据围岩变形的规律,变形量在开挖后初期变形大,以后逐渐变缓,并趋于稳定。所以,测试的频度应随着时间的推移而减小,一般开挖后1~15 d内每天测1~2次,15~30 d内可每两天测1次,30 d后可每周测1次。如需监测顶板的绝对位移,需用经纬仪或水准仪,如图2.22所示,其中水准尺应立于地层稳定处。拱顶相对收敛可用工程测量塔尺直接量测测点处顶底板之间的距离。

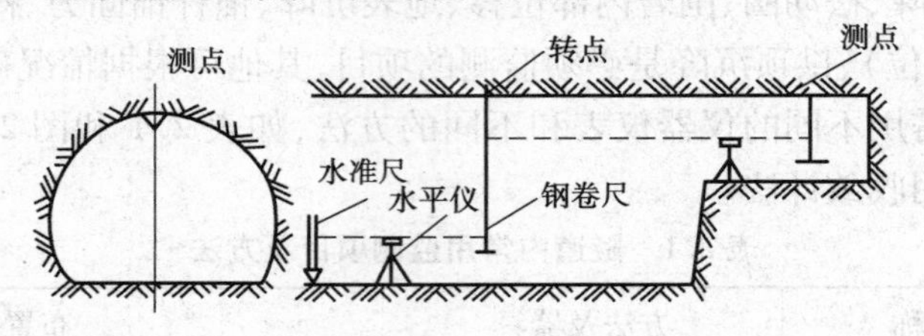

图 2.22 拱顶下沉测试方法示意图

关于各种测试项目的方法、原理,所用仪器仪表等可参阅土木工程测试技术教材以及有关的隧道施工技术规范。

量测数据的分析与反馈,可用于修正设计参数及指导施工、调整施工措施等,这是监测工作重要的一环。因此,监测过程中应及时整理量测数据,进行数据处理,绘制出相应的表格和图形,如时间-位移曲线、时间-位移速率曲线等,以供设计与施工参考。

本章小结

(1)地下工程支护,从其作用和时间上分为临时支护和永久支护。永久支护一般由设计单位提供图纸和参数,而临时支护则多由施工单位选定。临时支护有时也作为永久支护的一部分。由于地质因素的影响,永久支护要随着岩层的变化而变化,才能取得较好的技术经济效果。

(2)从支护形式和支护效果来看,地下工程支护主要可分为两大类,第一类为被动支护形式,包括木支架、钢筋混凝土支架、金属型钢支架、料石衬砌、混凝土及钢筋混凝土衬砌等;第二类是积极支护形式,即锚喷支护。

(3)锚喷支护,狭义上是指锚杆支护和喷射混凝土支护的简称。棚式支架是在地下工程围岩外部对岩石进行支撑,被动地承受围岩产生的压力和防止破碎的岩石冒落,而锚喷支护则是通过锚入围岩内部的锚杆及在围岩上喷射的混凝土喷层,改变围岩本身的力学状态,在围岩中形成一个整体而又稳定的岩石带,利用锚杆与围岩共同作用,达到维护围岩稳定的目的。所以,锚喷支护原理先进、施工简单、施工速度快、经济有效、适应性强,是一种积极防御的支护方法,是地下工程支护技术的重大变革。

(4)广义的锚喷支护是以锚杆喷射混凝土支护为主,旨在改善围岩力学性能的一系列支护形式,包括锚杆支护、喷射混凝土支护、锚喷支护、锚网支护,锚梁支护、锚梁网支护、锚索支护、锚注支护等。预应力锚索支护技术是近几年发展起来的一种主动支护方法,能够对地下工程围岩及时提供较大的主动锚固约束作用,控制范围大,支护效果好。

(5)新奥法和矿山法是两个不同的概念,既相联系又有区别。矿山法主要指钻眼爆破法或局部机械挖掘法开挖地下工程的方法。矿山法包括传统法和新奥法。新奥法是在传统法基础上总结提炼出来的对挖掘和支护(尤其对支护)进行科学设计和组织的一种思想、理念和原则,其主要理念就是先柔后刚、二次支护,主要原则为:少扰动、早锚喷、勤量测、紧封闭。

习　题

2.1　棚式支护有哪几种形式?简述其结构组成、优缺点和适用条件。

2.2　锚杆的作用原理有哪些?

2.3　锚杆支护技术参数有哪些?

2.4　喷射混凝土由哪些材料组成?对各种材料的质量或使用都有哪些要求?

2.5　混凝土喷射机有哪几种?干喷和湿喷在工艺上有哪些区别?

2.6　喷射混凝土有哪些工艺参数?参数值一般为多少?

2.7　锚喷联合支护有哪些形式?

2.8　衬砌模板有哪些形式?

2.9　现浇混凝土衬砌施工有哪些要求?

2.10　说说你对“新奥法”概念的理解。

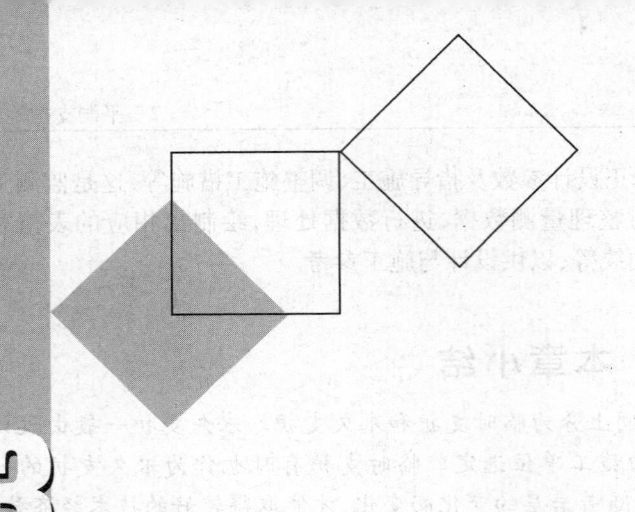

3 倾斜坑道施工

本章导读：

倾斜坑道（泛指各种斜井、斜巷、斜洞、斜坡道等）在地下工程中极为常见。

倾斜坑道施工与平洞施工较为类似，但由于斜井大多具有10°~30°的倾角，给装渣、排渣、支护、调车、排水等工序带来一定难度和诸多不便，与平洞相比，在许多方面有其不同之处，某些方面形成了独特的施工工艺与技术。

• **主要教学内容**：本章分别以由上向下开挖和由下向上开挖介绍倾斜坑道的施工工艺与方法，包括钻眼爆破、岩石装运、支护、通风、安全、排水等。

• **教学基本要求**：掌握不同开挖方向所采用的装岩运输设备与施工工艺方法，熟悉向上施工和向下施工在装岩、运输、支护、通风、排水等方面的特点与要求。

• **教学重点**：装岩运输工作、防跑车等安全措施。

• **教学难点**：自上而下施工时表土明槽开挖尺寸的确定（本书未包括，可适当补充），自上而下施工时的装岩提升系统及设备配套。

• **网络资讯**：关键词：斜井，隧道斜井，斜井施工，倾斜巷道，上山施工，下山施工，斜井提升。

3.1 由上向下施工

3.1.1 钻眼爆破工作

1）**洞口开挖**

洞口开挖方式与井口地形有关。在山区或丘陵地带，洞口位于山坡脚下，且坡体比较稳定时，只需将山坡略加修整即可开挖。当井口覆有土层且地形平坦时，由于直接开挖洞口顶板不易维护，可采用明槽开挖方式。若表土中含有薄流沙层，且距地表深度小于 10 m，可采用大揭盖开挖方式，即将井颈段一定深度的表土挖出，形成明坑，待永久支护砌筑完成后，再回填夯实。

明槽挖掘可采用人工、机械或爆破法。土层较为松软时，可用人工或大型挖掘机械挖掘；在坚硬的土层、砾石、风化岩中应选用风镐挖掘或松动爆破法破土。

明槽开挖要做好坑壁的维护，如暴露时间长，则应设置横向支撑；如坑边场地宽阔，明槽边坡可按台阶式开挖。

明槽的深度应使坑道掘进断面顶部距耕作层或堆积层不小于 2 m。从明槽向表土层掘进 5 ~ 10 m 后应由里向外进行永久支护至地表，然后回填明槽并分层夯实，最后进行下部坑道掘砌工作。

2）表土挖掘方法

在稳定表土段内，一般采用普通法施工。根据地层的稳定情况，可采用全断面一次掘进法、中间导洞法、两侧导洞先墙后拱法或顶部环形开挖预留核心土法等。表土掘进基本上以人工持风镐挖掘为主，断面较大时可采用挖掘机挖掘。土质较硬或在岩石风化带内时可采用爆破方法。

在不稳定表土中施工时，需采取一定的技术措施，对围岩进行特殊处理，保持围岩的稳定。常用的方法有：板桩法、管棚法、混凝土帷幕法（地下连续墙法）、地面井点降水法。

3）岩石爆破工作

在岩石内开挖时，均需采用钻眼爆破法施工。钻眼深度有浅孔和中深孔两种。过去多采用浅眼多循环作业，孔深 1.5 m 左右。这种方式由于循环中辅助作业时间多，掘进效率低，难以满足快速施工的要求。为了提高掘进速度，加大循环进尺，采用中深孔光面爆破是一种行之有效的措施。

采用中深孔爆破（孔深 2 m 以上），一次矸石量增加，为实现打眼与装岩平行作业，应实施抛渣爆破。抛渣爆破时，应适当改变底眼上部辅助眼的角度，使其倾角比斜井小 5° ~ 10°；加深底眼 200 ~ 300 mm，并使眼底低于坑道底板 200 mm；加大底眼装药量。这样可使爆破后，渣堆与顶板之间有 1.0 ~ 1.5 m 的空间。抛渣爆破的效果如图 3.1 所示。

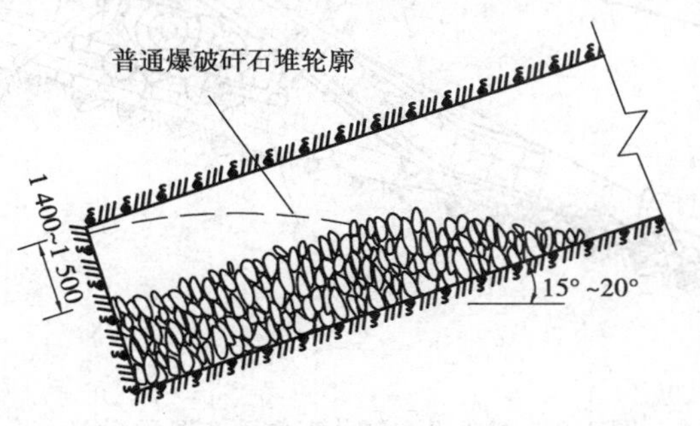

图 3.1　斜井中深孔抛渣爆破效果示意图

中深孔爆破的关键是掏槽方式的选择，为了加深炮眼，可采用直眼掏槽法，如菱形、螺旋形、柱状掏槽等方式。在快速施工的实践过程中，已使炮眼平均深度从 2 m、2.4 m 提高到 3 m，从而使月平均循环进尺达到了 2.02～2.27 m。

由上向下掘进时,工作面往往会有积水,因此要选用具有抗水性能的乳化炸药和水胶炸药。向下掘进容易使坑道“扎底”,打眼时应严格掌握炮眼的方向。铁路与公路隧道施工规范规定,顶眼和辅助眼的方向应与斜井倾角一致,底眼眼底应较井底底板略低,其倾角比井筒倾角大 3°～5°,以免形成台阶,不利铺轨。

在钻眼设备方面,目前仍以多台气腿式风动凿岩机为主。由于倾斜坑道带有倾角,设备使用或停放会产生下滑,大型钻眼设备和转载设备难以在坑道内实现工序转换,故在倾斜坑道中应用较少,在大倾角的地下工程中应用更少。随着中深孔光面爆破的应用,条件许可时应尽量采用凿岩台车钻眼。

3.1.2 装岩工作

我国矿山几乎都用耙斗式装岩机装岩。这种装岩机工作适应性强,可用于倾角小于 30°的倾斜坑道,同时耙斗机结构简单,制造容易,造价和维修费用低。使用耙斗式装岩机,万一上部发生跑车施工,它还能起到阻挡跑车的作用,故掘进工作面相对比较安全。

耙斗式装岩机为轨轮式,倾斜坑道使用时,为防止其下滑,应加强其固定工作。坑道倾角小于 25°时,除耙斗自身配有的 4 个卡轨器外,还应在机身后加设 2 个大卡轨器(用厚 18 mm 的钢板制成的宽 80 mm、长 860 mm、两端带销孔和一端带夹板的条状拉板),如图 3.2 所示。使用时,一端固定在装岩机后立柱上,另一端卡固在钢轨上。当井筒倾角大于 25°时,则需另设防滑装置,可在巷道底板上钻两个 1 m 左右深的眼,楔入两根圆钢或铁道橛子,用钢绳套将耙斗机拴在橛子上。

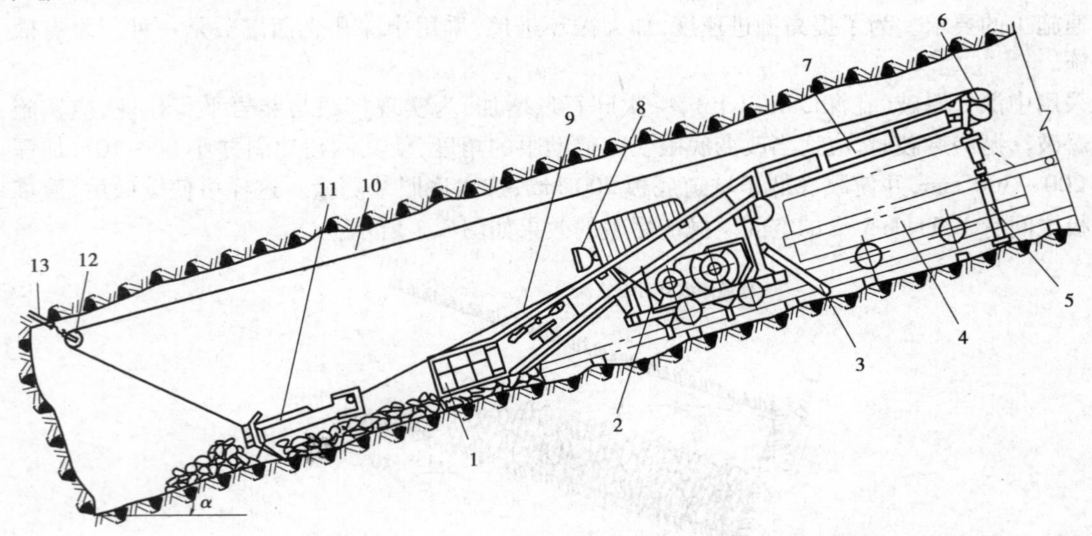

图 3.2 耙斗机在斜井工作面布置示意图

1—挡板;2—操纵杆;3—大卡轨器;4—箕斗;5—支撑;6—导绳轮;7—卸料槽;
8—照明灯;9—主绳;10—尾绳;11—耙斗;12—尾绳轮;13—固定楔

耙斗装岩机距工作面的距离在 17°以上的斜井以 5～15 m 为宜。工作过程中,要注意钢绳摆动和耙斗翻动伤人,坡度较大时还要注意上方矸石下滑伤人。

耙斗装岩机的型号主要有P-30B、P-60B、P-90B、P-120B等，其斗容分别为0.3，0.6，0.9，1.2 m^3。斜井断面越大、要求的施工速度越快，配备的斗容越大。P-120B型装岩机技术生产能力达120～180 m^3/h，与6 m^3 以上的大容积箕斗提升，可大大缩短装岩出矸时间。

在施工倾角不大、断面较大的坑道时，也可采用无轨运输，可采用胶轮式或履带式装载机装载，用自卸汽车出矸运输。某铜矿的斜坡道，倾角14°，长2 906 m，掘进断面16.7 m^2，采用了JCCY-2型内燃式铲运机装载，5 t自卸汽车运输，曾取得月进180 m的好成绩。

3.1.3　提升运输工作

1）提升容器

倾斜坑道施工，有轨运输时多使用矿车或箕斗提升。矿车有固定车厢式、V形翻斗式、底卸式等，主要视提升货物的种类和井口卸载方式而定。

当坑道倾角小于25°、提升距离小于200 m时，可用矿车提运。矿车提升方法简单，井口临时设施少，但提升能力低，掘进速度受到限制。

采用箕斗提运，与矿车提运相比，装载高度低，提升能力大，提升连接装置安全可靠，装卸载方便、速度快，同时能省去摘挂钩、甩车等辅助时间。使用大容量箕斗，在掘进断面和长度较大的斜井时效果更为显著。实践表明，采用耙斗机装岩、箕斗提升的装运配套是成功的。随着装岩机斗容的增大，箕斗的容积也随着增大。斗容0.9 m^3 以上的装岩机，箕斗容积宜为6～8 m^3。

2）箕斗的卸载方式

根据我国使用的箕斗形式，以无卸载轮前卸式使用效果较好，如图3.3所示。在卸载处配置了回转式卸载装置——箕斗卸载架，装满矸石的箕斗，由绞车提至井口；当箕斗进入翻转架时，箕斗牵引架上的导轮就沿导向架上的斜面上升，将斗门（后盖门）开启，同时箕斗翻转架绕回转轴由虚线旋转至实线位置，向前倾斜约51°，此时矸石自箕斗中卸入矸石仓；箕斗卸载后，

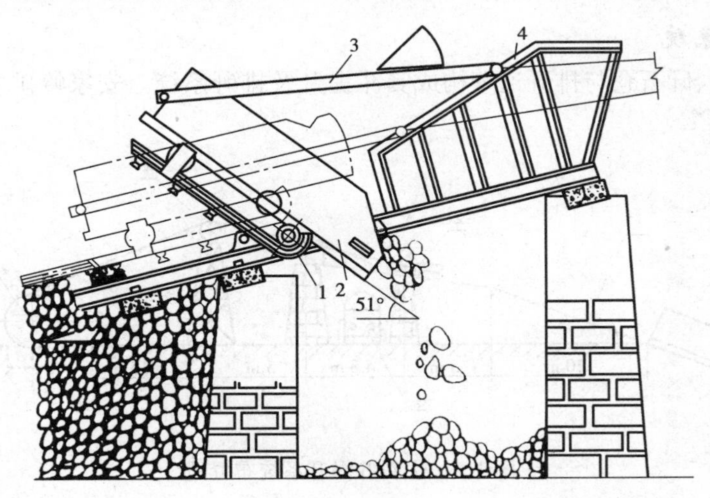

图3.3　无卸载轮前卸式箕斗卸载示意图

1—翻转架；2—箕斗；3—牵引框架；4—导向架

绞车松绳，箕斗与翻转架利用自重复位；然后箕斗离开翻转架退回正常运行轨道，下行至工作面，进行下一次装载工作。

3）提升方式

有轨运输时，提升方式一般有一套单钩（用一台提升机提升一个提升容器）、一套双钩和两套单钩提升方式。断面较小时，可采用一套单钩提升；12 m^2 以上断面、在条件许可时，使用一套双钩或两套单钩提升。两套单钩时，一套主要用于提升矸石（主提升），另一套主要用于下放材料（副提升），有利于实现掘进与支护平行作业，加快施工速度。安家岭矿 1# 主斜井，井筒斜长 906 m，坡度 12°，掘进断面 19.7 m^2，净宽 5.0 m，采用两套单钩提升，主提升为 6 m^3 的前卸式箕斗，副提升为 1.0 m^3 矿车，井筒的施工断面布置如图 3.4 所示。

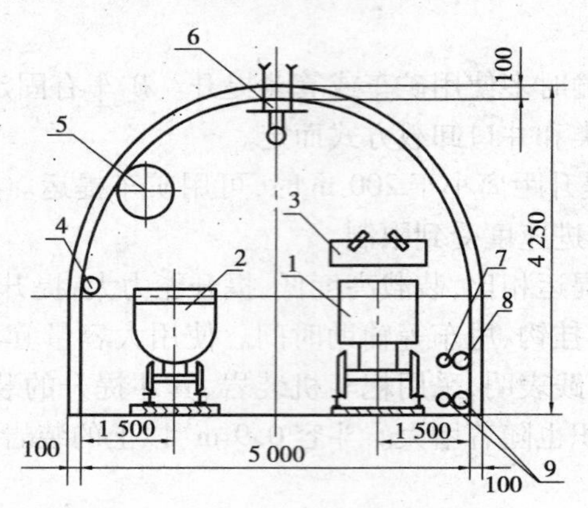

图 3.4　安家岭矿主斜井井筒断面布置图

1—6 m^3 箕斗；2—1 m^3 矿车；3—P-120B 型耙斗式装岩机；4—动力电缆；
5—ϕ700 mm 风筒；6—激光指向仪；7—ϕ50 mm 供水管；
8—ϕ100 mm 压风管；9—排水管（ϕ100 mm、ϕ150 mm 各一趟）

4）提升与排矸系统

提升机、天轮、矸石仓与排矸道等构成箕斗提升及排矸系统。安家岭矿主斜井的提升系统如图 3.5 所示。

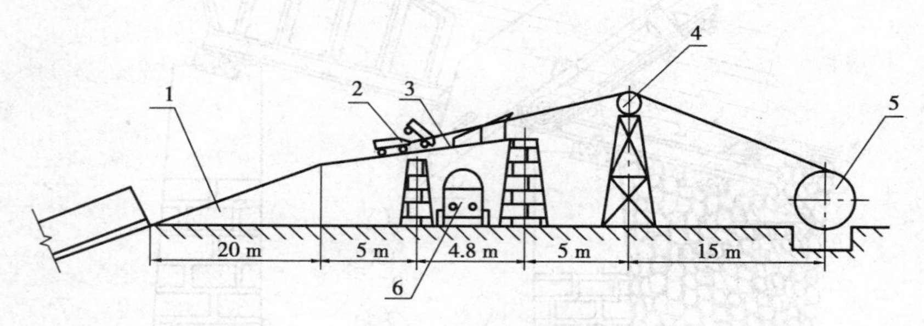

图 3.5　主斜井提升系统布置图

1—栈桥；2—6 m^3 前卸式箕斗；3—翻矸架；4—天轮；5—JK-2/20 型绞车；6—17 t 自卸汽车

斜井提升天轮架设的高度，理论上应使钢丝绳对于提升容器的牵引力与轨道平行。但考虑到钢丝绳的挠度和卸载方便，天轮的架设高度应略高一些。提升机与天轮的距离，一般有 10 ~

15 m 即可。

储矸仓与井口之间的距离，与井口轨道坡度、矸石仓容量与高度、排矸方式以及井口地形有关。当井筒倾角在15°左右时，井口轨道坡度与井筒倾角一致；当井筒倾角大于20°或小于10°时，为便于卸载，井口轨道仍采用15°。通常矸石仓与井口的间距为20～30 m。

矸石仓的设置是为了提高地面矿车运输的效率，或者协调箕斗与汽车两者排矸能力的不平衡。矸石仓的容积应根据现场地形、提升和运输能力而定，一般至少应能容纳一个掘进循环的排出矸石量。如马脊梁矿新高山主斜井的矸石仓容积为40 m^3，设计为钢结构装配式，与30 m栈桥连为整体结构。目前，在快速施工的斜井中，大多用自卸汽车运矸，故一般不再设矸石仓，而是直接将矸石卸于地面，然后用大型铲车装车运走。

斜井施工时，为进行车辆的调度，在井口地面仍需铺设轨道，形成调车场，以便材料车、出矸矿车在井口进行周转调运。

轨道铺设要采取防下滑措施，一般当井筒坑道倾角大于15°时就应考虑防滑措施。防止轨道下滑的方法有固定钢轨法和固定枕木法。固定枕木法是将枕木埋入底板沟槽内；固定轨道法是沿井筒底板每隔30～50 m砌筑一道混凝土防滑底梁，用其将枕木挡住，阻止轨道下滑。

3.1.4 支护施工

倾斜坑道的支护形式类型与平洞相同，常采用的有料石、架棚、现浇混凝土、锚喷支护或锚架喷支护等。公路、铁路隧道施工规范规定，当采用构件支撑（即棚式支架）时，斜井倾角不宜大于25°，其立柱斜度宜为斜井倾角的一半，但最大不得大于9°，各排支撑间应用3道纵撑支稳；当在倾角大于30°且地质条件差的地段上进行砌筑式衬砌时，其墙基的末端宜做成台阶形式，以防止衬砌滑动。

使用锚喷支护时，喷射机可布置在洞内，也可布置在洞口。布置在洞内时，喷射料在洞口搅拌，用矿车送到喷射地点，用人工给喷射机喂料。但布置在洞内，不仅粉尘大，而且上料空间亦受限制，不利于机械上料；由于干拌料向洞内运送，影响施工速度。因此一般布置在洞口外，形成远距离管路输料系统。

混凝土喷射机集中固定在洞口，简化了洞内工作面的布置；井筒断面较小时，既利于掘喷平行作业，也利于采用机械化上料。采取双喷方式时，应将两台喷射机分放在洞口两侧，并各自设置一趟输料管路，交替使用，以便检修和分别喷射两帮。

混凝土喷射机布置在洞口，需实现远距离管路输料。因此，必须保证喷射站的工作风压，妥善解决管路堵塞和输料管的磨损等问题。

3.1.5 安全工作

由上向下的斜井、斜坑道施工中最重要的安全问题就是跑车事故。为了确保安全，除加强信号和通信联系外，还必须在井口和井中设置安全挡车器，以防不慎跑车，提升容器冲入井底伤人。

1）井口挡车器

挡车器是为防止因摘钩不紧而使刚提上来的提升容器滑入井内而设置在井口的安全装置。

现场常用的有井口逆止阻车器,如图 3.6 所示。它由两根等长的弯轨 1 焊在一根横轴 2 上,再用轴承 3 将横轴固定在轨道下面专设的道心槽内。由于弯轨尾部带有配重,平时保持水平,而头部则抬起高出轨面,挡住矿车的轮轴而防止跑车。需下放矿车时,踩住踏板 4,使弯轨头部低于轨面,矿车通过后松开踏板,弯轨借自重又自动复位。这两种挡车器结构简单,使用方便,易于管理,安全可靠,应用较多。

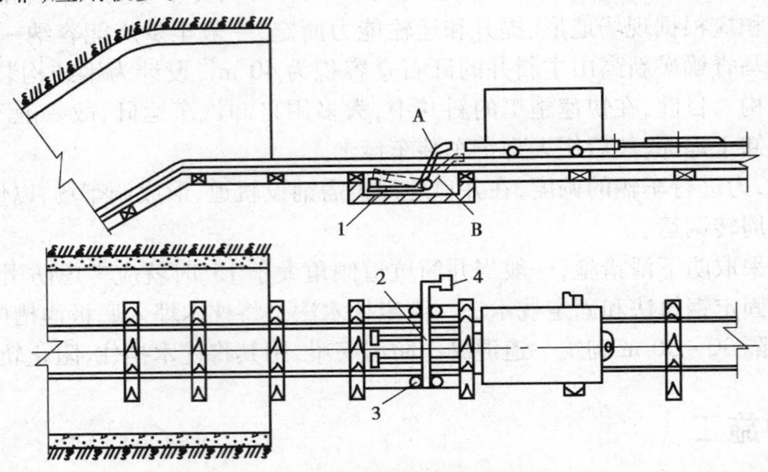

图 3.6　斜井井口逆止阻车器

A—阻车位置;B—通车位置;1—弯轨;2—横轴;3—轴承;4—踏板

2)井内挡车器

为防止提升容器因断绳或者井口阻车器使用失误而发生跑车事故,在工作面上方不太远处还应设置挡车器。挡车器的形式有多种,其中常用的有钢丝绳挡车帘、型钢挡车门和钢丝绳挡车圈等。

(1)钢丝绳挡车圈

如图 3.7 所示,钢丝绳挡车圈用直径为 25 ~ 32 mm 的废旧钢丝绳从斜井轨道底下穿过,在

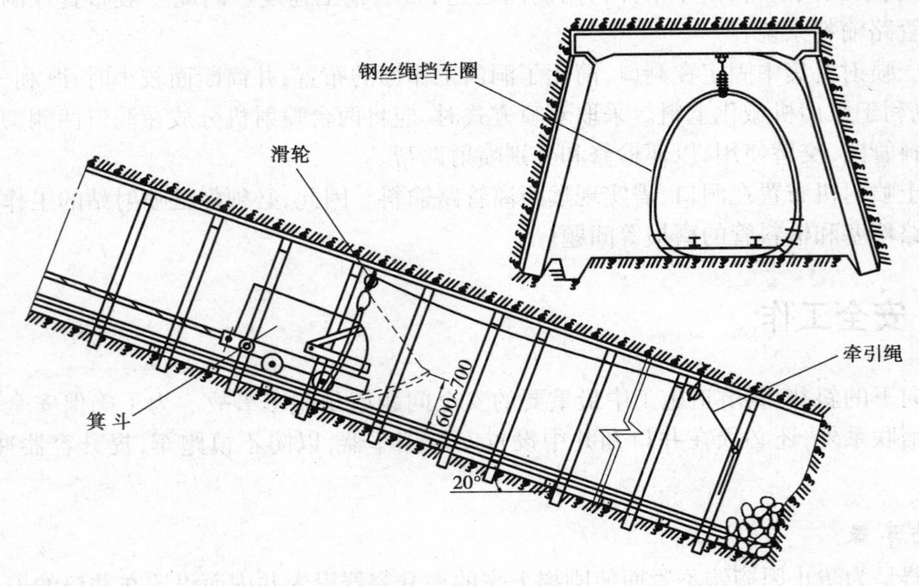

图 3.7　钢丝绳挡车圈

轨道上方围成绳环,其直径大小以能顺利通过提升容器为准。提升时,提升容器下放至绳环之前,由信号工拉起绳环,使其通过;当提升容器上提通过绳环后,再松开牵引绳,使绳环沿斜井倾向放倒。钢丝绳圈的顶端应高出轨面 600 ~ 700 mm。一旦发生跑车,钢丝绳圈就会将提升容器兜住,不致发生伤人事故。

(2)型钢挡车门

型钢挡车门又名保险门。用型钢或旧钢轨做成门式挡车框,两根坑木做立柱作为门框,如图 3.8 所示。型钢挡车器的立柱具有一定的倾角,使挡车框借自重关闭。提升容器通过时,由信号工拉动牵引绳,使挡车框开启让矿车通过。斜井角度较大时,为确保安全,可在型钢挡车器两面铺上钢丝网以防浮石及杂物滚落到工作面。

(3)钢丝绳挡车帘

钢丝绳挡车帘用两根直径 150 mm 的钢管为立柱,并用钢丝绳和直径 25 mm 圆钢编成帘形,如图 3.9 所示。钢丝绳挡车帘吸取了上述两种挡车器的优点,具有刚中带柔的特点。用手拉悬吊绳,将帘上提,可使提升容器通过,松开悬吊绳,帘子下落而起挡车作用。

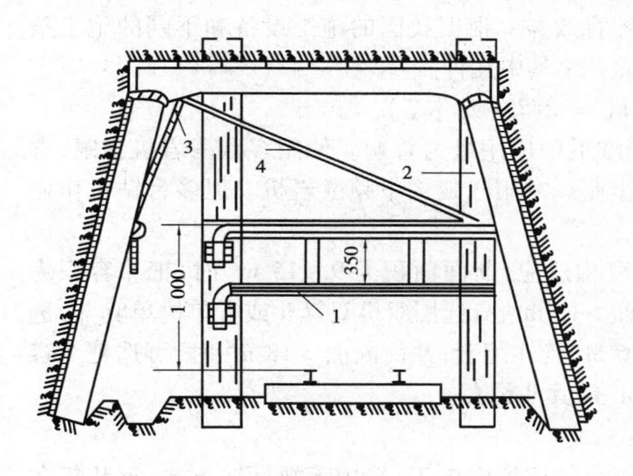

图 3.8 型钢挡车门

1—型钢挡车框;2—加固立柱;3—滑轮;4—牵引绳

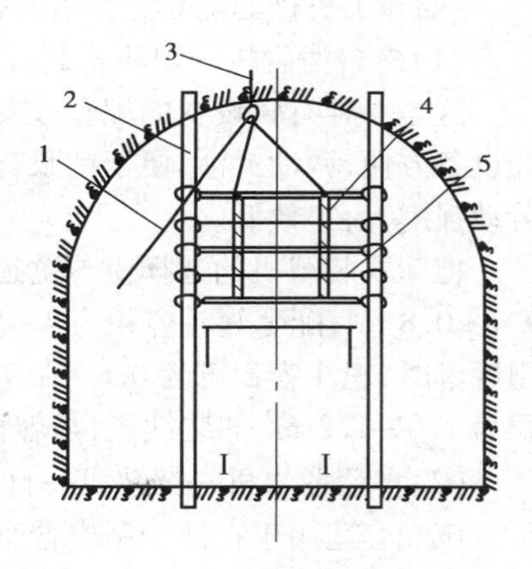

图 3.9 钢丝绳挡车帘

1—悬吊绳;2—立柱;3—吊环;4—钢丝绳编网;5—圆钢

3.1.6 施工机械化

1)岩石掘进机

倾斜坑道所用的掘进机也分为全断面式和部分断面式。与水平隧道全断面掘进机不同的是,在倾斜坑道施工时加强了防止机体下滑的设计,如 XYZ-3.5 型掘进机,在推进油缸的油路系统中设有单向阀液压锁;在洞口设置绞车,用钢丝绳牵引机体的尾部。

利用扩孔机施工斜井非常有利。国外曾利用小直径全断面掘进机钻进导洞法施工了多个大断面斜井,斜井的倾角达到了 45°。其方法是,从井底开始向上用一小直径掘进机先打一导洞,然后再用扩孔机从上向下扩孔。掘进导洞时,为防止掘进机下滑,需用一套防滑装置撑住洞壁;扩孔时,扩孔机支撑在拟扩大的断面上,可省去昂贵的防滑装置。在钻导洞和扩孔时,岩渣均由导洞孔滑到井底。另外,在导洞打通后,也可采用普通的钻眼爆破法扩挖。

2)反井钻机施工

倾斜式坑道同样可使用反井钻机施工。倾斜钻进不同于垂直钻进,钻头由于受垂直分力、岩层的反作用力等影响,很容易发生偏斜。根据施工经验,钻机总是向下、向右偏斜且随着钻井深度的增加而渐为明显,因此,在钻机安装时应做适当的调整。我国自1992年开始应用于水电工程,如勐乃河电站压力管道斜井、溪洛渡水电站右岸风井等,钻进长度为200~230 m。

反井钻机钻掘导洞法较适用于倾斜长度较短(300 m以内)、坡度较大(35°以上)且下口已打通的地下工程,水利水电工程比较容易满足这些条件,故应用较多。

3)机械化配套

要提高倾斜地下坑道工程的施工速度,除了选用合适的施工设备外,还要做到凿岩、装岩、运输、支护各工序设备之间的相互协调与配合,即所谓的机械化配套。只有合理配套,才能充分发挥机械设备的单机效率和整个掘进系统的综合效益。根据我国的施工设备和不同的施工条件,主要施工机械的配套方案可有很多种,下面介绍其中几种。

(1)多台凿岩机—耙斗式装载机(或铲装机)—箕斗(或斗车)

这是一种有轨设备的配套方案,在矿山和隧道中应用最为普遍。使用多台凿岩机钻眼,选择设备方便,调动灵活,便于钻眼与装岩平行作业。常用气腿式中频凿岩机。但多台钻机作业劳动强度大,工效低。

耙斗式装载机的选择应与坑道净断面宽度相适应,断面面积为9~15 m^2 时,耙斗容积为0.4~0.8 m^3,配套箕斗容积为4~5 m^3;若断面>15 m^2,应选用双机双箕斗或者单机单箕斗,选用后者时,耙斗容积可为0.6~0.9 m^3,与4~6 m^3 箕斗配套;井筒断面>18 m^2 时,可选耙斗容积为1.0~1.2 m^3 的装载机,与容积为6~8 m^3 的箕斗配套。

(2)多台凿岩机—铲装机—自卸卡车

该配套适用于在缺少凿岩台车时或倾角较小的坑道中施工,采用无轨运输方式,近几年在公路、铁路隧道的辅助坑道中应用较多。缺点是凿岩设备与装运设备在能力上配套不甚合理。

(3)凿岩台车—铲装机—自卸式卡车

凿岩台车、铲运机、卡车均为轮胎行走,应用灵活。该配套施工速度快,适用于长度和断面较大、倾角较小的地下工程,坑道的宽度需满足错车要求。

(4)蟹爪式钻装机—转载机—运输机

该配套方式如图3.10所示。占用坑道断面较小,不仅钻、装工序平行作业,而且矸石运输

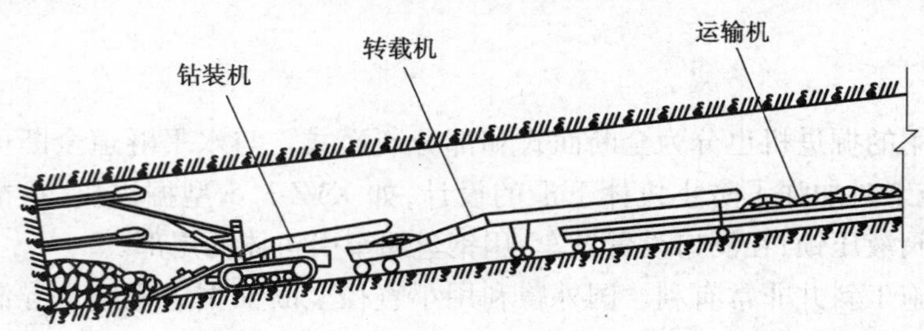

图3.10 蟹爪式钻装机—转载机—运输机配套示意图

与装岩一样,也是连续作业。掘进宽度较大时,可布置两台钻装机、两台转载机与大功率运输机配套使用。

【工程实例 3.1】　某矿山斜井,倾角 5.5°,斜长 2 041 m,净宽 5.4 m,净断面 20.1 m^2;直墙半圆拱形断面。明槽段长度 19 m,为钢筋混凝土井壁;风化基岩段长 109 m,采用锚(索)网喷、浇筑混凝土联合支护,支护厚度 500 mm;基岩段采用锚网喷联合支护,厚度 120 mm。施工机械配套如下:

(1)明槽段:采用挖掘机开挖,ZL-50 型装载机配合汽车排运渣土。由于明槽段地层为风化岩石,采用了中深孔松动爆破,再用挖掘机挖掘、风镐刷至设计尺寸。

(2)基岩段施工:初期采用 CMJ17H 型掘进凿岩台车钻眼,全断面一次爆破掘进,利用 LW160 型侧卸式装载机配合 5 t 胶轮车运渣。炮眼钻凿结束后退钻车进行装药爆破工作,然后进行排渣和永久支护。后改为中深孔光面爆破台阶法施工,利用风动凿岩机钻眼,孔深 2.5 m,双楔形掏槽;台阶高 2.5 ~ 3.0 m,长 5 ~ 8 m;利用 0.9 m^3 耙斗式装渣机配合 5 t 胶轮车运输。上台阶爆破后将渣石耙到下台阶,上台阶进行永久支护、打眼的同时,下台阶进行排渣和支护成井等工作。耙斗式转载机轨道实行循环钉道、适时前移,距开挖面 15 ~ 35 m。胶轮车在 500 m 内采用 2 辆,500 ~ 1 000 m 段采用 3 辆,其后采用 5 辆。装渣机直接将渣石装入胶轮车,取消了长距离轨道运输,省去了钉道工作,大大提高了工效,最高月进尺达到 252 m。

【工程实例 3.2】　某隧道辅助斜井,坡度 −3.02%,斜长 131.25 m,净空 6 m×5 m,直墙半圆拱形断面,初期支护采用锚网喷联合支护,支护厚度 280 mm;二次支护采用模筑混凝土。洞身主要穿过强风化砂岩夹页岩段,地质条件差,施工较困难。

进洞前 55 m 长埋深较浅段采用明槽开挖,采用重力式混凝土挡墙支护,同时对暗挖段地表进行注浆加固,然后采用超前管棚进洞。超前支护采用拱部超前管棚和双层超前 ϕ42 mm 小导管,管棚长 30 m,小导管长 4.5 m。加强支护采用全环工 20b 钢架。洞身采用台阶法施工,机械开挖为主,人工手持风镐辅助,局部孤石采用小药卷弱爆破开挖。台阶长度控制在 10 m 内,每循环开挖进尺在 0.6 m 以内。锚杆采用多功能作业台架钻孔施作,喷射混凝土采用湿喷机和机械手作业。下台阶采用挖机开挖或弱爆破左右分部进行,初期支护完成后进行出渣。掌子面掘进一段距离后及时施工二次衬砌混凝土,封闭成环,掌子面离仰拱不得超过 35 m。仰拱施工一段距离后进行二衬施工,衬砌采用组合钢模板,每段长度 6 m。模板支撑采用工 18 型钢钢架,混凝土用输送泵入模,两侧对称浇筑并进行捣固密实。二衬离掌子面距离不超过 70 m。

3.2　由下向上施工

地下工程中,有很多可采用由下向上施工倾斜坑道的情况。自下向上施工又称为上山施工。由下向上施工,装岩、运输比较方便,不需要排水,没有跑车的威胁,但通风相对比较困难。因此,对于有瓦斯等有害气体涌出的倾斜坑道最好采用由上而下施工。

3.2.1 钻眼爆破工作

1)炮眼布置

在倾斜坑道内爆破施工,其基本要求与平洞相同。倾斜坑道中同样要采用光面爆破。倾斜向上用爆破法破岩时,有两点需要注意:第一,底板有成水平的趋势(即所谓漂底),若不随时测量纠正,就不能保证设计的倾斜角度;第二,爆破时岩石抛掷出来,很容易打到棚式支架的顶梁上,崩倒棚子。为此多采用底部掏槽,距底板 1 m 左右。掏槽眼数目视岩石硬度而定,如沿页岩层掘进,采用三星掏槽方式即可,如图 3.11 所示,其中下边两个炮眼的角度及深度一定要掌握好。当岩石较硬时,底眼适当下插,一般插入底板 200 mm 左右,并要多装药。上边的一个掏槽眼应沿坑道轴线方向稍向下倾斜一些。

2)爆破通风

通风工作的基本要求与水平坑道相同。但由于工作面钻眼、装岩、喷射混凝土等产生的粉尘多集中于工作面附近,新鲜风流冲洗工作面后需向下流动,会适当增加通风的难度。故应采用压入式通风,且宜适当加大通风能力。另外,还要特别注意维护好通风设施,保证工作面具有足够的风量。

倾斜坑道施工时,每向上掘进 75 ~ 100 m,应设避炮洞。在有多条斜洞并列时,一般应采用双洞同时掘进,并每隔 20 ~ 30 m 开一条联络巷以利通风,如图 3.12 所示,同时还可利用这些联络巷作为避炮洞。如果是单洞掘进,要加大通风能力、提高通风效果可采用双通风机、双风筒(管)压入式通风。

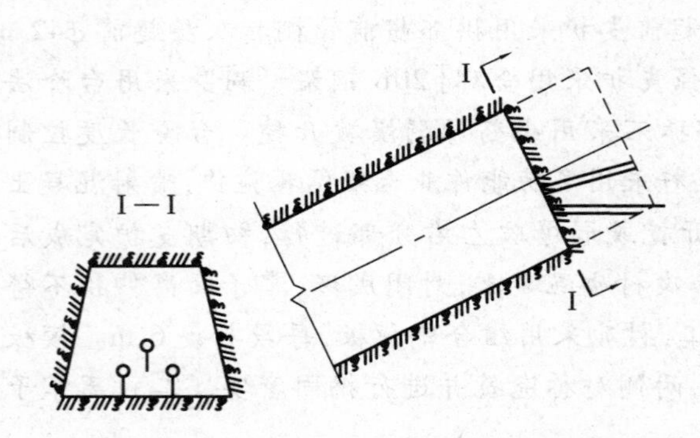

图 3.11　上山掘进的炮眼布置

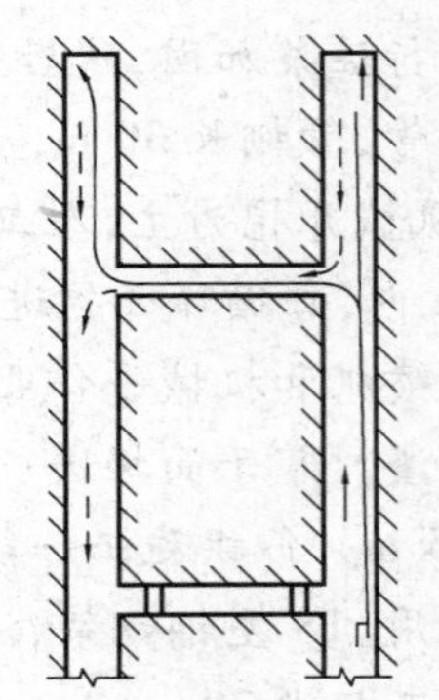

图 3.12　上山双巷掘进通风系统图

在含有瓦斯的工程中,由于瓦斯比空气轻,容易积聚在工作面附近,所以通风工作尤为重要。施工时,应注意加强工作面通风和瓦斯检查,严格执行《煤矿安全规程》和《铁路瓦斯隧道技术规范》的有关规定,风流中瓦斯浓度达到 1.0% 时,必须禁止用电钻打眼;爆破地点附近 20 m 以内风流中瓦斯浓度达到 1.0% 时严禁爆破。安全设施要齐全、运转正常。使用局部扇风机通风时,无论工作期间或交接班时,都不准停风。如因检修,停电等原因不得不停风时,全体人员必须撤出,切断电源,待恢复通风并检查瓦斯后才能进入工作面。

3.2.2　装岩提升工作

1)装岩工作

在倾角较大的上山掘进时,由于爆破下来的岩石能借助自重下滑,所以装岩和排矸比较容易。

上山掘进时应尽量使用机械装岩。在坑道倾角小于 10°时,可采用与平洞类似的装岩设备,如铲车、履带式装岩机、轨轮式装岩机等。

上山掘进时的排矸方式与上山倾角大小有关,当倾角大于 35°时,矸石可沿坑道底板靠自重下滑。因此,可采用人工装岩,并与链板机或溜槽配合使用,25°~35°时可用铁溜槽,14°~35°可以采用搪瓷溜槽。利用溜槽运输不仅比链板机方便且生产能力亦大得多,但需要在坑道一侧设置挡板,防止矸石飞起伤人,并在坑道下口设置临时贮矸仓,以便装车,如图 3.13 所示。上述运输方法粉尘较大,人工装载工作量也较繁重。

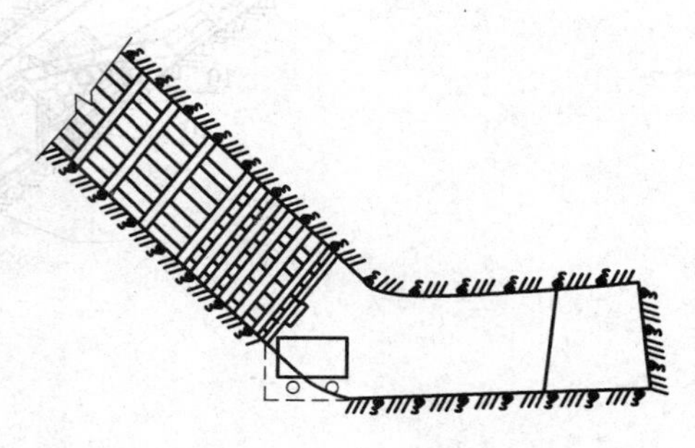

图 3.13　上山掘进利用溜槽运输

在坑道倾角小于 35°时,多采用耙斗式装载机装岩。耙斗装载机在上山掘进中的下滑问题比下山或斜井掘进时更为突出(增加了爆破冲击力产生的下滑力)。除耙斗装载机自身的 4 个卡轨器外,还必须增添防滑加固装置,如图 3.14 所示。它是在耙斗装载机后立柱上装两个可以转动的防滑斜撑。斜撑一般用 18 kg/ m 钢轨制成,长度为 0.8~1.2 m,下部做成锐角形,上部在轨腰钻孔,用销子将其与耙斗装载机后立柱连接。斜撑插入底板,为使其防滑效果更好,可在斜撑的下部放 2~3 根枕木阻挡。斜撑下部也可不做成尖状,而用卡轨器与轨道相连。

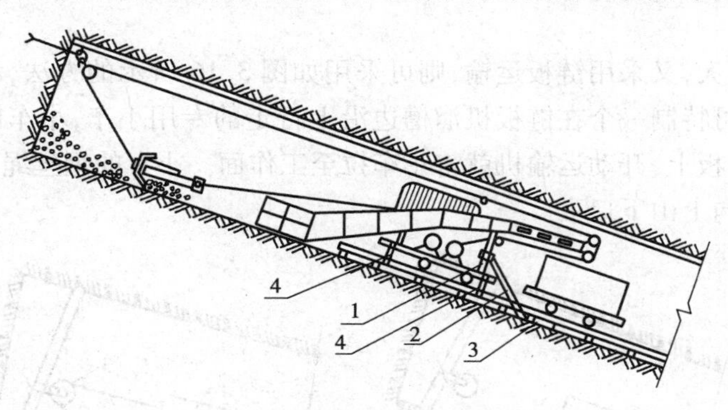

图 3.14　上山掘进时耙斗机防滑装置

1—装载机的后立柱;2—钢轨斜撑;3—枕木;4—卡轨器

为了防止爆破岩石砸坏耙斗装载机和尽量减少爆破冲击力产生的下滑力影响,耙斗装载机安设位置,距上山掘进工作面最近距离以不小于 8 m 为宜。随着掘进工作面向上推进,耙斗装载机每隔 20~30 m 需向上移动一次。移动时,可以利用提升绞车向上牵引。若上山倾角大,可用提升绞车和耙斗装载机的绞车联合作业,同时向上牵引。移动耙斗装载机时,上方导向轮必须固定牢固,下方严禁有人。

为了提高耙斗装载机的装岩生产率,耙斗装载机应与输送机或溜槽配套使用(图 3.15),这时在耙斗装载机卸载部位需要另加一个斜溜槽。

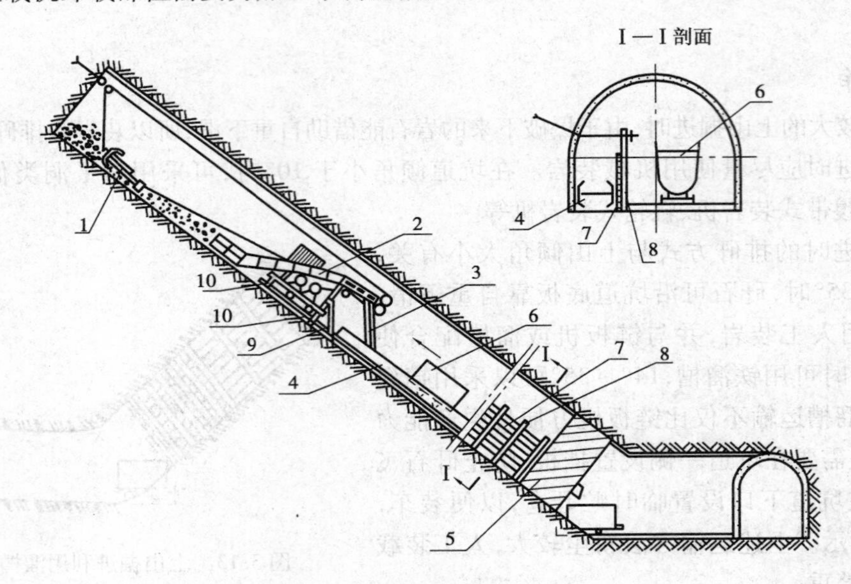

图 3.15 耙斗装载机与链板运输机或溜槽配套使用

1—耙斗;2—装载机;3—斜溜槽;4—链板机或溜槽;5—矸石仓;6—矿车;7—挡板;8—立柱;9—防滑斜撑;10—卡轨器

2)提升运输工作

由下向上施工时,施工设备、工具及支护材料要利用运输设备运上去,提升设备必须布置在下口,这给提升运输工作带来不便。为此,要选择比较合理的提升、运输方式,以保证快速安全地施工。

若坑道长度不大,又采用链板运输,则可采用如图 3.16 所示的方法,利用链板机往工作面运送材料。此时,可特制一个在链板机溜槽边沿上行走的专用小车,小车的钢丝绳通过滑轮挂在运输机机尾处链板上,开动运输机就将小车拉至工作面。小车的钢丝绳如直接挂在运输机链子上,就将小车拉向上山下口去。

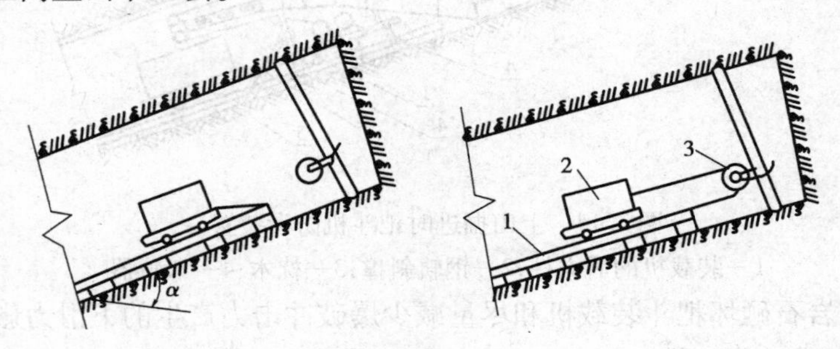

图 3.16 利用链板机向上送料的方法

1—链板输送机;2—小车;3—滑轮

在上山掘进中,向工作面运送材料,如系单洞掘进,既要铺设链板输送机,又要铺设轨道;若是双洞掘进，如甲洞铺设链板机，则乙洞可铺设轨道，用矿车向工作面运送材料，这时，甲洞所需的材料可通过联络巷搬运过去。乙洞的矸石可直接装矿车下运，亦可由铺设在联络巷内的链板机转运到甲洞的链板机上，集中往下运。

凡是倾角小于30°的上山，均可用矿车提升材料或运矸。提升用小绞车的选型应根据上山斜长、绞车滚筒容绳量决定。小绞车可设在上山与平巷接口处一侧的巷道内，并偏离轨道中心线，以策安全，如图3.17所示。这里必须注意将工作面附近的滑轮2安设牢固，以防发生跑车等重大事故。如果倾斜长度超过提升绞车缠绳量时，则需随着上山掘进工作面的推移，不断向上山中开凿的躲避洞（30～50 m开凿一个）内增设提升绞车，分段提升，如图3.18所示。

由于上山掘进中，用矿车提升运输是依靠工作面附近安设的倒滑轮（回头轮）反向牵引实现的，所以，倒滑轮必须安设简便而牢固。一般上山倾角小，用1 t矿车提升时，倒滑轮通常固定在耙斗装载机机架尾部；当上山倾角大或用3 t矿车提升时，为减小耙斗机的下滑力，通常在耙斗装载机簸箕口下安装一个地滑轮，同时在其下方2～2.5 m处的侧墙上打锚杆装导向轮。若底板岩石稳固时，可用2～3根底板锚杆将倒滑轮固定。

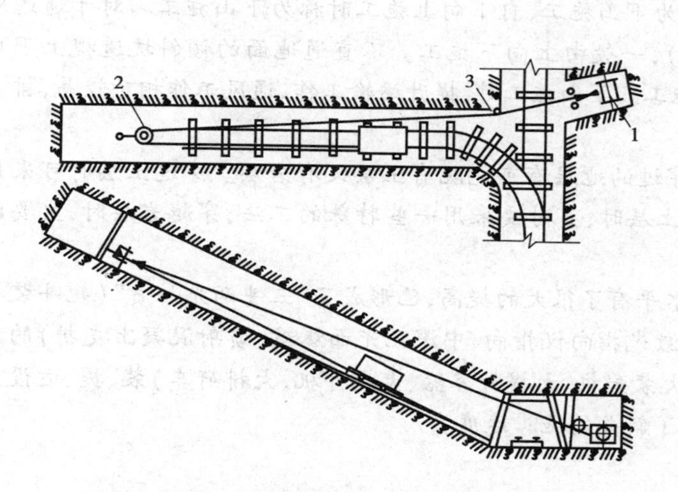

图3.17 上山掘进时绞车及导绳轮的布置
1—绞车；2—滑轮；3—立轮

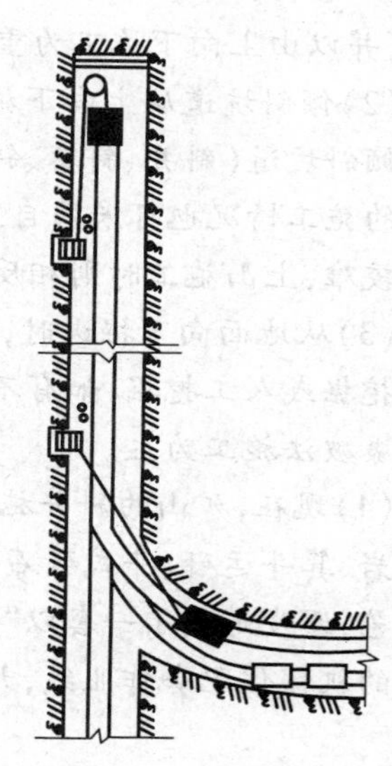

图3.18 多段提升方式

3.2.3 支护工作

在倾斜坑道中，由于顶板岩石受重力作用，有沿倾斜向下滑落的趋势，因此在采用棚架式支护时，棚腿要向倾斜上方与顶、底板垂直线间呈一夹角，这个夹角称为迎山角β（图3.19），其数值取决于坑道的倾角及围岩的性质。当坑道倾角小于40°～45°时，一般每倾斜6°～8°，便应具有1°迎山角。为了防止放炮崩倒棚架，除改进爆破技术外，对支架还应进行加固，以提高其整体稳定性和支护能力。一般在支架之间设拉杆及撑木，若上山倾角≥45°时，为了防止底板岩石下滑，尚需设底梁，这时支架就变成一个封闭的框式结构。

随着锚喷支护的推广，上山掘进中锚喷支护日益增多。锚喷支护施工工艺与平洞、斜井

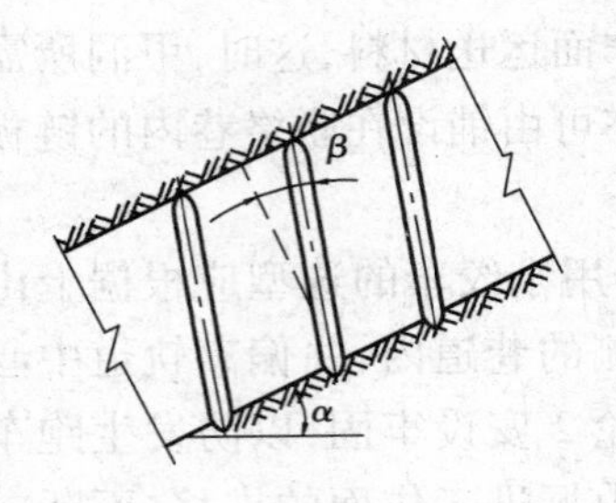

图 3.19　上山支架的迎山角

(下山)施工基本相同,锚杆垂直于上山顶板与侧帮,喷射混凝土永久支护可滞后掘进工作面一段距离(20 ~ 40 m)与掘进平行作业。掘支单行作业时,可视岩石性质、供料情况和喷射机能力,确定合适的喷射段距,一般以在一个班内完成的距离为准。混凝土喷射机根据输送距离可置于斜巷下口与平巷接口处或与斜巷相连的岔巷或联络巷中。

如采用砌筑式支护,则砌筑工作应由下沿倾斜向上分段进行,架立碹胎骨架时,也应注意留有一定的迎山角。

本章小结

(1)倾斜坑道施工的基本作业程序、方法、设备介于平洞和立(竖)井之间,在出矸、运输、排水、通风和安全等技术措施方面有其自身的特点。本章主要就倾斜坑道施工的不同特点进行了介绍,并以由上向下施工为重点。

(2)倾斜坑道从上向下施工时称为下山施工,自下向上施工时称为下山施工。对于通达地面的倾斜坑道(斜井、斜巷、斜坡道等),一般由上向下施工。不直通地面的倾斜坑道视上下口坑道的施工情况也可采用自上向下施工。下山施工时,提升运输工作、通风工作相对较易,排水工作较难,上山施工时则相反。

(3)从地面向下掘进时,坑道所穿过的地层有可能既有土层又有岩层。穿过土层时可采用机械挖掘或人工挖掘,如有不稳定的土层时,有时要采用一些特殊的工法;穿越岩层时,主要以钻眼爆破法施工为主。

(4)现在,矿山的斜井施工技术水平有了很大的提高,已形成了“三斗两光一喷”(耙斗装岩机装岩、箕斗运矸、斗式矸石仓排矸、激光指向仪指向、中深孔光面爆破、喷射混凝土支护)的施工工艺,逐步形成了一套以“四大”(大装岩机、大提升容器、大提升机、大排矸车)装、提、运设备为主的机械化配套作业线,大大提高了斜井的施工速度。

习　题

3.1　倾斜坑道通过不稳定表土时有哪些施工方法?试通过查阅资料写出每种方法的简介。

3.2　对比由上向下施工和由下向上施工两种方案,各有哪些特点(含优缺点)?

3.3　上山掘进和下山掘进爆破时应注意哪些问题?有哪些技术措施?

3.4　下山施工的提升方式有哪些?用什么容器提升?

3.5　防止跑车的安全措施有哪些?除技术上的措施外,还应从哪些方面防止发生跑车事故?

3.6　由下向上施工倾斜坑道是如何进行装矸、排矸的?

3.7　斜井施工有哪些机械化配套方案?什么是“三斗两光一喷”?“四大设备”指什么?

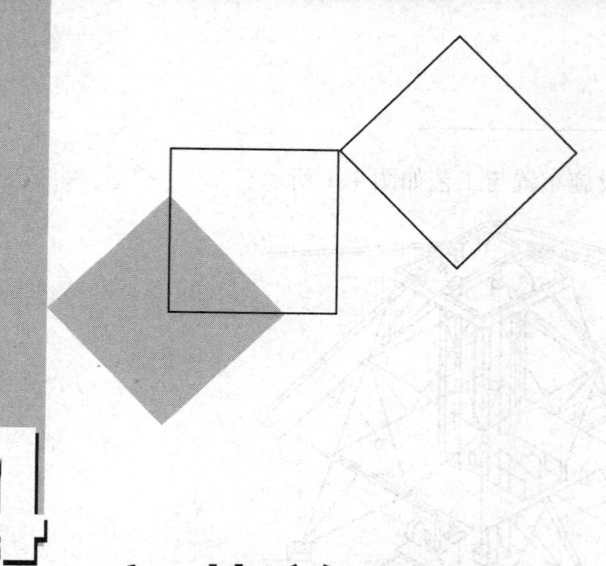

4 立井施工

本章导读:

立井,又称竖井,是地下工程中的常见工程,山岭隧道、水电工程、城市地铁等市政工程、水利工程、矿山工程以及军事国防工程等都离不开立井的使用和施工。因此,学习和掌握立井的施工技术是非常重要的。

- **主要教学内容**:立井表土段、基岩段施工工艺,立井施工过程中装岩、排矸、提升和悬吊等所用设备,立井井筒的支护结构及施工方法,凿井设备布置。
- **教学基本要求**:熟悉立井施工的基本工艺;掌握立井表土段、基岩段施工工艺;了解装岩与排矸、提升与悬吊等所用设备;掌握立井井筒的支护结构及施工方法;了解凿井设备布置方案。
- **教学重点**:立井表土段、基岩段施工工艺,立井井筒的支护结构及施工方法。
- **教学难点**:设备的选型、凿井设备布置。
- **网络资讯**:网站:www. tdbmc. com,www. ccmcgc. com,www. zmjsjt. com. cn。关键词:立井井筒,隧道竖井,立井施工;抓岩机,凿井提升机,井筒施工设备布置。

4.1 立井施工的基本工艺

立井井筒多为圆形。井筒的支护(又称衬砌)形式根据其用途和服务年限不同,可采用砖石结构、混凝土或钢筋混凝土结构。大型工程多采用钢筋混凝土结构。

立井正式掘进之前,需先在井口安装凿井井架,在井架上安装天轮平台和卸矸平台。同时进行井筒锁口施工,安设封口盘、固定盘和吊盘。另外,在井口四周安装凿井提升机、凿井绞车,建造压风机房、通风机房和混凝土搅拌站等辅助生产车间。待一切准备工作完成后,即可进行井筒的正式掘进工作。立井施工的总体设施布置与工艺如图 4.1 所示。

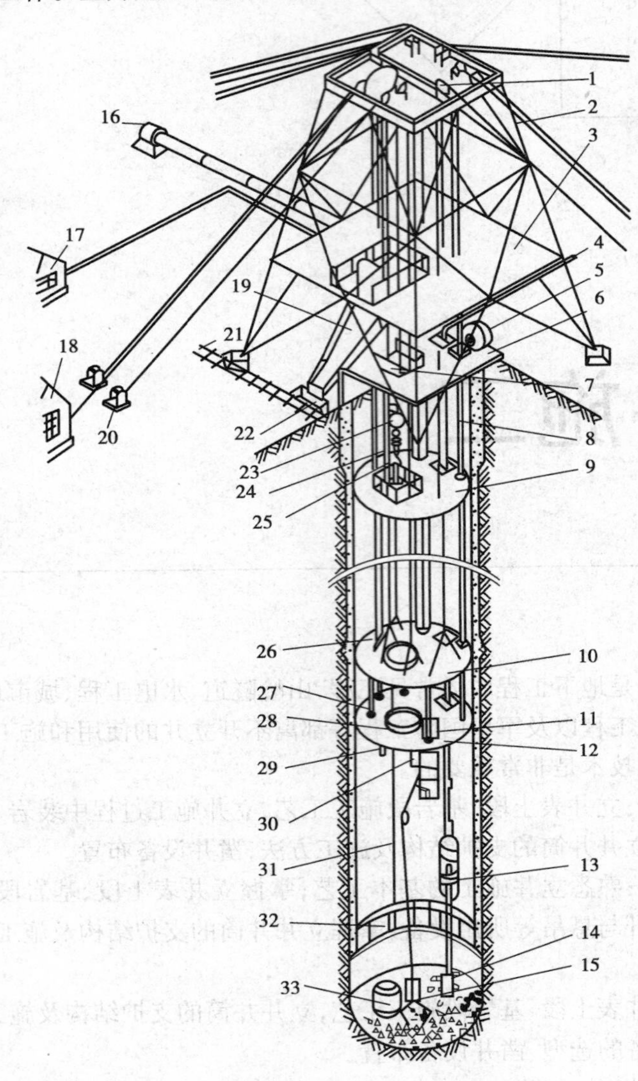

图 4.1　立井施工概貌(混合作业)

1—天轮;2—凿井井架;3—卸矸平台;4—排水管;5—混凝土搅拌机;6—封口盘;7—井盖门;8—混凝土输送管;9—固定盘;10—吊盘上层盘;11—中心回转抓岩机;12—吊盘下层盘;13—吊泵;14—吸水笼头;15—抓岩机抓斗;16—局部通风机;17—空气压缩机房;18—提升机房;19—卸矸溜槽;20—凿井稳车;21—轻便轨道;22—矿车;23—滑架与保护伞;24—稳绳;25—提升钩头;26—吊盘叉绳;27—吊盘连接立柱;28—喇叭口;29—压气管;30—风筒;31—模板悬吊绳;32—金属整体移动模板;33—吊桶

立井是垂直向下掘进的,为施工服务的大量设备、管线等都要悬挂在井筒内,且随工作面的推进而逐步下放或接长。立井施工的一般顺序是:由上向下掘进,当井筒掘够一定深度(一个段高)后,再利用井内吊盘,由下向上砌壁,掘进和砌壁交替进行。根据掘砌作业方式的不同,拆模、立模、浇灌混凝土等砌壁工作可在掘进工作面或吊盘上进行。混凝土在地面井口搅拌站配制,经混凝土输送管或底卸式吊桶送至砌壁作业地点。当该段井筒砌好后,再转入下段井筒的掘进作业,依此循环直至井筒最终深度。

立井掘砌作业方式,根据掘进和支护的时间和空间不同,可分为掘砌单行作业、掘砌平行作业和短段掘砌混合作业三种。单行作业是将井筒划分为若干段高(通常在 30 m 以上,甚至百米),由上向下逐段施工,在同一段高内先掘后砌,掘进时一般需要进行锚喷临时支护。平行作业是在井筒内同时进行掘进和衬砌工作,衬砌在掘进工作面上方的吊盘上进行。短段掘砌混合作业是在较小的段高内(2 ~ 5 m),掘进后立即进行永久衬砌工作,不设临时支护。为便于施工,爆破后矸石暂不全部清除,留下部分矸石待衬砌结束后再清除。衬砌时,立模、稳模和浇筑混凝土工作都在浮矸上进行。由于平行作业需要施工人员多、设备多、施工管理复杂、安全性差,目前广泛采用的是短段掘砌混合作业,其次是掘砌单行作业。短段掘砌混合作业的特点是将掘进和衬砌纳入了一个掘进循环内;出渣和衬砌多为单行作业,根据情况也可部分平行作业;取消了临时支护,简化了施工工序,节省了支护材料和时间;围岩可及时封闭,改善了作业条件,保证了施工安全。

在具有第四纪冲积层的地域开凿立井时,立井可能完全坐落于表土层中,也可能穿过表土与基岩两个部分。表土稳定时可采用普通的人工挖掘施工,表土松软、稳定性较差时须采用特殊凿井方法(钻井、沉井)或特殊工法(注浆法、冻结法、帷幕法等)。基岩部分目前仍以钻眼爆破法施工为主。

4.2 表土施工

一般将覆盖于基岩之上的第四纪冲积层和岩石风化带统称为表土层。由于表土层土质松软、稳定性差、变化大,含水量一般比较丰富;又因接近地表,直接承受井口构筑物的荷载,故施工较为困难。

4.2.1 锁口施工

在井筒进入正常施工之前,不论采用哪一种施工方法,都应先砌筑锁口,用以固定井筒位置、铺设井盖、封严井口和吊挂临时支架或井壁。

根据使用期限,锁口分临时锁口和永久锁口两类。临时锁口由井口临时井壁(锁口圈)和封口框架所组成。由于临时锁口在后期砌筑永久井壁时还将拆除,故常用砖石或砌块砌筑而成,大型井筒多用混凝土构筑。永久锁口是完全按照井筒设计构筑井口段永久井壁,再根据施工需要安装临时封口框架。临时锁口的深度一般为 2 ~ 3 m,永久锁口视井筒设计而定。锁口框可用钢梁(I20 ~ I45)铺设于锁口圈上,或独立架于井口附近的基础上。

整个临时锁口除要求有足够的强度外,还应注意下列几点:

①临时锁口的标高尽量与永久井口标高一致,以防洪水进入井内。

②锁口框架的位置,应避开井内测量中、边线位置。

③锁口梁下面采用方木或砖石铺垫时,其铺设面积应根据表土抗压强度确定。

④锁口应尽量避开雨季施工,为防止地表水进入井内,除要求锁口圈能防水封闭外,可在井口周围砌筑排水沟或挡水墙。

⑤需采用冻结法施工表土或需采用大型井架施工时,锁口设计与布置应注意与冻结沟槽及

井架基础的位置统筹考虑。

4.2.2 掘砌方法

1)井帮围护方法

在井筒所穿过的土层稳定、含水量小、井筒挖掘井帮能够自立时,可不专门采取其他围护方法,只要缩小挖掘段高,及时进行衬砌即可。否则,应采取下列措施,保证施工安全。

(1)降低水位法

在工程开挖时,采用工作面超前小井或降水钻孔来降低水位。即在小井中用水泵抽水,使周围形成降水漏斗,使开挖区变为水位下降的疏干区,以增加开挖土层的稳定性。

(2)板桩法

对于厚度不大的表土层,在开挖之前,可先用人工或打桩机在工作面或地面沿井筒荒径依次打入一圈板桩,形成一个四周密封圆筒,用以支承井壁,并在其保护下进行井筒掘进。

板桩材料有木材和金属两种。金属板桩常用槽钢相互正反扣合相接;木板桩是用坚韧的松木或柞木制成,彼此采用尖形接榫。根据板桩入土的难易程度可逐次单块打入,也可多块并成一组,分组打入。板桩的桩尖做成一边带圆弧的尖形,这样易于插入土中,又使其互相紧密靠拢。为防止劈裂,桩尖与桩顶可包铁皮保护。根据板桩插入土层的方向不同,板桩法又分直板桩和斜板桩两种,如图4.2和图4.3所示。

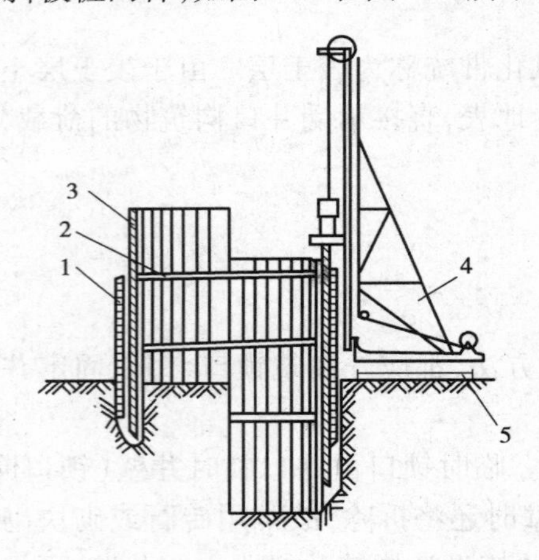

图4.2 地面直板桩

1—外导圈;2—内导圈;3—板桩;4—打桩机;5—轨道

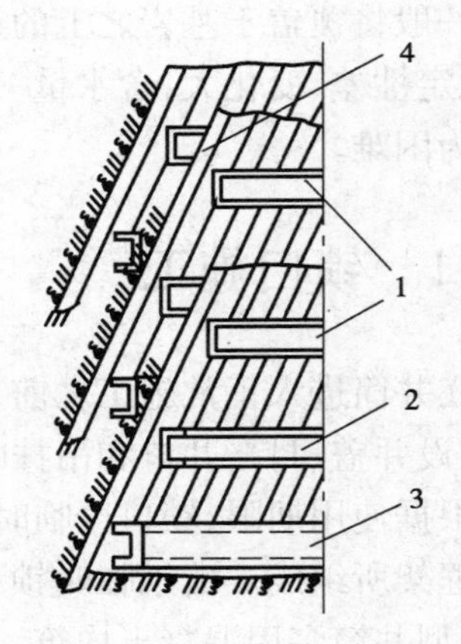

图4.3 斜板桩

1—导向圈;2—中间导向圈;3—副导向圈;4—斜板桩

(3)井圈背板法

该法类似于斜板桩法,只是它不需打入,而是先在工作面架好槽钢井圈,然后向井圈后插入木板(又叫背板)作临时支护。每掘进一段井筒(1~1.5 m),便架设一道井圈和背板。掘进一定高度后(一般不超过30 m),再由下向上拆除井圈、背板,砌筑永久井壁。这种方法适用于较稳定的土层。

(4)冻结法

在井筒开挖范围之外,沿井筒四周布置冻结管,对地层进行冻结,待冻土形成一定厚度时再进行开挖。这种方法在矿山立井表土施工中广泛使用，近年来，在我国市政工程中也得到了较多的推广应用。冻结法具体内容见本书第9章。

(5)其他方法

其他围护方法还有混凝土帷幕(地下连续墙)法、注浆法、搅拌桩法等，它们在城市地下工程的立井中得到较多应用。注浆法的详细内容见本书第9章。

2)井筒挖掘方法

设置有井盖(封口盘)的立井，一般用人工使用铁铲挖掘和装土，土质较硬时用风镐挖掘、人工装土，土质较松软时也可用抓岩机挖掘和装土。

表土施工一般采用短段掘砌施工方法。为保持土的稳定性，减少土壁裸露时间，段高一般取0.5~1.5 m。按土层条件，分别采用台阶式或分段分块，并配以超前小井降低水位的挖掘方法(图4.4)。

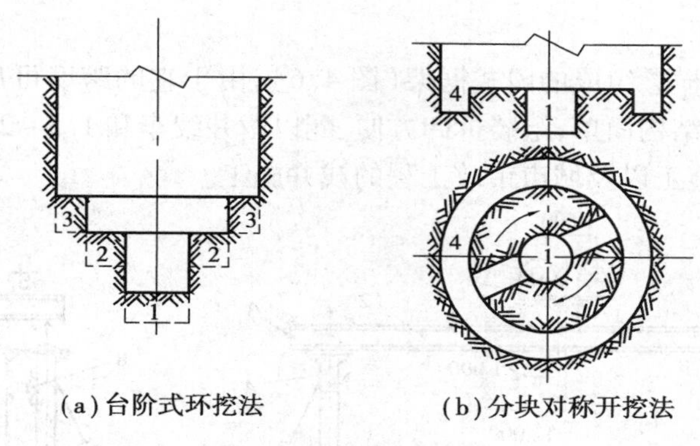

(a)台阶式环挖法　　(b)分块对称开挖法

图4.4　表土施工挖土方法

1—水窝;2,3—开挖顺序;4—环形集水沟槽

3)井壁砌筑方法

表土段一般采用短段掘砌法，即挖掘一定高度便进行砌筑井壁。施工时，首先将工作面整平，然后绑扎钢筋，架立模板和浇筑混凝土。当采用素混凝土井壁时，在上段井壁砌好后，下部土被挖去，井壁就会处于悬空状态，为防止因混凝土强度不够或混凝土与井帮间的摩擦力不够而使井壁发生环向拉开裂缝或沿井帮下滑，应采用吊挂井壁法施工(图4.5)，即在井壁中专门设置用于吊挂井壁的钢筋，钢筋的下端为圆环，上端为钩子。井壁砌筑时将钢筋的钩子挂到上段井壁预埋的钢筋环上，下端插入刃脚模板下方，然后浇筑混凝土。

吊挂井壁法使用的设备简单，施工安全。但它的工序转换频繁，井壁接茬多，封水性差。在表土层较厚、采用冻结法施工时，通常在整个表土层外层井壁砌筑完成后，需再由下向上套砌第二层井壁，形成双层井壁结构。

4.2.3 提升方法

按表土性质、埋深和设备条件，表土施工的提升方法有下列几种：

(1)汽车起重机提升

汽车起重机是移动式的提升设备，机动灵活，不必另立井架，井口布置简单。但它提升能力

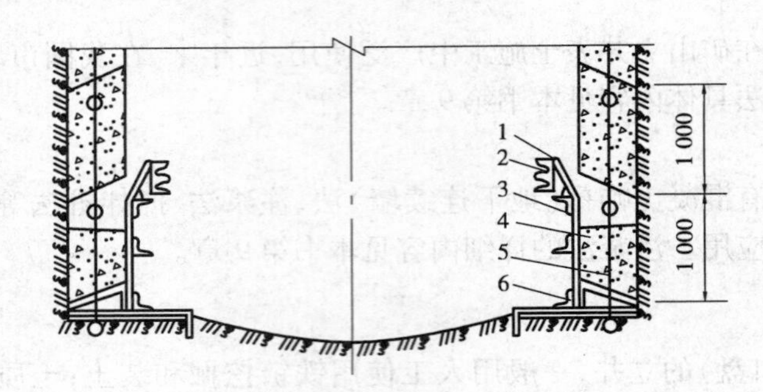

图4.5　吊挂井壁全断面一次施工

1—接茬板;2—井圈;3—金属模板;4—钢筋棒;5—吊挂钢筋;6—托盘

小,只能用于浅部的表土施工,常配以 $0.5\sim1\ m^3$ 的小吊桶或小土斗,适用于深度不超过 30 m 的井筒施工。

(2)简易龙门架提升

龙门架是由立柱和横梁组成的门式框架(图4.6),由于它的跨度可加大,对不同的井筒直径有较大的适应性。它结构简单,组装拆卸方便,配以凿井绞车和 $1.5\sim2\ m^3$ 的吊桶,可用于深度不超过 40 m 的表土施工以及城市市政工程的浅井施工。

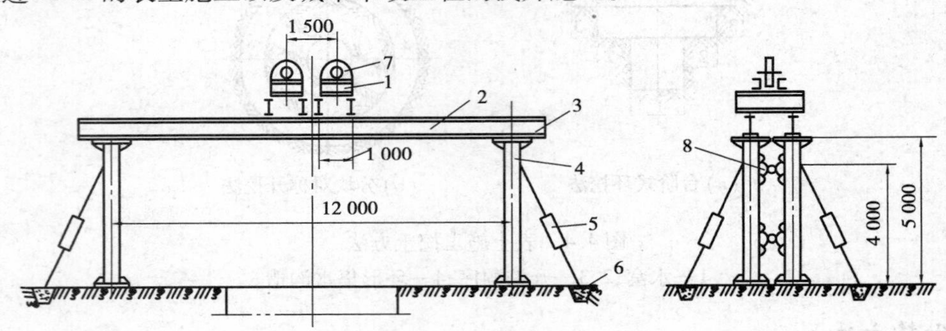

图4.6　龙门架

1—槽钢;2—工字钢横梁;3—连接钢板;4—钢管立柱;5—开式索具螺丝扣;6—锚注桩;7—天轮;8—连接板

(3)矩形框架式井架提升

地铁隧道采用矿山法施工时,一般需专门设置提升竖井。由于竖井的断面为矩形,故多用矩形框架式井架。南京地铁某区间隧道施工的立井净尺寸为 6.0×4.6 m,使用的井架形式如图4.7所示。井架立柱为 $\phi325\times10$ mm 钢管,横梁及行车梁为Ⅰ45 工字钢,纵梁为Ⅰ25 工字钢,斜撑为[16 槽钢。提升用3只10 t的电动葫芦,其中2只用于提土,1只用于辅助提升。土斗容积为 $1.5\sim2.0\ m^3$。

(4)直接利用标准凿井井架和凿井专用设备提升

这种方式所选用的提升设备与基岩施工相同。虽然开始安装所需时间较长,但可直接用于基岩施工,不必再更换提升设备。这种提升方法的提升悬吊能力大、安全,有利于快速施工,矿山、山岭隧道多使用这种提升方式。

(5)先用简易设备、后改用凿井专用设备的提升

当土层稳定性差,井筒施工时可能会出现地表沉陷;又因土层较厚,简易提升设备无法施工全深;或因设备到货及安装滞后,均可采用本方法。

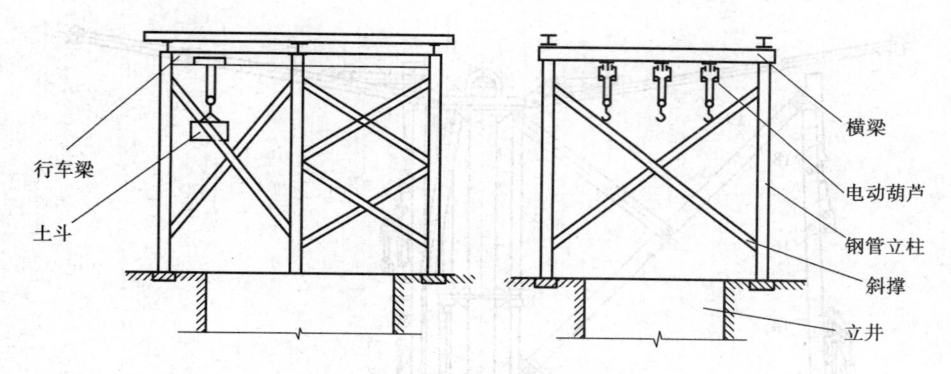

图4.7 矩形框架式井架

(6)直接利用永久井架及永久提升设备提升

这种情况仅适用于矿山施工。当井口土层条件允许、永久设备又能及时到货时,可一次安装永久井架,利用永久提升机进行表土施工。它可省去临时设备、设施改装时间,缩短施工期。

4.3 基岩钻眼爆破施工

当井筒穿过坚硬土层及岩层时,一般采用钻眼爆破方法。为提高爆破效果,应根据岩层的具体条件,正确选择钻眼设备和爆破器材,合理确定爆破参数,以及采用先进的操作技术。

4.3.1 钻眼工作

1)钻眼机具的选择

(1)手持式凿岩机

手持式凿岩机没有气腿支撑,装备简单,易于操作,小型立井中较多采用。用它钻凿孔径39~46 mm、孔深2 m左右的炮眼效果较好,如加大加深眼孔,钻速将显著降低。为缩短每循环的钻眼时间,可增加凿岩机同时作业台数,一般工作面每2~4 m^2 布置一台。手持式凿岩机打眼速度慢,劳动强度大,硬岩中打深眼困难,故只适用于断面较小、岩石不很坚硬的浅眼施工。

(2)伞形钻架

伞形钻架是由钻架和重型高频凿岩机组成的风液联动导轨式凿岩机具(图4.8)。利用伞钻打眼,机械化程度高、钻速快、一次行程大,钻眼工序的总时间可缩短,对深度3 m以上的中深孔及深孔爆破尤为适用。钻架由中央立柱、支撑臂、动臂、推进器、操纵阀、液压与风动系统等组成。为适应不同直径的井筒,伞钻上装备有不同数量的钻臂,常用为4、5、6、9臂。

打眼时,用提升机将伞钻从井口送入井底工作面,垂直坐落工作面中心的钻座上,撑开支撑臂将伞钻撑紧于井壁上,接上风、水管,即可开始打眼。打眼结束后,先收拢动臂,然后收回、收拢支撑臂,关闭总风、水阀,拆下风水管路,捆牢后提至地面,吊挂在井口棚内的井架卸矸平台梁上。

2)供风、供水

立井施工时,压风和水是通过并列吊挂在井内的压风管(ϕ150 mm钢管)和供水管

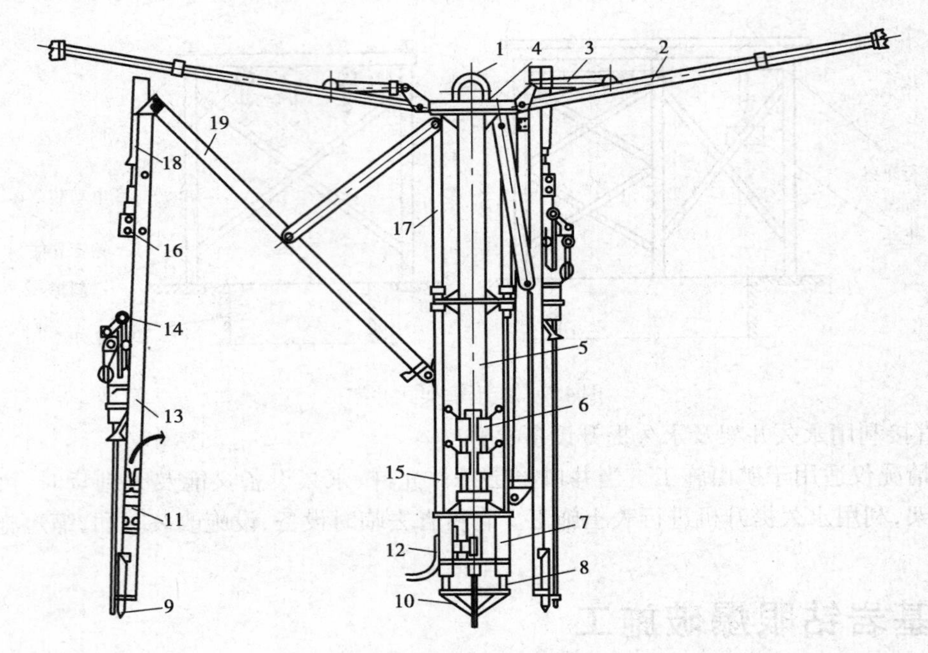

图 4.8　FJD-6 型伞形钻架

1—吊环；2—支撑臂轴缸；3—升降油缸；4—顶盘；5—立柱钢管；6—液压阀；7—调高器；8—调高器油缸；9—活顶尖；10—底座；11—操纵阀组；12—风马达、油缸；13—滑轮；14—YGZ-70 型凿岩机；15—滑道；16—推进风马达；17—动臂油缸；18—升降油缸；19—动臂

(ϕ50 mm钢管)由地面送至吊盘上方，然后经三通、高压软管、分风(水)器和胶皮软管将风、水引入各风动机具。工作面的软管与分风(水)器均用钢丝绳悬吊于吊盘上的气动绞车上，放炮时提至安全高度。

4.3.2　爆破工作

1)爆破参数

目前，对爆破各参数还没有确切的理论计算方法，设计时可根据具体条件采用工程类比法，并辅以一定的经验计算公式，初选各爆破参数值，然后在施工中不断改进，逐步完善。

(1)炮眼深度

炮眼按深度分为浅眼(<2 m)、中深眼(2~3.5 m)和深眼(>3.5 m)。采用手持式凿岩机时，一般眼深以 2 m 左右为宜；若采用伞钻，能顺利钻凿 3.5~4 m 的深眼，如接钎钻进，改进排粉能力，炮眼还可以加深至 5 m。

(2)炮眼直径

用手持式凿岩机钻眼，采用标准直径 ϕ32~35 mm 药卷时，炮眼直径常为 38~43 mm。近年来，随着钻眼机械化程度的提高，眼深的加大，小直径炮眼已不能适应需要，必须采用更大直径的药卷和眼孔。目前，在深眼中已采用 55 mm 的眼径，并取得了良好的爆破效果。

(3)炸药的选择

炸药主要根据岩石坚固性、涌水量、瓦斯和眼深等因素来选定。目前多使用岩石铵梯炸药和水胶炸药。岩石铵梯炸药属中威力炸药，由于密度小，常用于浅孔无瓦斯岩层或光面爆破的周边眼中。水胶炸药抗水性好、密度大、威力高，用雷管直接起爆，效果良好，比较适用于中深孔爆破和硬岩爆破。

(4)单位炸药消耗量

单位炸药消耗量是指爆破每立方米实体岩石所需的炸药量。它是决定爆破效果的重要参数。装药过少，爆破后岩石块度大、井筒成型差、炮眼利用率低；药量过大，既浪费炸药，又有可能崩坏设备，破坏围岩稳定性，造成大量超挖。

目前尚无计算单位炸药消耗量的理论公式，不同行业都有各自的炸药消耗指标，煤矿立井预算定额消耗量指标见表 4.1。

表 4.1 煤矿立井基岩掘进炸药消耗量定额 单位：kg/m^3 原岩

项目		井筒净直径/m											
		3	3.5	4	4.5	5	5.5	6	6.5	7	7.5	8	8.5
$f \leqslant 1.5$		0.24	0.24	0.24	0.24	0.23	0.23	0.23	0.23	0.22	0.22	0.22	0.22
$f \leqslant 3$		0.93	0.89	0.81	0.77	0.73	0.70	0.67	0.65	0.64	0.63	0.61	0.60
$f \leqslant 6$	浅孔	1.52	1.43	1.32	1.24	1.21	1.14	1.12	1.08	1.06	1.04	1.00	0.98
	中深孔					2.10	2.05	2.01	1.94	1.89	1.85	1.78	1.72
$f \leqslant 10$	浅孔	2.47	2.26	2.05	1.90	1.84	1.79	1.75	1.68	1.62	1.57	1.56	1.53
	中深孔					2.83	2.74	2.64	2.55	2.53	2.47	2.40	2.32
$f > 10$		3.32	3.20	2.68	2.59	2.53	2.43	2.37	2.28	2.17	2.09	2.06	2.00

注：①根据 2000 年颁发《煤炭建设井巷工程基础定额》(99 统一基价)整理；

②炸药为水胶炸药；

③涌水量调整系数：≤5 m^3/h 时不调整，≤10 m^3/h 时为 1.05，≤20 m^3/h 时为 1.14。

2)炮眼布置

井筒通常多为圆形断面，炮眼采用同心圆布置。与巷(隧)道相同，立井的炮眼也分为掏槽眼、崩落眼和周边眼三类。

(1)掏槽眼

掏槽眼是在一个自由面条件下起爆的，是整个爆破的难点，应布置在最易钻眼爆破的位置上。在均匀岩层中，可布置在井筒中心；在急倾斜岩层中，应布置在靠井中心岩层倾斜的下方。常用的掏槽方式有斜眼和直眼两种，如图 4.9 所示。

在斜眼掏槽情况下，掏槽眼倾角(与工作面的夹角)一般为 70°～80°，眼孔比其他眼深 200～300 mm，各眼底间的距离不得小于 200 mm，各炮眼严禁相交。这种掏槽方式，因打斜眼而受井筒断面大小的限制，炮眼的角度不易控制，但它破碎和抛掷岩石较易。为防止崩坏井内设备，常常增加中心空眼，其眼深为掏槽眼的 1/2～1/3，用以增加岩体碎胀补偿空间，集聚和导向爆破应力。

在直眼掏槽情况下，炮眼布置圈径一般为 1.2～1.8 m，眼数为 4～7 个，由于打直眼，易实

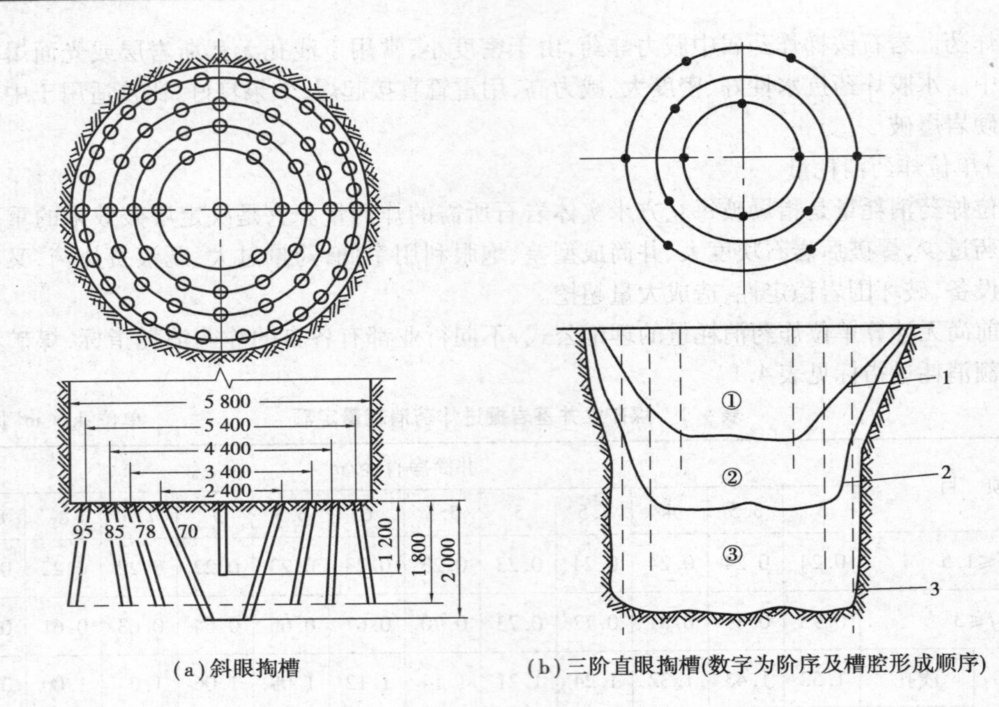

(a)斜眼掏槽

(b)三阶直眼掏槽(数字为阶序及槽腔形成顺序)

图 4.9　掏槽方式

现机械化,岩石抛掷高度也小,如要改变循环进尺,只需变化眼深,不必重新设计掏槽方式。但在中硬以上岩层中进行深孔爆破时,往往受岩石的夹制,难于保证良好效果。为此,除选用高威力炸药和加大药量外,可采用二阶或三阶掏槽,即布置多圈掏槽,并按圈分次爆破,相邻每圈间距为 200 ~ 300 mm,由里向外逐圈扩大加深。由于分阶掏槽圈距较小,炮眼中的装药顶端应低于先爆眼底位置,并要填塞较长的炮泥,以提高爆破效果。

(2)周边眼

周边眼要按照光面爆破要求布置,孔口位于井筒设计掘进轮廓线上,眼距为 400 ~ 600 mm。为便于打眼,眼孔略向外倾斜,眼底偏出轮廓线 50 ~ 100 mm,爆破后井帮沿纵向略呈锯齿形。

(3)崩落眼

崩落眼介入掏槽眼与周边眼之间,可多圈布置,其最外圈与周边眼的距离要满足光爆层要求,一般以 500 ~ 700 mm 为宜,炮眼密集系数为 0.8 ~ 1。其余崩落眼圈距取 0.6 ~ 1 m,按同心圆布置,眼距为 800 ~ 1 200 mm。

3)装药结构与起爆技术

合理的装药结构和可靠的起爆技术,应使药卷按时序准确无误起爆,爆轰稳定,完全传爆,不产生瞎炮和残炮,并要求装药连线操作简单、迅速和可靠。

(1)传爆方向和炮泥封口

在普通小直径浅眼爆破中,常采用将雷管及炸药的聚能穴向上、引药置于眼底(或倒数第二个)的反向爆破,以增强爆炸应力,增加应力作用时间和底部岩石的作用力,提高爆破效果。眼口要用黄泥卷或黄沙封堵。

为加快装药速度和防水,可将药卷两端各套一乳胶防水套,并装在长塑料防水袋中,一次装入炮眼;也可用薄壁塑料管,装入炸药和雷管,做成爆炸缆,一次装入炮眼。

(2)起爆方法和时序

在深度小的炮眼中,药卷均采用电雷管起爆。对于深孔爆破,现多采用导爆索雷管起爆。

立井爆破由里向外、逐圈分次起爆,它们的时差应有利于获得最佳爆破效果和最少的有害作用。对于掏槽眼和崩落眼,间隔时间一般为 25~50 ms;对周边眼,间隔时间取 100~150 ms。有沼气的工作面,总起爆延期时间不得超过 130 ms。

(3)电爆网路

电爆网路指由起爆电源、放炮母线、连接线和电雷管所组成的电力起爆系统。

由于井筒断面较大,炮眼多,工作条件较差,为保证稳定起爆,连线方式一般不用串联,而用并联或串并联。并联网路需要大的电能,故一般采用 220 V 或 380 V 的交流电源起爆。

立井使用的爆破网路如图 4.10 所示,其中闭合反向并联方式可使各雷管的电流分配较为均匀,故采用较多。

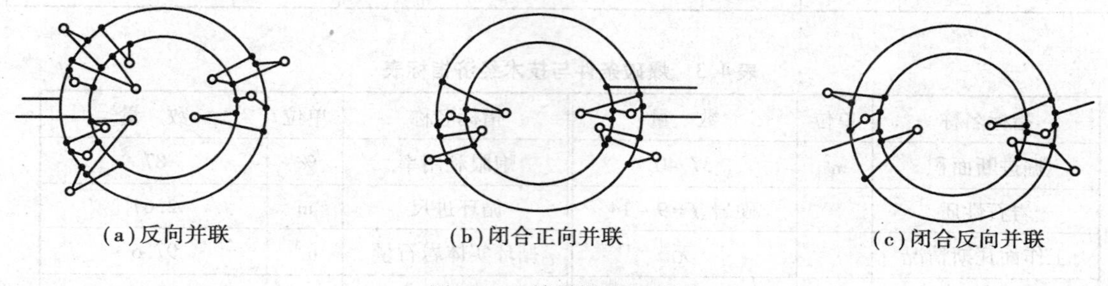

图 4.10　并联爆破网络图

放炮母线的断面采用 10~16 mm^2,吊盘下的一段母线断面不小于 3~6 mm^2。连接线可采用裸露铝线或铁线,并用木桩架高,防止水浸,以保证每个雷管均能获得必要的准爆电流。

4)爆破图表

立井爆破图表的形式和内容与平巷相同,典型的爆破实例如图 4.11、表 4.2 和表 4.3 所示。

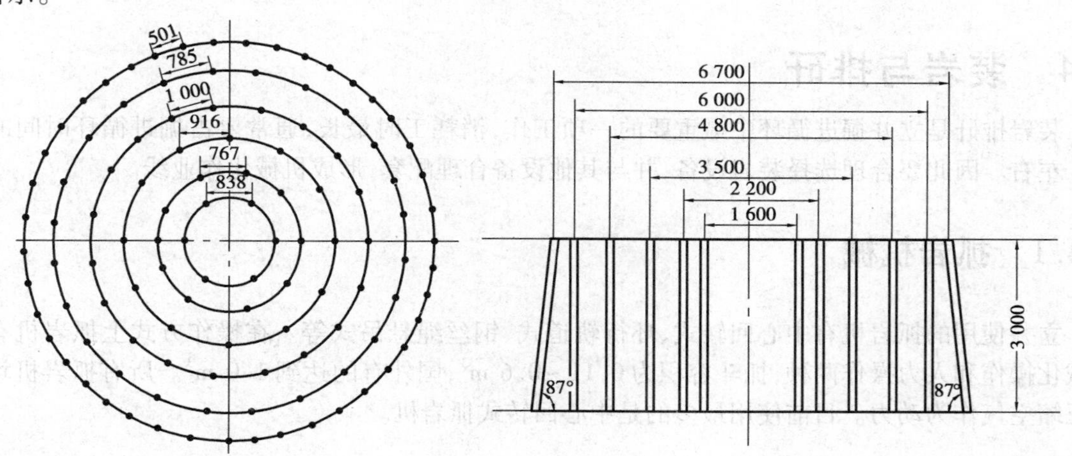

图 4.11　立井炮眼布置图

表 4.2 爆破参数表

眼名	眼深/m	圈径/m	眼数/个	倾角/(°)	眼距/mm	装药量		药径/mm	雷管段号	起爆顺序	连线方式
						卷/孔	kg/圈				
掏槽眼	3.0	1.6	6	90	838	5	24.9	45	1	Ⅰ	大并联
掏槽眼	3.0	2.2	9	90	767	5	37.35	45	3	Ⅱ	
辅助眼	3.0	3.5	12	90	916	4	39.84	45	5	Ⅲ	
辅助眼	3.0	4.8	15	90	1000	3	37.35	45	6	Ⅳ	
辅助眼	3.0	6.0	24	90	785	3	59.76	45	7	Ⅴ	
周边眼	3.0	6.7	42	87	501	2	42.0	35	9	Ⅵ	
合计			108				241.2				

表 4.3 爆破条件与技术经济指标表

指标名称	单位	数量	指标名称	单位	数量
掘进断面积	m^2	37.40	炮眼利用率	%	87
岩石性质		硬岩,$f=9\sim14$	循环进尺	m	2.67
工作面瓦斯情况		无	循环实体岩石量	m^3	97.6
工作面涌水情况	m^3/h	2	炸药单位消耗量	kg/m^3	2.47
炸药名称		T220 型水胶	雷管单位消耗量	发/ m^3	1.11
雷管名称		5 m 脚线毫秒延期	每米进尺炸药消耗量	kg	90.34
循环雷管用量	发	108	每米进尺雷管消耗量	发	40.45

4.4 装岩与排矸

装岩排矸是立井掘进循环中最重要的一项工作,消耗工时最长,通常要占掘进循环时间的50%左右。因此要合理选择装岩设备,并与其他设备合理配套,形成机械化作业线。

4.4.1 抓岩机械

立井使用的抓岩机有中心回转式、环行轨道式、钢丝绳悬吊式等。在操作方式上抓岩机有机械化操作和人力操作两种,抓斗容积为0.11~0.6 m^3,国外有的达到1.0 m^3。所有抓岩机均以压缩空气作为动力。目前使用最多的是中心回转式抓岩机。

1)**中心回转抓岩机(HZ 型)**

中心回转抓岩机有 HZ-4(抓斗容积为 0.4 m^3)和 HZ-6(抓斗容积为 0.6 m^3)两种型号,直接固定在凿井吊盘上,机组由一名司机操纵。全机由抓斗、提升机构、回转机构、变幅机构、固定装置和机架等部件组成,如图 4.12 所示。

装岩时靠抓斗上的抓片张合抓取岩石。悬吊抓斗的钢丝绳一端固定在臂杆上，另一端经动滑轮引入臂杆两端的定滑轮，并通过机架导向轮缠至卷筒。司机室设在下部机架上，司机在司机室控制抓斗的升降和张合。回转机构固定在吊盘的钢梁上，整机可作360°回转，使抓斗在工作面任意角度工作。径向不同位置的抓岩靠臂杆的升降实现。这种抓岩机机械化程度高、生产能力大、动力单一、操作灵便、结构合理、运转可靠。一般适用井径为4～6 m，与2～3 m^3 吊桶配套使用较为适宜。

2）环行轨道抓岩机（HH 型）

环行轨道抓岩机是一种斗容为0.6 m^3 的大抓岩机，有单抓斗和双抓斗两种，型号为HH-6和2HH-6。抓岩机直接固定在凿井吊盘下层盘的底面上，掘进过程中随吊盘一起升降。机器由一名（双抓斗两名）司机操作，抓斗能作径向和环行运动。全机由抓斗、提升机构、径向移动机构、环行机构、中心回转装置、撑紧装置和司机室组成，如图4.13所示。

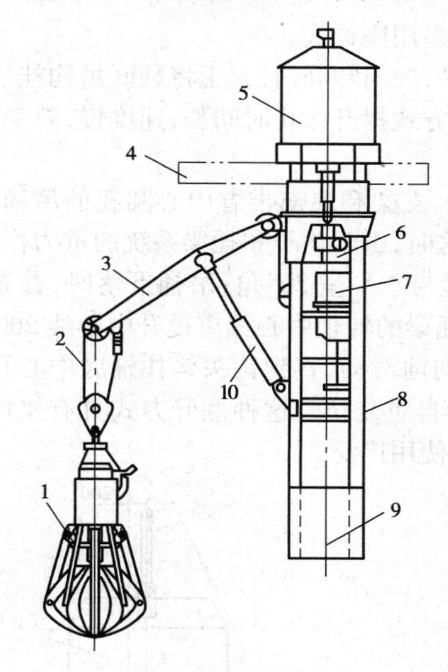

图4.12 中心回转抓岩机

1—抓斗；2—钢丝绳；3—臂杆；4—吊盘；
5—提升机构；6—回转机构；7—变幅机构；
8—机架；9—司机室；10—变幅推力油缸

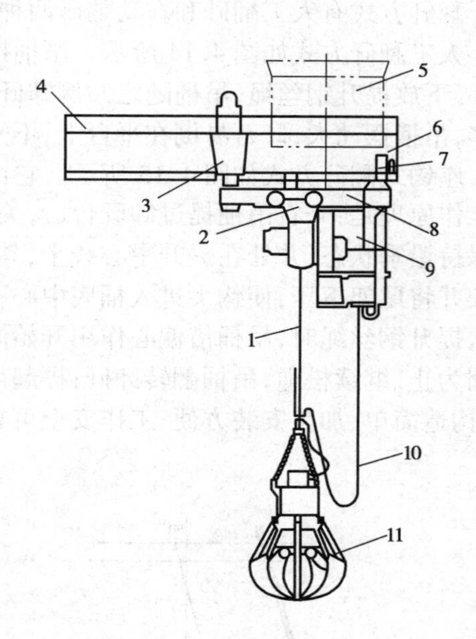

图4.13 环行轨道抓岩机

1—钢丝绳；2—行走小车；3—中心回转机构；
4—下层吊盘；5—吊桶通过孔；
6—环形轨道行走机构；7—环形小车；
8—行车横梁；9—司机室；
10—供压气胶管；11—抓斗

抓岩机的径向移动由悬梁上的行走小车实现，环向移动由环行轨道和环行小车实现。环行轨道用螺栓固定在凿井吊盘下层盘的圈梁上。中心回转轴固定在通过吊盘中心的主梁上，用于连接抓岩机和吊盘。回转轴下端嵌挂悬梁，为悬梁的回转中心。回转中心留有直径为160 mm的空腔作为测量孔。

环行轨道抓岩机一般适用于大型井筒，当井筒净直径为5～6.5 m时，可选用单斗HH-6型抓岩机；井筒净直径大于7 m时，宜选用双斗2HH-6型抓岩机，与3～4 m^3 吊桶配套。

3）钢丝绳悬吊式抓岩机（HS 型）

根据抓岩机悬吊装置的位置不同，有长绳悬吊和短绳悬吊两种。前者由地面小绞车悬吊，以 HS-6 型（抓斗容积 0.6 m^3）使用较多；后者由设置在吊盘上的小绞车悬吊，有 HS-2 型（抓斗容积 0.2 m^3）和 NZQ_2-0.11 型（抓斗容积 0.11 m^3）两种，比较适合于深度不大或直径较小的井筒。悬吊式抓岩机需要人工在工作面牵制抓斗的运行，故劳动强度较大。

4.4.2 排矸

立井掘进时，矸石吊桶提至卸矸台后，通过翻矸装置将矸石卸出，矸石经过溜矸槽或矸石仓卸入自翻汽车或矿车上，然后运往排矸场。

1）翻矸方式

翻矸方式有人工翻矸和自动翻矸两种。自动翻矸多用座钩式。

人工翻矸方式如图 4.14 所示。吊桶提至翻矸水平，关闭卸矸门，人工将翻矸吊钩挂住桶底铁环，下放提升钢丝绳，吊桶随之倾倒卸矸。这种翻矸方式提升休止时间长，速度慢，效率低，用人多，吊桶摆动大，矸石易倒在平台上，不安全。

座钩式翻矸方式如图 4.15 所示。它由钩子、托梁、支架和底部带有中心圆孔的吊桶组成。其工作原理是：矸石吊桶提过卸矸台后，关上卸矸门，这时，由于钩子和托梁系统的重力作用，钩尖保持铅垂状态，并处在提升中心线上，钩身向上翘起与水平呈 20°角；吊桶下落时，首先碰到尾架并将尾架下压，使钩尖进入桶底中心孔内。由于托梁的转轴中心偏离提升中心线 200 mm，放松提升钢丝绳时，吊桶借偏心作用开始倾倒并稍微向前滑动，直到钩头钩住桶底中心孔边缘钢圈为止，继续松绳，吊桶翻转卸矸；提起吊桶，钩子借自重复位。这种翻矸方式具有操作时间短、构造简单、加工安装方便、工作安全可靠等优点，故使用广泛。

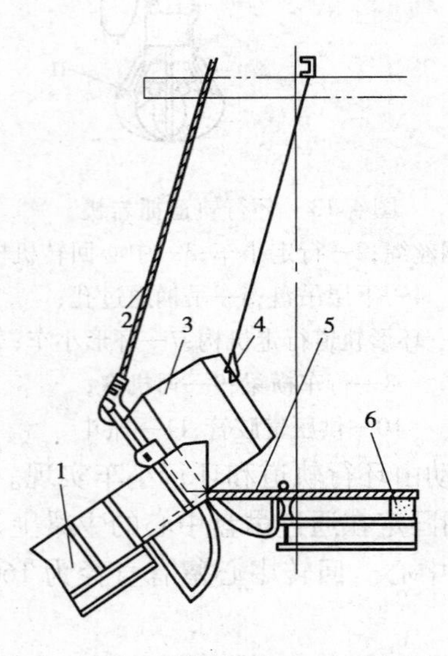

图 4.14 挂钩式翻矸方式
1—溜矸槽；2—提升绳；3—吊桶；
4—吊钩；5—卸矸门；6—卸矸平台

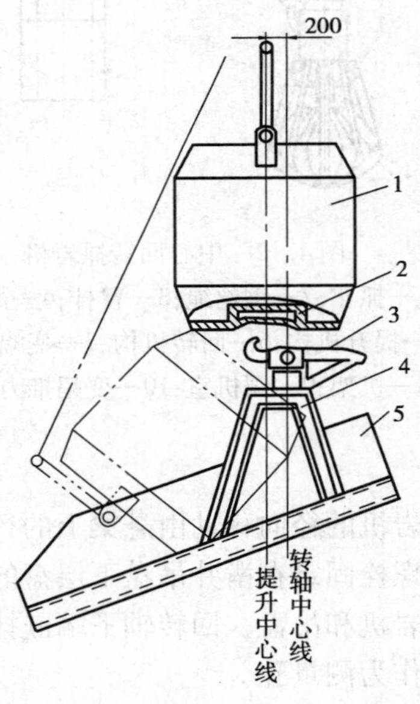

图 4.15 座钩式自动翻矸装置
1—吊桶；2—座钩；3—托梁；
4—支架；5—卸矸门

2）储矸与运矸

矸石的运输方式有矿车和自卸汽车两种，现在多采用自卸汽车运矸。采用矿车运矸时，一般以井架的溜矸槽作为贮矸仓。随着立井施工机械化程度的不断提高，吊桶容积不断增大，装岩出矸能力明显增加，溜矸槽的容量已满足不了快速排矸的要求。因此，现在较普遍地采用落地式卸矸，即将矸石直接溜放到地面上，然后用铲车装自卸汽车运到弃矸（渣）场。

4.5 提升与悬吊

开凿立井时，为了排除井筒工作面的积矸、下放器材、设备以及提放作业人员，应在井内设置提升与悬吊系统。提升系统包括提升容器、钩头连接装置、钢丝绳、天轮、提升机以及提升所必备的导向稳绳和滑架等。悬吊系统用于悬挂吊盘、砌壁模板、安全梯、吊泵和一系列管路缆线，由钢丝绳、天轮及凿井绞车等组成。

立井开凿时的基本提升方式有单钩和双钩两种。单钩提升时，提升机使用一个工作卷筒和一个终端荷载；而双钩提升时，提升机的主轴上使用两个工作卷筒，并各设一个终端荷载，只是两荷载的提升方向相反。根据单、双钩的不同配置，又有一套单钩提升、一套双钩提升、两套单钩提升、一套单钩提升加一套双钩提升等多种具体的提升方式。

4.5.1 凿井井架

凿井井架是专为凿井提升及悬吊掘进设备而设立的。我国凿井时大都采用亭式钢管井架（图4.16），这种井架的四面具有相同的稳定性，天轮及地面提绞设备可以在井架四周布置。这种井架已有标准型号产品，目前分有Ⅰ、Ⅱ、Ⅲ、$Ⅲ_g$、Ⅳ、$Ⅳ_g$、Ⅴ这5种型号7个品种（表4.4），使用时需根据井筒的直径、深度以及是否采用伞形钻架钻眼等情况选择。

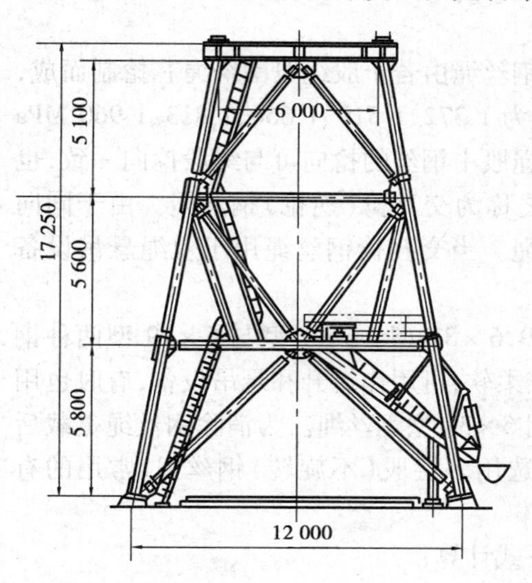

图4.16 亭式凿井井架

表4.4 凿井井架技术特征及适用条件

井架型号	天轮平台尺寸/m	底部跨距/m	天轮平台高度/m	适用井筒净径/m	适用井深/m
Ⅰ	5.5×5.5	10×10	16.254	3.5～5.0	200
Ⅱ	6.0×6.0	12×12	17.250	4.5～6.0	400
Ⅲ	6.5×6.5	12×12	17.346	5.5～6.5	600
$Ⅲ_g$	6.5×6.5	12. ×12	19.846	5.5～6.5	600
Ⅳ	7.0×7.0	14×14	21.970	6.0～8.0	800
$Ⅳ_g$	7.25×7.25	16×16	26.28	6.0～8.0	800
Ⅴ	7.5×7.5	16×16	26.364	6.5～8.0	1 000

4.5.2 矸石吊桶

矸石吊桶是立井施工提升矸石、升降人员和提放物料的容器,井内涌水量小于6 m^3/h 时,还可用于排水。根据卸矸方式不同,矸石吊桶分挂钩式和座钩式两种。按其容积大小,挂钩式有0.5、1.0、1.5、2.0 m^3 等几种,座钩式(参见图4.15)有2、3、4、5 m^3 等几种。吊桶的容积按下式选择:

$$V_T \geqslant \frac{C_t \cdot A_{zh} \cdot T}{0.9 \times 3\,600} \tag{4.1}$$

式中 C_t——提升不均匀系数,1.15~1.25;

A_{zh}——井筒工作面抓岩机的总生产率(松散体积),m^3/h;

T——吊桶一次提升循环时间,s。

对于单钩提升,有 $T = 54 + 8\sqrt{H - h_{ws}} + \theta_d$

对于双钩提升,有 $T = 54 + 5\sqrt{H - 2h_{ws}} + \theta_s$

式中 H——吊桶最大提升高度,m;

h_{ws}——吊桶在无稳绳段的行程,m,$h_{ws} \leqslant 40$ m;

θ_d——单钩提升时吊桶在工作面摘挂钩操作时间和井上卸载时间,60~90 s;

θ_s——双钩提升时吊桶在工作面摘挂钩操作时间和井上卸载时间,90~140 s。

根据计算的 V_T 选择标准吊桶容积 V_{TB},并使 $V_{TB} \geqslant V_T$。

计算初选的吊桶容积只有在井筒断面布置校核后方可确认。当井内布置困难时,应重新选择。在确定吊桶的容积及数量时应与提升方式结合考虑。

4.5.3 钢丝绳

钢丝绳是凿井提升及悬吊系统的主要组成部分。钢丝绳由若干股绳股围绕绳芯捻制而成,绳股又用一定数量的细钢丝捻成。钢丝的抗拉强度分为1 372、1 519、1 666、1 813、1 960 MPa等多种。钢丝绳按绳股捻制方向分右捻和左捻两种。绳股中钢丝的捻向可与绳股捻向一致,也可相反。当捻向一致时称为同向捻(顺捻)钢丝绳,反之称为交互捻(逆捻)钢丝绳。由于同向捻容易松捻和打转,提升和悬吊绳应采用交互捻钢丝绳。当交互捻钢丝绳用于双绳悬吊设备时,选用的两根钢丝绳其捻向必须相反。

凿井用钢丝绳多选用6×7(6股,每股7丝)、6×19、6×37型。6×7型与6×19型两种钢丝绳相比,前者钢丝粗且耐磨,往往用作稳绳;后者比较柔软,可用作提升和悬吊设备,有时也用做稳绳。当需用较大直径的钢丝绳作提升绳时,应选用6×37型钢丝绳。为消除钢丝绳负载后的绕轴线旋转问题,提升和单绳悬吊设备的钢丝绳应选用多层股(不旋转)钢丝绳,常用的有18×7型和34×7型两种规格。

钢丝绳直径根据提升或悬吊的最大终端荷载,按下式计算:

$$P_s = \frac{Q_0}{\dfrac{11\sigma}{m} - H_0} \tag{4.2}$$

式中 P_s——所需钢丝绳的每米质量,kg/m;

Q_0——钢丝绳终端荷载,按需悬吊的设备设施逐项计算,kg;

σ——钢丝绳中钢丝的抗拉强度, MPa;

m——安全系数,提人时为9,提物时为7.5,悬吊安全梯时为9,悬吊吊盘、吊泵和抓岩机时为6,悬吊风筒、压风管、输料管、水管、电缆时为5。

根据计算的 P_s 值,从钢丝绳规格表中选取与计算值接近且稍大的标准钢丝绳每米质量 P_{sb}',由 P_{sb}查出标准钢丝绳直径 d_s 和钢丝直径 δ。

4.5.4 提升机

提升机主要用于施工时提升人员、设备和材料等。用于立井施工的提升机为缠绕式滚筒提升绞车,如图4.17 所示。提升机的类型分为普通矿用提升机(JK 系列)和凿井矿用提升机(JKZ 系列)。

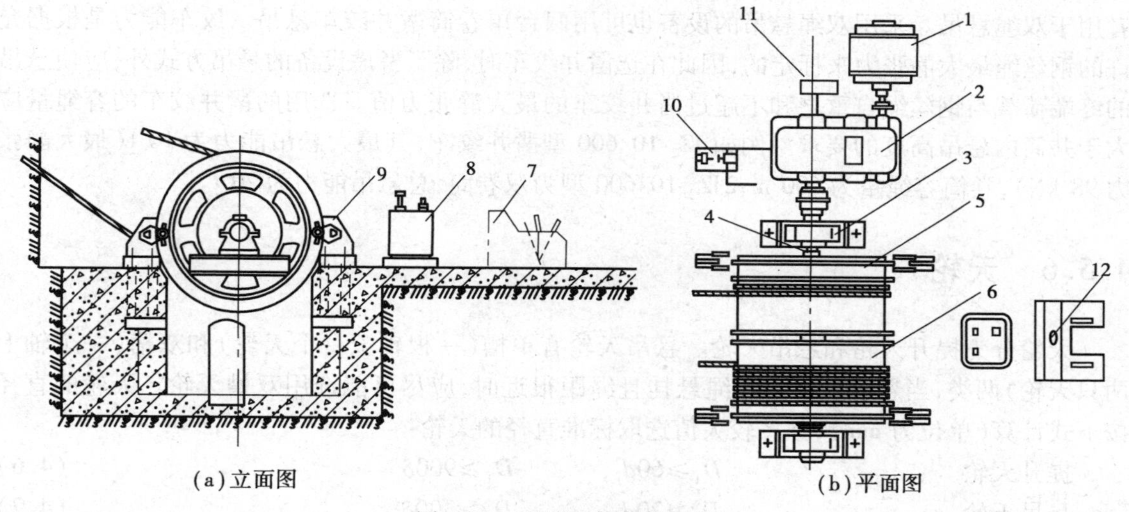

图 4.17 JK 型双卷筒提升机

1—电动机;2—减速器;3—主轴轴承;4—主轴;5—固定卷筒;6—活动卷筒;7—操纵台;8—液压站;9—盘式闸;10—润滑油站;11—深度指示器传动装置;12—深度指示盘

提升机按卷筒的数量分单卷筒和双卷筒,单钩提升时可选用单卷筒或双卷筒提升机,双钩提升时需选用双卷筒提升机。对于拟将服务于水平坑道施工的井筒,由于水平坑道施工时一般需换用罐笼提升,故在开凿井筒时不论是单钩还是双钩提升,都应配置一台双滚筒提升机。

滚筒直径根据提升钢丝绳直径 d_s(单位为 mm)、钢丝绳中最粗钢丝直径 δ(单位为 mm)计算,即:

$$D_T \geqslant 60d_s \qquad D_T \geqslant 900\delta \tag{4.3}$$

计算后按其中较大者确定提升机滚筒的最小直径。根据所需要的提升高度、提升机卷筒数和最小卷筒直径,可初步选出提升机的型号。凿井用提升机的型号很多,可从有关手册中查阅或通过网络查询获得。

为保证提升机有足够的强度,还应校核提升机主轴和滚筒所能承受的最大静张力 F_J 和提升机减速器所能承受的最大静张力差 F_{Jc}:

$$F_{\mathrm{J}} \geqslant Q + Q_{\mathrm{r}} + P_{\mathrm{s}}H \tag{4.4}$$

$$F_{\mathrm{Jc}} \geqslant Q + P_{\mathrm{s}}H \tag{4.5}$$

式中 Q——提升货载重力,N;

Q_{r}——提升容器重力,N;

P_{s}——选用钢丝绳的每米重力,N/m;

H——提升高度, m。

当上列不等式成立时,提升机满足要求。采用单滚筒提升机作单钩提升时,可不检验最大静张力差;当采用双卷筒提升机作单钩提升时,应视提升机的最大静张力差为最大静张力。

4.5.5 凿井绞车

凿井绞车用于悬吊井内的设备和拉紧稳绳,分单卷筒和双卷筒两种,前者用于单绳悬吊,后者用于双绳悬吊。采用双绳悬吊的设备也可用两台单卷筒凿井绞车悬吊。绞车能力是根据允许的钢丝绳最大静张力来标定的,因此在选凿井绞车时,除了考虑设备的悬吊方式外,应使悬吊的终端荷载与钢丝绳自重之和不超过凿井绞车的最大静张力值。选用的凿井绞车的容绳量应大于井筒内悬吊高度的要求。例如 JZ_2-10/600 型凿井绞车,其最大悬吊能力为 10 t(最大静张力 98 kN),卷筒容绳量为 600 m;$2JZ_2$-10/600 型为双卷筒,总悬吊能力为 20 t。

4.5.6 天轮

天轮分为提升天轮和悬吊天轮。悬吊天轮有单槽(一根轴上一个天轮)和双槽(一个轴上两只天轮)两类,当悬吊设备由双绳悬挂且绳距很近时,应尽可能选用双槽天轮。天轮的直径按下式计算(单位为 mm),并按较大值选取标准直径的天轮:

提升天轮 $D_{\mathrm{T}} \geqslant 60d_{\mathrm{s}}$, $D_{\mathrm{T}} \geqslant 900\delta$ (4.6)

悬吊天轮 $D_{\mathrm{T}} \geqslant 20d_{\mathrm{s}}$, $D_{\mathrm{T}} \geqslant 300\delta$ (4.7)

4.6 井筒衬砌

井筒向下掘进一定深度后,便应及时进行永久支护工作(衬砌)。有时为了减少掘砌两大工序的转换次数和增强井壁的整体性,往往向下掘进一长段后(如掘砌单行作业方式),再进行砌壁,必要时还须进行临时支护。如采用短段掘砌混合作业则不需临时支护。

4.6.1 临时支护

立井施工时,一般临时支护与掘进工作面的空帮高度不超过 2 ~ 4 m。由于它是一种临时性的防护措施,除要求结构牢固和稳定外,还应力求拆装迅速简便。

目前广泛采用锚喷作为临时支护,仅在无喷射设备的井筒、小型井筒或者围岩破碎作为局部处理措施时,才使用传统的井圈背板支护形式,如图 4.18(a)所示。

立井使用锚喷作临时支护所使用的设备和操作程序与平洞基本相似,但喷层较薄(一般为 50~70 mm)。同时,根据岩层的不同条件,还可采用喷砂浆或加锚杆和金属网等综合支护形式。喷射混凝土时,喷射机可安置在井内吊盘上,如图 4.18(b)所示,也可安置在地面井口附近,拌和好的干料由压气经钢管送至井下,喷射在井帮上,如图 4.18(c)所示。输送管路直径采用 75~150 mm 厚壁钢管。

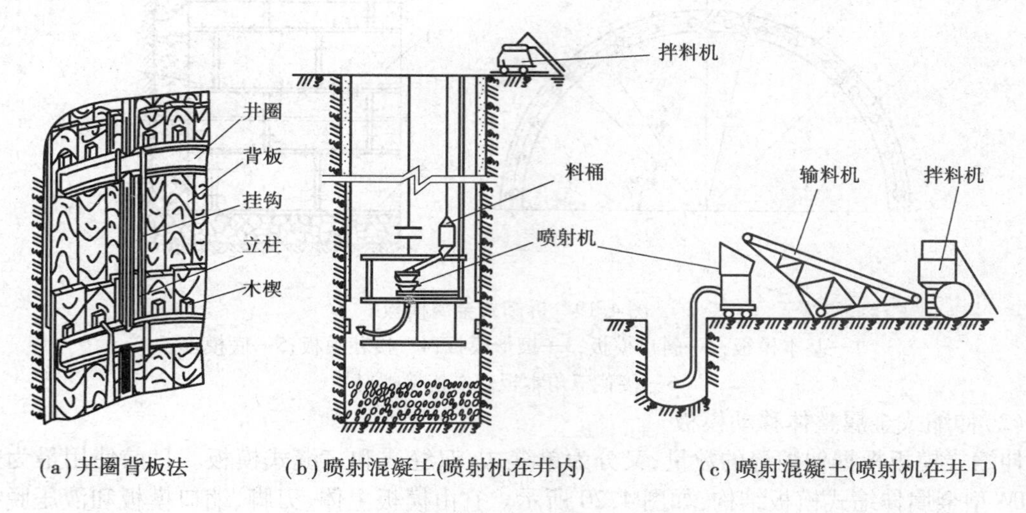

(a)井圈背板法　(b)喷射混凝土(喷射机在井内)　(c)喷射混凝土(喷射机在井口)

图 4.18　立井临时支护

对于节理裂隙发育会产生局部岩块掉落,或夹杂较多的松软填充物,或易风化潮解的松软岩层,以及其他各类破碎岩层,均可采用锚喷或锚喷网联合支护。锚杆直径一般为 14~20 mm,长度一般为 1.5~1.8 m,可呈梅花形布置,间距一般为 0.5~1.5 m。

4.6.2　永久支护

基岩段永久支护主要为现浇素混凝土和锚喷支护两种形式。整体现浇混凝土井壁是较普遍采用的支护方式,锚喷支护一般在风井或者措施井等无提升设备的井筒中应用。

现浇混凝土井壁施工时先按井筒设计的内径立好模板,然后将地面搅拌好的混凝土通过管路或材料吊桶送至井下灌注入模。

1)混凝土模板

浇筑混凝土井壁的模板有多种。采用长段掘砌单行作业和平行作业时,多采用液压滑升模板或装配式金属模板;采用掘砌混合作业时,都采用金属整体移动式模板,它具有受力合理、结构刚度大、立模速度快、脱模方便、易于实现机械化等优点,故广泛应用。

(1)装配式金属模板

模板由若干块弧形钢板装配而成。每块弧板四周焊以角钢,彼此用螺栓连接。每圈模板由基本模板、斜口模板(2 块)和楔形模板(1 块)组成,如图 4.19 所示。斜口和楔形模板的作用是为了便于拆卸模板。每圈模板的块数根据井筒直径而定,但每块模板不宜过重(一般为 60 kg 左右),以便人工搬运安装,模板高一般为1 m。

这种模板可在掘进工作面爆破后的岩石堆上或空中吊盘上架设,不受砌壁段高的限制;可连续施工,且段高越大,整个井筒掘砌工序的倒换次数和井壁接茬越少。由于它使用可靠,易于操作,井壁成型好,使用较广泛。但它存在着立模、拆模费时,劳动强度大以及材料用量多等缺点。

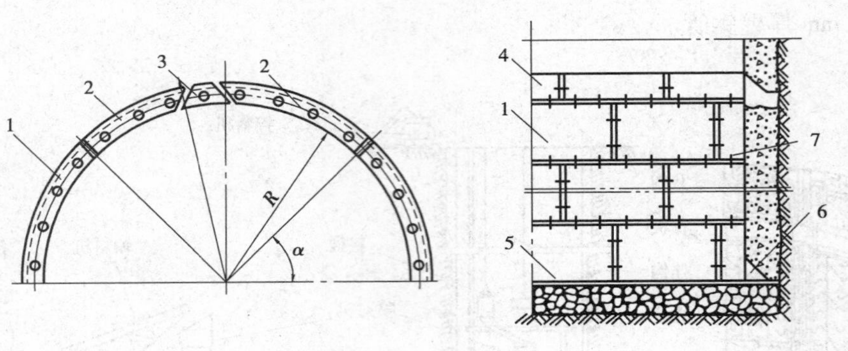

图 4.19　拆卸式金属模板

1—基本模板;2—斜口模板;3—楔形模板;4—接茬模板;5—底模板;6—接茬三角木板;7—连接螺钉

(2)伸缩式金属整体移动模板

伸缩式模板根据伸缩缝的数量,又分为单缝式、双缝式和三缝式模板。目前使用最为普遍的 YJM 型金属伸缩式模板结构,如图 4.20 所示。它由模板主体、刃脚、缩口模板和液压脱模装置等组成,其结构整体性好、几何变形小、径向收缩量均匀,采用同步增力单缝式脱模机构,使脱模、立模工作轻而易举。这种金属整体移动式模板用三根钢丝绳在地面用凿井绞车悬吊,立模时先将工作面整平,然后将模板从上段高井壁上放到预定位置,用伸缩装置将其撑开到设计尺寸并找正。浇筑混凝土时将混凝土直接通过浇筑口注入并进行振捣。模板的高度根据井筒围岩的稳定性和施工段高来决定,一般为 3 ~4 m。

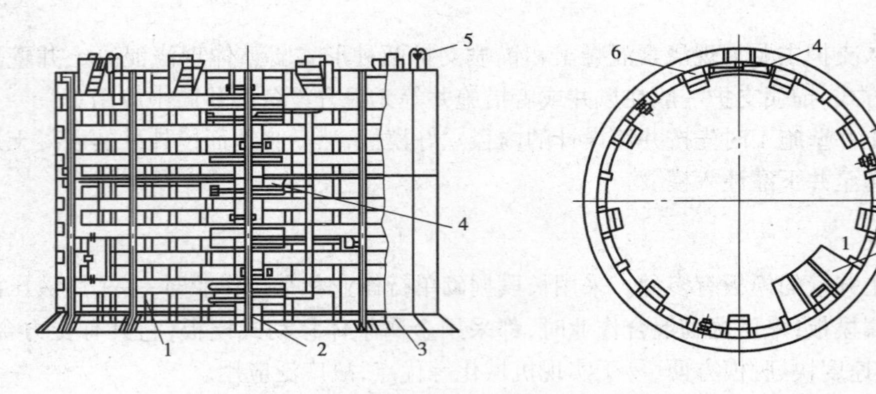

图 4.20　伸缩式金属整体移动模板

1—模板主体;2—缩口模板;3—刃脚;4—液压脱模装置;5—悬吊装置;6—浇灌口;7—工作台板

为增加模板刚度,弧形模板环向用槽钢做骨架,纵向焊以加强肋。为改善井壁接茬质量,每块模板下部做成高 200 ~300 mm 的刃角,使上下相邻两段井壁间形成斜面接茬。上部设若干个浇灌门(间距为 2 m 左右),以便浇筑混凝土。利用这种模板可在工作面随掘随砌,不需要临时支护。

(3)整体液压滑升模板

液压滑模由模板、操作平台和提升机具三部分组成。滑升机具可为液压千斤顶、凿井绞车、丝杠千斤顶和电动葫芦等，用得较多的是液压千斤顶。施工时，在操作平台上不断地灌注混凝土，通过安设在提升架上的液压千斤顶，带动模板及操作平台一起沿爬杆（支承杆）向上爬升，如图4.21所示。

为便于捣固和滑升，砌筑开始先浇灌100 mm厚的砂浆或者骨料减半的混凝土，并按厚200～300 mm分层浇灌2～3层，总厚达700 mm左右时，开始试滑1～2个行程。然后浇灌一层，滑升150～200 mm。正常施工时，必须严格分层对称灌筑，每层以300 mm为宜，滑升间隔时间不超过1 h，并连续作业。如要停止灌筑混凝土，须每隔0.5～1 h滑升1～2个行程，直至模板脱离混凝土为止。

2)混凝土输送

现浇混凝土施工应尽可能实现储料、筛选、上料、计量和搅拌等工艺流程的机械化作业线。最好采用综合搅拌站，实现上料计量和搅拌机械一体化，生产率可达15 m^3/h以上。

混凝土输送方式有溜灰管输送和底卸式材料吊桶输送两种。溜灰管输送如图4.22所示。图中缓冲器用于改变混凝土的运动方向，承受部分冲击力，以降低混凝土的出口速度。活节管是用薄铁板围焊成的锥形短管挂接而成，可弯曲，能随时摘挂短节调整长度，既方便又耐磨。溜灰管一般选用ϕ159 mm的无缝钢管。

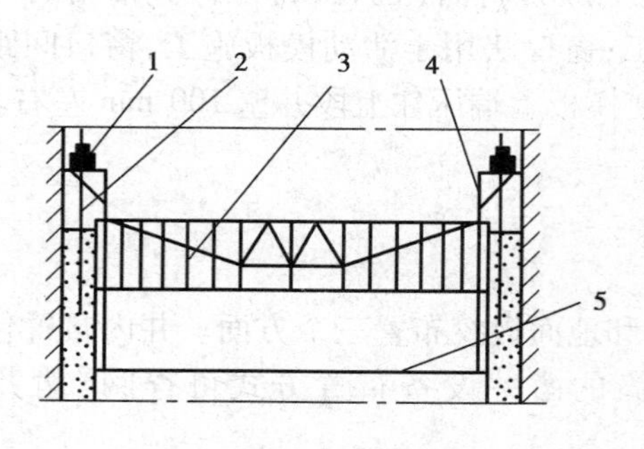

图4.21 液压滑升模板示意图

1—液压千斤顶；2—爬杆（内爬式）；3—模板；4—提升架；5—操作平台

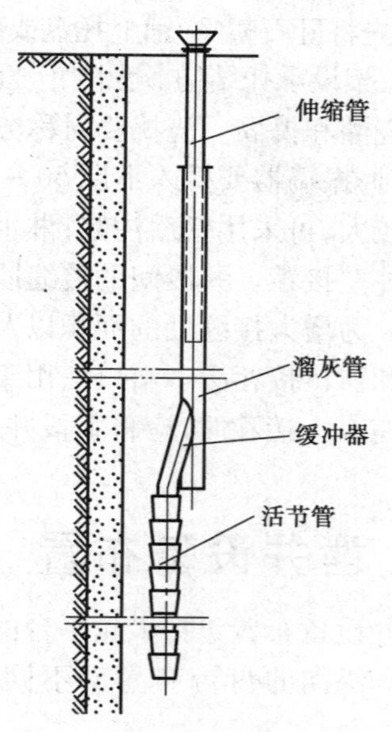

图4.22 溜灰管输送混凝土

为减少和防止堵管现象的发生，应严格按规定配比拌制混凝土；骨料粒径不宜超过40 mm；水灰比控制在0.6左右；坍落度不少于10～15 cm；尽量连续供料，满管输送。输送前，除用清水湿润管壁外，须先送砂浆，下料间隙超过15 min应用清水冲洗。此外，管路吊挂要垂直，连接处要对齐规整，井上下要加强信号联系，一旦发现堵管，应立即停止供料，迅速处理。

使用溜灰管输送时，井筒较浅时可直接入模，井筒较深（一般在 300 ~ 400 m 以上）时混凝土容易产生离析现象，此时应在吊盘上进行二次搅拌后再入模。

采用材料吊桶输送混凝土，能改善拌和料的离析现象，但它不能一次入模，必须把混凝土卸在吊盘上的分灰器内，经二次搅拌后入模，故其输送速度慢，并要占用井内提升设备，增加了施工的复杂性。但若采用两套提升设备同时下放混凝土，速度也较快。

为保证混凝土输送顺利、保证混凝土质量，现在一般采用高性能大流动性混凝土，在混凝土中掺入减水剂等外加剂，使坍落度达到 18 ~ 20 cm。

3）砌壁作业

（1）砌壁吊盘

井筒砌壁不论在井底还是在高空作业，都需要利用吊盘。通常掘进吊盘多为两层盘，当采用掘砌混合作业时，可在上层或下层盘放置分灰器，立模、浇捣混凝土及拆模均在工作面进行，它常与移动式金属模板配套作业。采用掘砌单行作业时，吊盘作为砌筑工作平台，随着砌筑高度的增加而上升。掘砌平行作业时，砌筑在高空进行，需单独设置砌壁双层盘。

（2）浇筑作业

浇筑永久井壁的质量是保证整个井筒施工质量的重要一环，必须保证达到设计强度和规格，并且不漏水。为此，施工时要注意下列几点：

①立模。模板要严格按中、边线对中操平，保证井壁的垂直度、圆度和净直径。在掘进工作面砌壁时，先将矸石整平，铺上托盘或砂子，立好模板后，用撑木固定于井帮。采用高空灌筑时，在砌壁底盘上架设承托结构。为防止浇灌时模板微量错动，模板外径应比井筒设计净径大 50 mm。

②浇灌和捣固。浇捣要对称分层连续进行，每层厚 250 ~ 350 mm 为宜，随浇随捣。用振捣器振捣时，振捣器要插入下层 50 ~ 100 mm。浇捣时，对于上部已砌筑好的永久井壁段的淋水，如水量较大，可采用壁后注浆；淋水较小时，用截水槽拦截，然后排至地面或导至井底。

③井壁接茬。井段间的接缝质量直接影响井壁的整体性及防水性。接缝位置应尽量避开含水层。为增大接缝处的面积以及施工方便，接茬一般为斜面（也有双斜面）。常用的为全断面斜口和窗口接茬法。斜口法用于拆卸式模板施工；窗口法用于活动模板施工，窗口间距一般为 2 m 左右。接茬时，应将上段井壁凿毛冲刷，并使模板上端压住上段井壁 100 mm 左右。

4.7 凿井设备布置

凿井设备布置包括天轮平台的布置、井内布置和地面提绞布置三个方面。井内布置包括平面布置和纵向的盘台布置。不同直径和深度井筒的凿井设备布置方式可查阅《凿井工程图册》。

4.7.1 天轮平台布置

天轮平台的布置主要是将井内各提升、悬吊设备的天轮妥善布置在天轮平台上，充分发挥凿井井架的承载能力，合理使用井架结构物。天轮平台的平面布置形式如图 4.23 所示。

天轮梁和支承梁通常选用工字钢。天轮平台布置的原则如下：

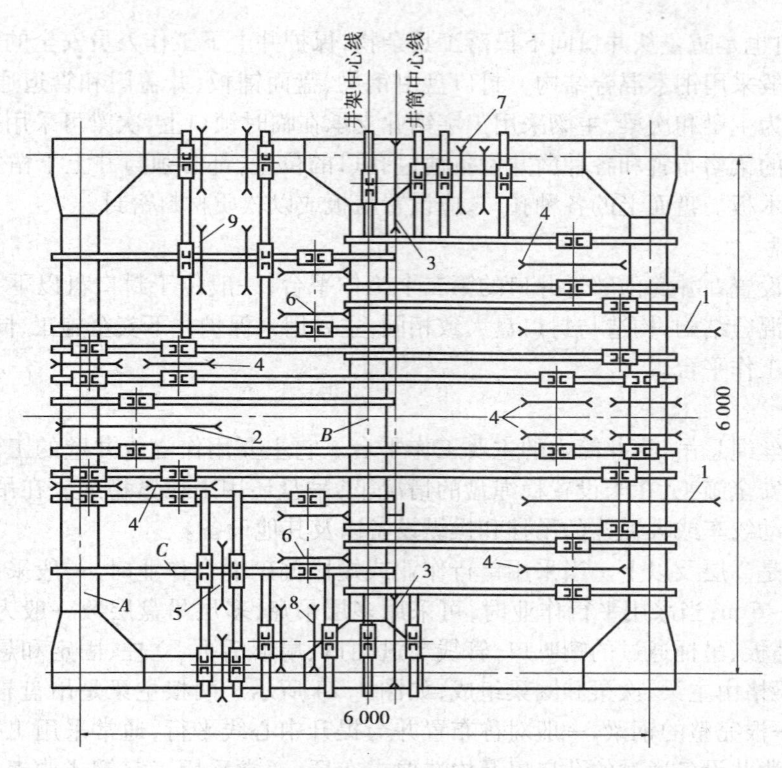

图 4.23 天轮平台平面布置形式

A—边梁;B—中梁;C—天轮梁;1,2—提升机天轮;3—吊盘天轮;
4—稳绳天轮;5—安全梯天轮;6—吊泵天轮;7—压风管天轮;
8—混凝土输送管天轮;9—风筒天轮

①天轮平台中间主梁轴线必须与凿井提升中心线互相垂直,使凿井期间的最大提升动荷载与井架最大承载能力方向一致,并通过主梁直接将提升荷载传递给井架基础。

②如需利用井筒开凿水平坑道时,天轮平台中梁轴线应离开与之平行的井筒中心线一段距离,并向提升吊桶反向一侧错动,以便设置吊盘悬吊天轮以及进行罐笼提升改装。

③天轮平台另一个中心线和另一个井筒中心线可以重合,也可错开布置,视提升设备布置需要确定。

④天轮的位置及出绳方向,应根据井内设备的悬吊钢丝绳落绳点位置、井架均衡受载状况、地面提绞布置以及天轮平台设置天轮梁的可能性等因素综合考虑选定。

⑤用两台凿井绞车悬吊同一设备(除吊盘外)时,两个天轮应布置在同一侧,使出绳方向一致,以便集中布置凿井绞车和同步运转。双绳悬吊的管路尽量采用双槽天轮悬吊。

⑥悬吊绳与梁构件的间隙应不小于 50 mm,天轮与各构件间的距离应不小于 60 mm。

4.7.2 井内设备布置

1) 井内工作盘布置

(1)封口盘

封口盘是设置在井口处的工作平台,又称井盖,是作为升降人员、设备、物料和装拆管路的工作平台;同时也是防止从井口向下掉落工具杂物,保护井上下工作人员安全的结构物。

封口盘一般采用钢木混合结构。封口盘由钢梁、盘面铺板、井盖门和管道通过孔口盖门等组成。钢梁分为主梁和次梁,主梁采用工字钢并支承在临时锁口上,次梁可采用工字钢、槽钢或木梁。封口盘的梁格布置和各种凿井设备通过孔口的位置,都必须与井上下凿井设备相对应。盘面铺板采用木板。盘面上的各种孔口,应设置盖板或以软质材料密封。

(2)固定盘

固定盘是设置在井筒内邻近井口的第二个工作平台,一般位于封口盘以下 4 ~8 m 处。固定盘采用钢木混合结构,构造与封口盘大致相同,主要用来保护井下安全施工,同时还用作测量和接长管路的工作平台。

(3)吊盘

吊盘用钢丝绳悬吊,为井筒内的主要工作平台。它主要用作浇筑井壁的工作平台,同时还用来保护井下安全施工,在未设置稳绳盘的情况下,吊盘还用来拉紧稳绳。在吊盘上有时还安装抓岩机的气动绞车或大抓斗的吊挂和操纵设备以及其他设备。

吊盘必须是 2 层及以上。当采用单行作业或短段掘砌混合作业时,一般采用双层吊盘,吊盘层间距为 4 ~6 m;当采用平行作业时,可采用多层吊盘,多层吊盘层数一般为 3 ~5 层,吊盘由梁格、盘面铺板、吊桶通过的喇叭口、管线通过孔口、扇形活页、立柱、固定和悬吊装置等部分组成,吊盘的梁格由主梁、次梁和圈梁组成,如图 4.24 所示。两根主梁是吊盘悬吊钢丝绳的生根梁,必须为一根完整的钢梁,一般对称布置并与提升中心线平行,通常采用工字钢;次梁需根据盘上设备及凿井设备通过的孔口以及构造要求布置,通常采用工字钢或槽钢;圈梁一般采用槽钢。各梁之间采用角钢、连接板和螺栓连接。

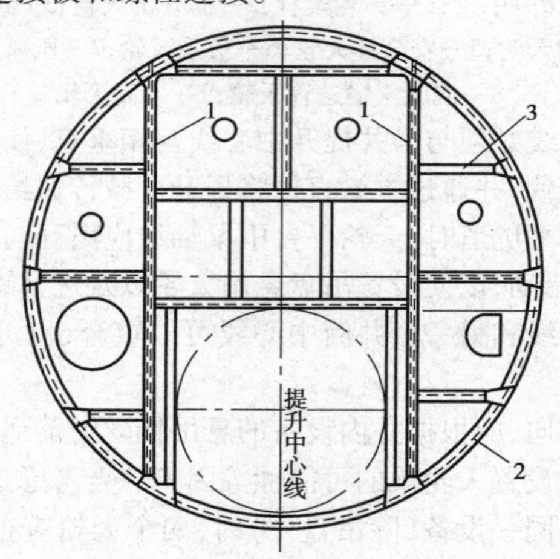

图 4.24　吊盘钢梁结构

1—工字钢主梁;2—槽钢圈梁;3—槽钢或工字钢副梁

吊盘绳的悬吊点一般布置在通过井筒中心的连线上,吊盘、稳绳盘各悬吊梁之间及其与固定盘、封口盘各梁之间均需错开一定的安全间距,严禁悬吊设备的钢丝绳在各盘、台受荷载的梁上穿孔通过。

吊盘上的各种安全间隙必须符合相关行业的安全规程规定。吊泵、安全梯及测量孔口,采用盖门封闭。

立柱是连接上下盘并传递荷载的构件,一般采用 ϕ100 mm 无缝钢管或 18 号槽钢,其数量应根据下层盘的荷载和吊盘空间框架结构的刚度确定，一般为4～8根。

吊盘一般用为双绳双叉双绞车方式悬吊，即用两根钢丝绳，每根悬吊钢丝绳下端在上层吊盘之上分叉，由分叉绳与吊盘的主梁连接。

2）吊桶布置

提升吊桶是全部凿井设备的核心，吊桶位置一经确定，井架的位置就基本确定，井内其他设备也将围绕吊桶分别布置。提升吊桶可按下列要点布置：

①凿井期间配用一套单钩或一套双钩提升时，矸石吊桶要偏离井筒中心位置，靠近提升机一侧布置；采用两套提升设备时，吊桶布置在井筒相对的两侧，使井架受力均衡。

②两套相邻提升的吊桶间的距离应不小于450 mm；当井筒深度小于300 m时，上述间隙不得小于300 mm。

③吊桶应尽量靠近地面卸矸方向一侧布置。稳绳与提升钢丝绳应布置在一个垂直平面内，且与地面卸矸方向垂直。

④吊桶外缘与永久井壁之间的最小距离应不小于450 mm。

⑤吊桶位置一般应离开井筒中心。采用普通锤球测中时，吊桶外缘距井筒中心应大于100 mm；采用激光指向仪测中时，应大于500 mm。

⑥为使吊桶顺利通过喇叭口，吊桶最突出部分与孔口的安全间隙应大于或等于200 mm，滑架与其他盘台孔口的安全间隙应等于或大于100 mm。

3）井内其他凿井设备的布置

①井内悬吊设备（除吊桶、吊盘、模板外）宜沿井筒周边布置，保持井架受力均衡，使盘台结构合理，并保证永久支护工作的安全和操作方便。

②抓岩机的位置要与吊桶位置协调配合，保证工作面不出现抓岩死角。当采用中心回转抓岩机和一套单钩提升时，吊桶中心和抓岩机中心各置于井筒中心相对应的两侧；当采用两套单钩提升时，两个吊桶中心应分别布置在抓岩机中心的两侧。布置两台抓岩机使用一个吊桶时，两台抓岩机的悬吊点在井筒一条直径上，而与吊桶中心约呈等边三角形；布置两台抓岩机使用两个吊桶提升时，两台抓岩机的悬吊点连线与两个吊桶中心连线相互垂直或近似垂直。

③吊泵应靠近井帮布置，但与井壁的间隙应不小于300 mm，并使吊泵避开环行轨道抓岩机的环形轨道；吊泵与吊桶外缘的间隙不小于500 mm，井深超过400 m时不小于800 mm；吊泵与吊盘孔口的间隙不小于50 mm。吊泵一般与吊桶对称布置，置于卸矸台溜矸槽的对侧或两侧，以使井架受力均衡。

④管路、缆线以及悬吊钢丝绳均不得妨碍提升、卸矸和封口盘上轨道运输线路的通行，井门通过车辆及货载最突出部分与悬吊钢丝绳之间距不应小于100 mm。

⑤风筒、压风管和混凝土输送管应适当靠近吊桶布置，以便于检修，但管路突出部分至桶缘的距离，应不小于500 mm；风筒、压风管、混凝土输送管应分别靠近通风机房、压风机房、混凝土搅拌站布置，以简化井口和地面管线布置。

⑥安全梯应靠近井壁悬吊，与井壁最大间距不超过500 mm，要避开吊盘圈梁。通过的孔口其周围间隙不得小于150 mm。

⑦照明、动力电缆和信号、通讯、放炮电缆的间距不得小于300 mm，信号与放炮电缆应远离压风管路，其间距不小于1.0 m，放炮电缆须单独悬吊。

某矿山主井净直径 7.0 m,深 786 m,井筒设备布置平面图如图 4.25 所示。

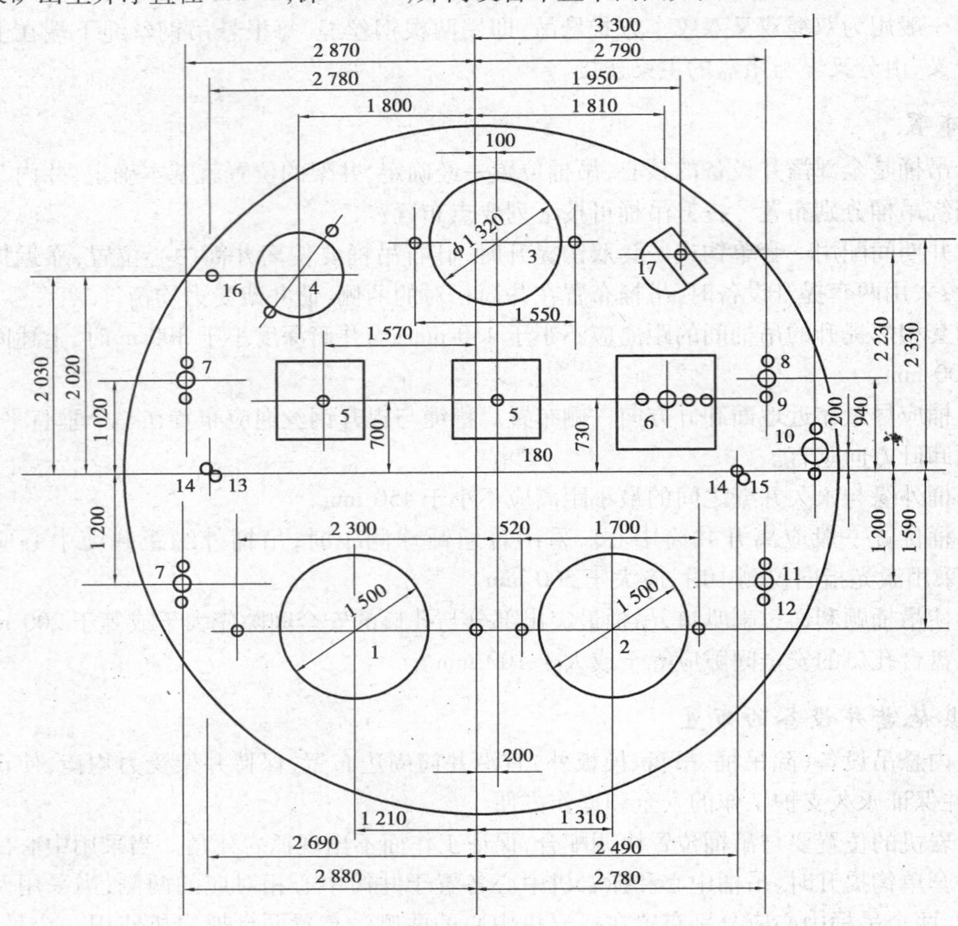

图 4.25 某矿井井筒断面布置图

1—3 m^3 吊桶(提伞钻);2—2 m^3 吊桶;3—1.5 m^3 吊桶;4—风筒;5—中心回转抓岩机;6—吊泵;7—压风管;8—输料管;9—供水管;10—转水管;11—输料管;12—通信电缆;13—信号电缆;14—吊盘绳;15—照明电缆;16—放炮电缆;17—安全梯

4.7.3 地面提绞设备布置

1)提升机布置

提升机布置主要是提升机位置(方位)选择和离井筒距离的计算。提升机位置(方位)应根据地面的地形、井内吊桶的方位、井筒底部巷道或隧道的方位确定。提升机体积较大且需建造提升机房,应布置在较为平坦的地面上,要易于设备的搬运和人员进出。提升机的方位应与吊桶的方位一致,提升中心线应与井底隧道的纵向轴线方向一致。

提升机离井筒中心的距离应根据计算确定,使钢丝绳的弦长、绳偏角、出绳仰角三项技术参数值符合规定(表 4.5)。其布置方法是:根据最大绳偏角时的允许绳弦长度和最大绳弦长度时的最小允许出绳仰角算出提绞设备与井筒间的最近和最远距离,画出布置的界限范围,对照工业场地布置图及地面运输线路等条件，选定提升机的具体位置。

表4.5　提绞设备布置技术参数规定值

钢丝绳最大弦长/m	提升机 凿井绞车	60 55	
钢丝绳最大偏角	提升机 凿井绞车	1°30′ 2°	
钢丝绳最小仰角(下绳)	提升机	30°	JK新系列为15°
	JZ_2系列凿井绞车	无规定	

矿山立井临时提升机的位置应能适应凿井和开巷两个施工阶段的需要，尽量不要占用永久提升机的位置，不能影响地面永久生产系统的施工。为此，罐笼井的临时提升机多半布置在永久提升机的对侧，同侧布置时也应布置在永久提升机房的前面；对于箕斗井，与永久提升机多半呈90°布置，根据井下车场的出车方向，有时也可呈180°布置(对侧布置)。

2)凿井绞车的位置

凿井绞车位置的确定方法与提升机类似，也应满足钢丝绳弦长、绳偏角和出绳仰角规定值，见表4.5。在此条件下，凿井绞车布置于井架四面(或两面)，使井架受力均衡。同侧凿井绞车应集中布置，以利管理和多台共用一绞车房。

初步确定凿井绞车位置后，可用作图法检验钢丝绳是否与天轮平台边梁相碰。如果相碰，则应采取架设导向轮，增加垫梁太高天轮位置，以及钢丝绳由天轮平台下面出绳等措施来调整。采取上述措施仍不能奏效时，可重新调整井内设备布置，移动天轮位置，直至井内、天轮平台、地面提绞布置达到合理为止。

某矿山立井施工提绞设备布置立面图如图4.26所示。

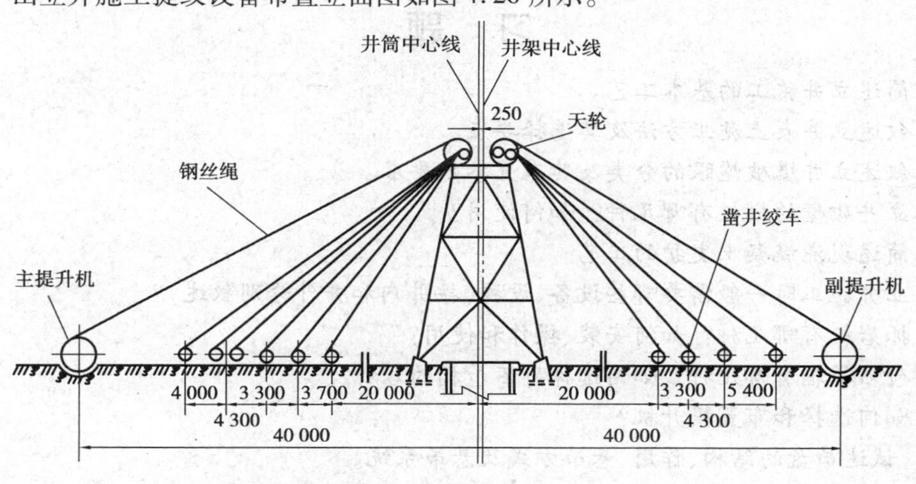

图4.26　提绞设备布置立面图

本章小结

(1)立井施工的基本工艺为:立井正式掘进之前,需先在井口安装凿井井架,在井架上安装天轮平台和卸矸平台。同时进行井筒锁口施工,安设封口盘、固定盘和吊盘。另外,在井口四周安装凿井提升机、凿井绞车,建造压风机房、通风机房和混凝土搅拌站等辅助生产车间。待一切准备工作完成后,自上而下进行立井掘进施工,当井筒掘够一定深度(一个段高)后,再由下向上砌壁,掘进和砌壁交替进行。当该段井筒砌好后,再转入下段井筒的掘进作业,依此循环直至井筒最终深度。

(2)与平洞相比,立井施工要复杂得多,既要考虑平面关系,又要考虑空间关系,还要考虑时间关系,故在井筒开始前必须编制详尽的施工组织设计,对有关问题进行认真考虑、全盘部署,不能出现差错。本章介绍了立井施工各个工序的基本施工工艺、技术与设备,在选用时要注意各个工序设备的相互配套,形成有效的机械化作业线,这样才能提高凿井的速度;在布置时要防止相互干扰影响,符合相关安全规程要求,做到安全生产。

(3)掘进和支护是立井井筒施工的两大基本工序。表土稳定时可采用普通的人工挖掘施工,表土松软、稳定性较差时须采用特殊凿井方法(钻井、沉井)或特殊工法(注浆、冻结、帷幕)。基岩部分目前仍以钻眼爆破法施工为主,条件许可时,钻眼设备尽量选用伞形钻架,实行中深孔或深孔爆破。爆破图表的编制是现场施工技术人员必须掌握的基本技术,它包括炮眼布置图、爆破参数表和技术指标表。

(4)井筒衬砌混凝土输送方式有溜灰管和底卸式吊桶两种方式,各有利弊,实践中都有采用。立井装岩与排矸、提升与悬吊等保证快速施工的关键,所用设备选择和布置应进行严密的计算和设计,并保证相互配套,不能相互产生干扰,具体计算方法可查《建井工程手册》。

习　题

4.1　简述立井施工的基本工艺。

4.2　叙述立井表土施工方法及其选择要点。

4.3　叙述立井爆破炮眼的分类及其布置参数要求。

4.4　立井砌壁的模板有哪几种?如何使用?

4.5　简述现浇混凝土支护的工艺。

4.6　立井施工时一般需要哪些设备、设施(按井内和井外分别叙述)?

4.7　抓岩机有哪几种?如何安装、操作和使用?

4.8　矸石吊桶有哪几种?如何选择矸石吊桶的容积?

4.9　如何选择和布置提升机?

4.10　试述吊盘的结构、作用、悬吊方式及悬吊系统。

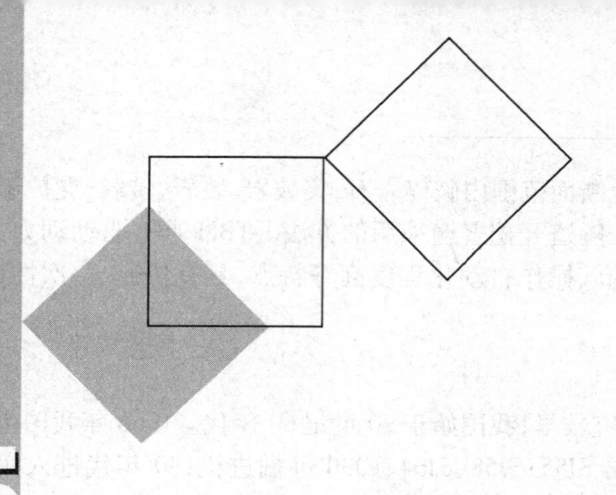

5 岩石掘进机施工

本章导读：

在岩石中开凿洞式地下工程时，除采用常规的钻眼爆破法外，还可采用掘进机施工。掘进机是指能够直接截割、破碎工作面岩石，同时完成装载、转运岩石，并可调动行走和进行喷雾除尘的功能，有的还具有支护功能，以机械方式破落岩体的隧（巷）道掘进综合机械。

• **主要教学内容**：掘进机按其结构特征和工作机构破岩方式的不同，分为全断面掘进机和部分断面掘进机（又叫悬臂式掘进机）两大类。本章将重点介绍这两类掘进机，包括掘进机简介、掘进机的构造、掘进机的选择、掘进机施工。

• **教学基本要求**：了解掘进机的基本构造，能够正确选用掘进机；掌握掘进机施工的基本工艺与技术。

• **教学重点**：掘进机的选型与施工工艺。

• **教学难点**：掘进机的构造，掘进机的推进与行走方式。

• **网络资讯**：网站：www. stec. net，www. itbm. cn，www. shkm. com。关键词：TBM，隧道掘进机，全断面掘进机，悬臂式掘进机，掘进机施工。

5.1 全断面岩石掘进机

5.1.1 全断面掘进机简介

全断面岩石隧道掘进机，简称隧道掘进机（Tunnel Boring Machine，缩写为 TBM），是一种用于圆形断面隧道、采用滚压式切削盘在全断面范围内破碎岩石,集破岩、装岩、转载、支护于一体的大型综合掘进机械,现已成为国外较长隧道开挖普遍采用的方法。TBM 具有驱动动力大、能在全断面上连续破岩、生产能力大、效率高、操作自动化程度高等特点,具有快速、一次性成洞、衬砌量少等优点。

1)掘进机的发展与应用

全断面岩石隧道掘进机在国外的研究较早,我国始于20世纪60年代。1966年我国生产出第一台 ϕ3.4 m 的掘进机;70年代试制出 SJ55、SJ58、SJ64、EJ30 等掘进机;80年代进入实用性阶段,研制出 SJ58A、EJ50 等多种机型,应用于河北引滦水利工程、青岛引黄水利工程、山西古交煤矿工程等,并开始从国外引进二手掘进机用于国内施工;到90年代,随着我国大型水利、交通隧道工程的出现,开始从欧美引进大型的先进掘进机和管理方法,如秦岭Ⅰ线铁路隧道,全长18.46 km,首次采用世界先进的 Wirth TB880E 型(德国产)敞开式硬岩掘进机,掘进直径8.8 m,取得单头月进528 m 的好成绩。

全断面岩石隧道掘进机利用圆形的刀盘破碎岩石,故又称刀盘式掘进机。刀盘的直径多为3~10 m,其中,3~5 m 的较适用于小型水利水电隧道工程和矿山巷道工程,5 m 以上适应于大型的隧道工程。国外生产的岩石掘进机直径较大,目前最大可达13.9 m。全断面岩石隧道掘进机的基本功能是掘进、出渣、导向和支护,并配置有完成这些功能的机构。除此之外还配备有后配套系统,如运渣运料、支护、供电、供水、排水、通风等系统设备,故总长度较大,一般为150~300 m。

2)掘进机的类型与结构

全断面掘进机按掘进的方式分全断面一次掘进式(又称为一次成洞)和分次扩孔掘进式(又称为两次成洞);按掘进机是否带有护壳分为敞开式和护盾式。

掘进机的结构部件可分为机构和系统两大类。机构包括刀盘、护盾、支撑、推进、主轴、机架及附属设施设备等,系统包括驱动、出渣、润滑、液压、供水、除尘、电气、定位导向、信息处理、地质预测、支护、吊运等,它们各具功能、相互连接、相辅相成,构成有机整体,完成开挖、出渣和成洞功能。

刀具、刀盘、大轴、刀盘驱动系统、刀盘支承、掘进机头部机构、司机室以及出渣、液压、电气等系统,不同类型的掘进机大体相似。从掘进机头部向后的机构和结构、衬砌支护系统,敞开式掘进机和护盾式掘进机的区别较大。

(1)敞开式 TBM

敞开式 TBM 是一种用于中硬岩及硬岩隧道掘进的机械。由于围岩比较好,掘进机的顶护盾后,洞壁岩石可以裸露在外,故称敞开式。敞开式掘进机的主要类型有 Robbins、WirthTB880E 等,其中 Robbins ϕ8.0 m 型如图5.1所示。它主要由三大部分组成:切削盘,切削盘支承与主梁,支撑与推进总成。切削盘支承和主梁是掘进机的总骨架,二者联为一体,为所有其他部件提供安装位置;切削盘支承分顶部支承、侧支承、垂直前支承,每侧的支承用液压缸定位;主梁为箱形结构,内置出渣胶带机,两侧有液压、润滑、水气管路等。

TBM 的支撑分主支撑和后支撑。主支撑由支撑架、液压缸、导向杆和靴板组成,靴板在洞壁上的支撑力由液压油缸产生,并直接与洞壁贴合。主支撑的作用,一是支撑掘进机中后部的重力,保证机器工作时的稳定;二是承受刀盘旋转和推进所形成的扭矩与推力。后支撑位于掘

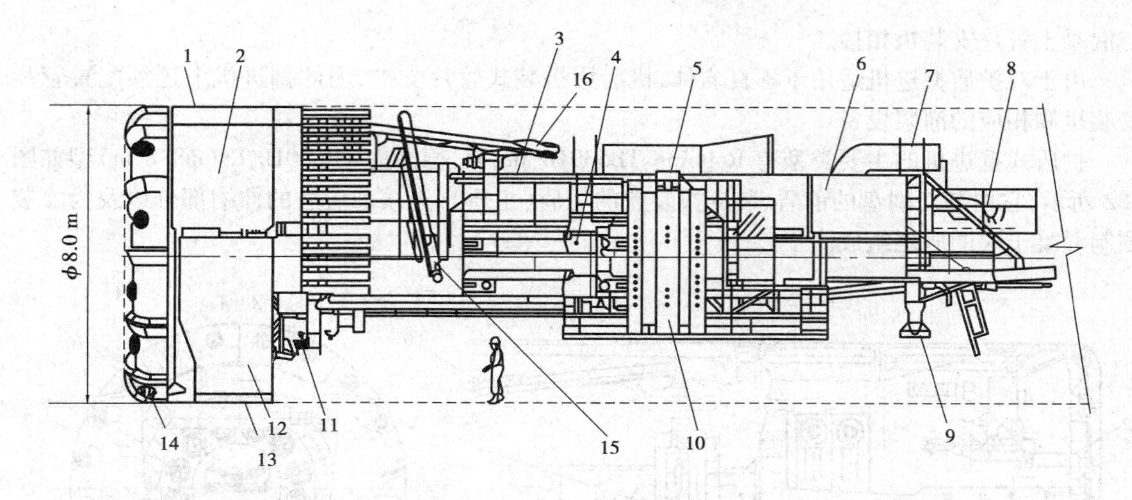

图 5.1 Robbins φ8.0 m 型敞开式全断面掘进机

1—顶部支承;2—顶部侧支承;3—主机架;4—推进油缸;5—主支撑架;6—TBM 主机架后部;7—通风管;8—皮带输送机;9—后支承带靴;10—主支撑靴;11—刀盘主驱动;12—左右侧支承;13—垂直前支承;14—刀盘;15—锚杆钻;16—探测孔凿岩机

进机的尾部,用于支撑掘进机尾部的机构。主支撑的形式有单 T 形和双 X 形两种。

掘进机的工作部分由切削盘、切削盘支承及其稳定部件、主轴承、传动系统、主梁、后支腿及石渣输送带组成。其工作原理是支撑机构撑紧洞壁,刀盘旋转,液压油缸推进,盘型滚刀破碎岩石,出渣系统出渣而实现连续开挖作业。其工作步骤是:

①主支撑撑紧洞壁,刀盘开始旋转。

②推进油缸活塞杆伸出,推进刀盘掘进一个行程,停止转动,后支撑腿伸出抵到仰拱上。

③主支撑缩回,推进油缸活塞杆缩回,拉动机器的后部前进。

④主支撑伸出,撑紧洞壁,提起后支腿,给掘进机定位,转入下一个循环。

掘进机掘进时由切削头切削下来的岩渣,经机器上部的输送带运送到掘进机后部,卸入后配套运输设备中。掘进机上装备有打顶部锚杆孔和超前探测(注浆)孔的凿岩机,探测孔可超前工作面 25 ~ 40 m。顶护盾后设有两台锚杆安装机、混凝土喷射机、灌浆机和钢环梁安装机等以及支护作业平台。喷射机、灌浆机等安设在后配套拖车上。

(2)护盾式 TBM

护盾式 TBM 按其护壳的数量分单护盾、双护盾和三护盾三种,我国以双护盾掘进机为多。双护盾为伸缩式,以适应不同的地层,尤其适用于软岩破碎或地质条件复杂的隧道。

双护盾式掘进机没有主梁和后支撑,除了机头内的主推进油缸外,还有辅助油缸。辅助推进油缸只在水平支撑油缸不能撑紧洞壁进行掘进作业时使用,辅助油缸推进时作用在管片上。护盾式掘进机只有水平支撑,没有 X 形支撑。

刀盘支承用螺栓与上、下刀盘支撑体组成掘进机机头。与机头相连的是前护盾,其后是伸缩套、后护盾、盾尾等构件,它们均用优质钢板卷成。前护盾的主要作用是防止岩渣掉落,保护机器和人员安全,增大接地面积以减小接地比压。伸缩套的作用是在后护盾固定、前护盾伸出时,保护前后护盾之间的推进缸和人员的安全。后护盾前端与推进缸及伸缩套油缸连接;中部装有水平支撑机构,水平支撑靴板的外圆与后护盾的外圆相一致,构成了一个完整的盾壳;后部与混凝土管片安装机相接。

由于双护盾掘进机适用于不良岩体，机后用拼装式管片支护，因此掘进机上还须配置管片安装机和相应的灌浆设备。

护盾式掘进机的主要类型有 Robbins、TB539H/MS 等，德国的 TB880H/TS(ϕ8.8 m)型如图 5.2 所示，它由装切削盘的前盾、装支撑装置的后盾(主盾)、连接前后盾的伸缩部分以及为安装预制混凝土块的盾尾组成。

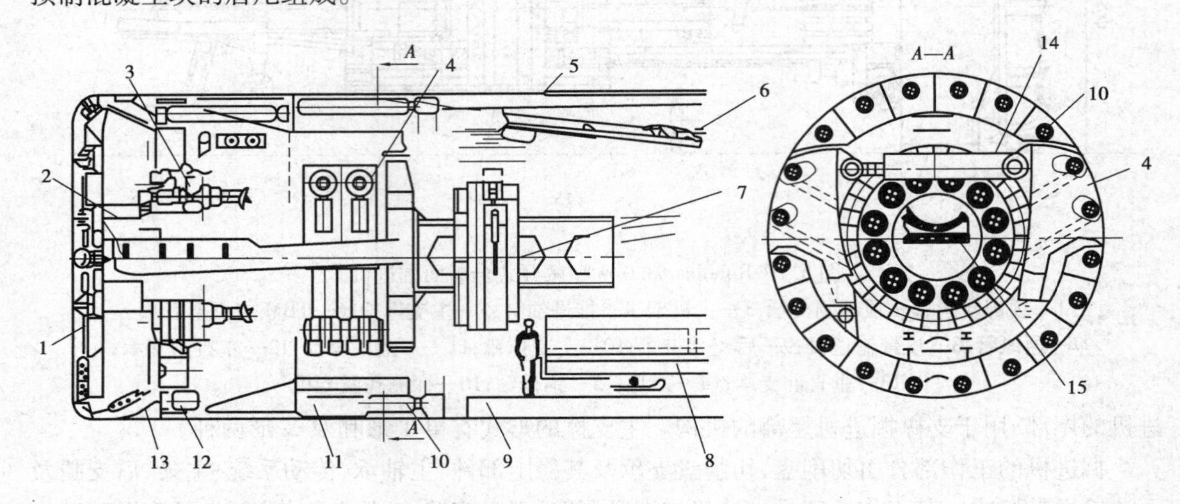

图 5.2　TB880H/TS(ϕ8.8 m)型护盾式全断面掘进机

1—刀盘；2—石渣漏斗；3—刀盘驱动装置；4—支撑装置；5—盾尾密封；6—凿岩机；7—砌块安装器；8—砌块输送车；9—盾尾面；10—辅助推进液压缸；11—后盾；12—主推进液压缸；13—前盾；14—支撑油缸；15—带式输送机

该类掘进机在围岩状态良好时，掘进与预制块支护可同时进行；在松软岩层中，二者需分别进行。机器所配备的辅助设备有衬砌回填系统、探测(注浆)孔钻机、注浆设备、混凝土喷射机、粉尘控制与通风系统、数据记录系统、导向系统等。

(3)扩孔式全断面掘进机

当隧道断面过大时，会带来电能不足、运输困难、造价过高等问题，在采用其他全断面掘进机一次掘进技术经济效果不佳时可采用扩孔式全断面掘进机。

扩孔式全断面掘进机是先采用小直径 TBM 先行在隧道中心用导洞导通，再用扩孔机进行一次或两次扩孔。为保证掘进机支撑有足够的撑紧力，导洞的最小直径为 3.3 m，扩孔的孔径一般不超过导洞孔径的 2.5 倍。国外施工的一条隧道，先用直径 3.5 m 的掘进机开挖，然后用扩挖机扩大到 10.46 m。

扩孔机掘进的优点是：导洞可探明地质情况；扩孔时便于排水、通风；中心导洞速度快，可早日贯通或与辅助通道接通；扩孔机后面的空间大，有利于紧后进行支护作业。

3)掘进机的后配套系统

全断面掘进机的后配套系统是实现 TBM 快速掘进的重要组成部分，包括出渣运输系统、支护系统、通风系统、液压系统、供电系统、降温系统、防尘系统、供水系统以及生活服务设施、小型维修等。

TBM后配套系统主要是轨行门架式(图5.3),与出渣列车(斗车和电机车)相配合形成轨行式出渣系统。它由一系列轨行门架串接而成,门架数量根据一个掘进行程、后配套设备和临时支护的数量、规格确定。

门架内主要用于车辆的通行,门架的两侧用于安设液压泵站、供电、供气、排水设备及喷混凝土、打锚杆等支护设施。门架顶部主要安装皮带输送机和通风除尘管道。

例如,Wirthϕ8.8 m敞开式TBM后配套为由1个过桥和17台门架组成的有平台型系统,门架内为全长双轨线路。过桥用于连接掘进机和平台车。石渣经过桥输送到后配套输送带上,运至一对卸渣漏斗,卸入停放在下面的两列斗车(20 m^3/辆)列车(每列10辆)内,由电机车或内燃机车成列运出。漏斗可纵向移动,石渣装车时不需转轨。

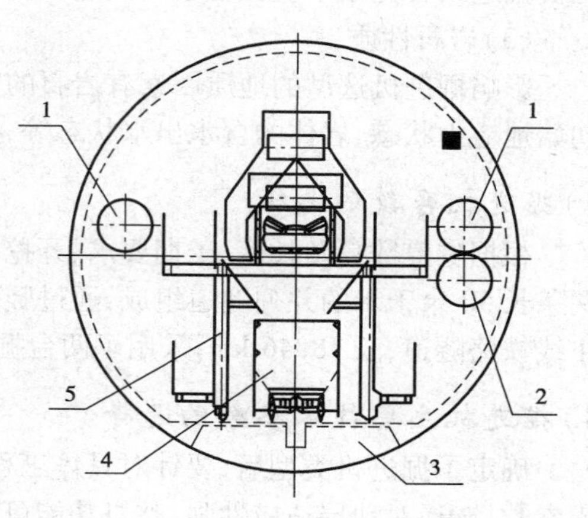

图5.3　门架形式
1—进风管;2—排气管;3—仰拱块;
4—运输车辆;5—门架

常用的后配套设备主要有:

①根据不同的出渣运输及供料方式,配备出渣运输及供料所要使用的设备,如牵引机车、出渣矿车、管片平台车、豆砾石罐车(豆砾石用于壁后充填)、散装水泥车、皮带输送机等。

②根据掘进机类型和围岩条件配备相应的支护设备,如喷混凝土机、锚杆机、钻孔机、注浆机、混凝土搅拌机、混凝土输送车、牵引电瓶车、混凝土输送泵、钢模板台车等。

③通风、除尘设备的配置主要有通风机、风管、除尘机等。

5.1.2　掘进机的选择

1)选择原则

①安全性、可靠性、实用性、先进性、经济性相统一。一般应按照安全性、可靠性、适用性第一,兼顾技术先进性和经济性的原则进行。

②满足隧道外径、长度、埋深和地质条件,沿线地形以及洞口等环境条件。

③满足安全、质量、工期、造价及环保要求。

④考虑工程进度、生产能力对机器的要求,以及配件供应、维修能力等因素。

掘进机设备选型时首先根据地质条件确定掘进机的类型;然后根据隧道设计参数及地质条件确定主机的主要技术参数;最后根据生产能力与主机掘进速度相匹配的原则,确定后配套设备的技术参数与功能配置。

2)掘进机选择应考虑的因素

(1)隧道的长度和弯曲度

一般认为,全断面掘进机在3 km以上的隧道中使用才具有较好的技术经济效果。隧道的曲线半径一般在200 m以上。隧道的拐弯半径必须大于或等于机器所要求的拐弯半径。

(2)隧道断面大小

每种机型都有一定的使用范围,选用时应考虑其最佳掘进断面积。如断面过大,可考虑扩孔机掘进或者先用小直径全断面掘进机掘进再用钻爆法扩挖。

(3)岩石性质

影响掘进机选型的地质因素有岩石的坚硬程度、结构面的发育程度、岩石的耐磨性、围岩的初始地应力状态、岩体的含水出水状态等,要根据地质条件合理选择掘进机。

3)掘进机台数的选择

根据隧道数目及长度、工期要求、开挖顺序方案等选择掘进机的台数。如英法海峡隧道由两条长50余千米的并列隧道组成,通过竖井实行多头多向同时施工,使用了11台掘进机;秦岭Ⅰ线铁路隧道,长18.46 km,采用了两台掘进机进行对头施工。

4)掘进机主要技术参数的选择

确定了掘进机类型后,要针对具体工程的设计参数、地质条件、掘进长度确定主机的主要技术参数,选择对地层适应性强、整机功能可靠、可操作性及安全性较强的机型。掘进机的主要技术参数包括刀盘直径、刀盘转速与扭矩、刀盘驱动功率、掘进推力和行程、贯入度等。

5)后配套设备的选择

后配套选型时应遵循的原则:设备的技术参数、功能、形式应与主机配套;应满足连续出渣,生产能力与主机掘进速度相匹配的要求;结构简单、体积小、布置合理;能耗小、效率高、造价相对较低;安全可靠;易于维修和保养。具体选择时,应根据隧道所处的位置走向、隧道直径、开挖长度、衬砌方式等因素综合分析确定。

匹配设备的生产能力,要考虑留有适当余地。进入隧道的机械,其动力宜优先选择电力机械。出渣运输设备选型首先要与掘进机的生产能力相匹配,其次从技术经济角度分析,选用技术上可靠、经济上合理的方案。

5.1.3 掘进机施工

掘进机的基本施工工艺是刀盘旋转破碎岩石,岩渣由刀盘上的铲斗运至掘进机的上方,靠自重下落至溜渣槽,进入机头内的运渣胶带机,然后由带式输送机转载到矿车内,利用电机车拉到洞外卸载。掘进机在推力的作用下向前推进,每掘进一个行程便根据情况对围岩进行支护。整个掘进工艺如图5.4所示。

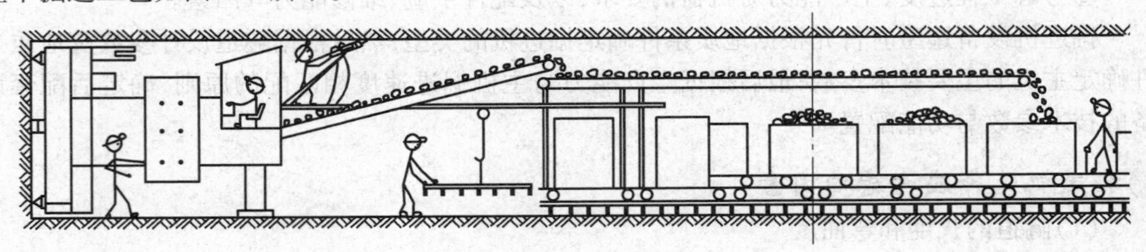

图5.4 全断面岩石掘进机工作示意图

1)施工准备

(1)技术准备

掘进施工前应熟悉和复核设计文件和施工图,熟悉有关技术标准、技术条件、设计原则和设计规范,编制实施性施工组织设计等。

(2)物质准备

包括试验、测量及监测仪器,通风设施和出渣方式,洞内供料方式和运输设备,供电设备,管片制作存放场地等。结合进度制订合理的材料供应计划,做好钢材、木材、水泥、砂石料和混凝土等材料的采购、进货、检验等工作。

(3)人力准备

隧道施工作业人员应专业齐全、满足施工要求,人员须经过专业培训、持证上岗。

(4)施工场地布置

隧道洞外场地应包括主机及后配套拼装场、混凝土搅拌站、预制车间、预制块(管片)堆放场、维修车间、料场、翻车机及临时渣场、洞外生产房屋、主机及后配套存放场、职工生活房屋等,其临时占地面积为60～80亩,洞外场地开阔时可适当放大。

(5)预备洞、出发洞

TBM正式工作前需要开挖一定深度的预备洞和出发洞。预备洞是指自洞口用钻爆法挖掘到围岩条件较好的洞段,用于机器撑靴的撑紧;出发洞是由预备洞再向里按刀盘直径掘出,用以TBM主机进入的洞段。如秦岭Ⅰ线隧道预备洞为300 m,出发洞为10 m。

2)掘进作业

掘进机在进入预备洞和出发洞后即可开始掘进作业。掘进作业分起始段施工、正常推进和到达出洞三个阶段。

(1)掘进机始发

掘进机空载调试运转正常后开始掘进机始发施工。开始推进时通过控制推进油缸行程,使掘进机沿始发台向前推进,因此始发台必须固定牢靠、位置正确。刀盘抵达工作面开始转动刀盘,直至将岩面切削平整后开始正常掘进。在始发掘进时,应以低速度、低推力进行试掘进,了解设备对岩石的适应性,对刚组装调试好的设备进行试机作业。在始发磨合期,要加强掘进参数的控制,逐渐加大推力。

推进速度要保持相对平稳,控制好每次的纠偏量。灌浆量要根据围岩情况、推进速度、出渣量等及时调整。始发操作中,司机需逐步掌握操作的规律性,班组作业人员逐步掌握掘进机作业工序,在掌握掘进机法的作业规律性后,再加大掘进机的有关参数。

始发时要加强测量工作,把掘进机的姿态控制在一定的范围内,通过管片、抑拱块的铺设、掘进机本身的调整来达到姿态的控制。

掘进机始发进入起始段施工,一般根据掘进机的长度、现场及地层条件将起始段定为50～100 m。起始段掘进是掌握、了解掘进机性能及施工规律的过程。

(2)正常掘进

掘进机正常掘进的工作模式一般有自动扭矩控制、自动推力控制和手动控制模式三种,应根据地质情况合理选用。在均质硬岩条件下,选择自动控制推力模式;在节理发育或软弱围岩条件下,选择自动控制扭矩模式;掌子面围岩软硬不均,如果不能判定围岩状态,选择手动控制模式。

掘进机推进时的掘进速度及推力应根据地质情况确定，在破碎地段严格控制出渣量，使之与掘进速度相匹配，避免出现掌子面前方大范围坍塌。

掘进过程中，观察各仪表显示是否正常；检查风、水、电、润滑系统、液压系统的供给是否正常；检查气体报警系统是否处于工作状态和气体浓度是否超限。

施工过程中要进行实际地质的描述记录、相应地段岩石物理特性的实验记录、掘进参数和掘进速度的记录并加以图表化，以便根据不同地质状况选择和及时调整掘进参数，减少刀具过大的冲击荷载。硬岩情况下选择刀盘高速旋转掘进，正常情况下，推进速度一般为额定值的75%左右。节理发育的软岩状况下作业，掘进推力较小，采用自动扭矩控制模式时要密切观察扭矩变化和整个设备振动的变化，当变化幅度较大时，应减少刀盘推力，保持一定合适的贯入度，并时刻观察石渣的变化，尽最大可能减少刀具漏油及轴承的损坏。节理发育且硬度变化较大围岩状况时，推进速度控制在30%以下。节理较发育、裂隙较多，或存在破碎带、断层等地质情况下作业，以自动扭矩控制模式为主选择和调整掘进参数，同时应密切观察扭矩变化、电流变化及推进力值和围岩状况，控制扭矩变化范围在10%以下，降低推进速度，控制贯入度指标。在硬岩情况下，刀盘转速一般为6 r/min左右，进入软弱围岩过渡段后期时调整为3～6 r/min，完全进入软弱围岩时维持在2 r/min左右。

在掘进过程中发现贯入度和扭矩增加时，适时降低推力，对贯入度有所控制，这样才能保持均衡的生产效率，减少刀具的消耗。硬岩时，贯入度一般为9～12 mm，软弱围岩一般为3～6 mm。扭矩在硬岩情况下一般为额定值的50%，软弱围岩时为80%左右。

在软弱围岩条件下的掘进，应特别注意支撑靴的位置和压力变化。撑靴位置不好，会造成打滑、停机，直接影响掘进方向的准确，如果由于机型条件限制而无法调整撑靴位置时，应对该位置进行预加固处理。此外，撑靴刚撑到洞壁时极易塌陷，应观察仪表盘上撑靴压力值下降速度，注意及时补压，防止发生打滑。硬岩时，支撑力一般为额定值，软弱围岩中为最低限定值。

掘进机推进过程中必须严格控制推进轴线，使掘进机的运动轨迹在设计轴线允许偏差范围内。双护盾掘进机自转量应控制在设计允许值范围内，并随时调整。双护盾掘进机在竖曲线与平曲线段施工应考虑已成环隧道管片竖、横向位移对轴线控制量的影响。

掘进中要密切注意和严格控制掘进机的方向。掘进机方向控制包括两个方面：一是掘进机本身能够进行导向和纠偏，二是确保掘进方向的正确。导向功能包含方向的确定、方向的调整、偏转的调整。掘进机的位置采用激光导向系统确定，激光导向、调向油缸、纠偏油缸是导向、调向的基本装置。在每一循环作业前，操作司机应根据导向系统显示的主机位置数据进行调向作业。采用自动导向系统对掘进机姿态进行监测。定期进行人工测量，对自动导向系统进行复核。

当掘进机轴线偏离设计位置时，必须进行纠偏。掘进机开挖姿态与隧道设计中线及高程的偏差控制在±50 mm内。实施掘进机纠偏不得损坏已安装的管片，并保证新一环管片的顺利拼装。

掘进机进入溶洞段施工时，利用掘进机的超前钻探孔，对机器前方的溶洞处理情况进行探测。每次钻设20 m长，两次钻探间搭接2 m。在探测到前方的溶洞都已经处理过后，再向前掘进。

(3)到达掘进

到达掘进是指掘进机到达贯通面之前50 m范围内的掘进。掘进机到达终点前，要制订掘进机到达施工方案，做好技术交底，施工人员应明确掘进机适时的桩号及刀盘距贯通面的距离，并按确定的施工方案实施。

到达前必须做好以下工作：检查洞内的测量导线；在洞内拆卸时应检查掘进机拆卸段支护

情况;到达所需材料、工具;施工接收导台;做好到达前的其他工作,接收台检查、滑行轨的测量等,要加强变形监测,及时与操作司机沟通。

掘进机掘进至离贯通面100 m时,必须做一次掘进机推进轴线的方向传递测量,以逐渐调整掘进机轴线,保证贯通误差在规定的范围内。到达掘进的最后20 m要根据围岩情况确定合理的掘进参数,要求低速度、小推力和及时的支护或回填灌浆,并做好掘进姿态的预处理工作。

做好出洞场地、洞口段的加固,应保证洞内、洞外联络畅通。

3)支护作业

隧道支护按支护时间分初期支护和二次衬砌支护,按支护形式有锚喷支护、钢拱架支护、管片支护和模筑混凝土支护。

(1)初期支护

初期支护紧随着掘进机的推进进行。支护形式为锚喷、钢拱架或管片。地质条件很差时还要进行超前支护或加固。因此,为适应不同的地质条件,应根据掘进机类型和围岩条件配备相应的支护设备。敞开式掘进机在软弱破碎围岩掘进时必须进行初期支护。初期支护包括:喷混凝土、挂网、锚杆、钢架等。双护盾掘进机一般配置多功能钻机、喷射机、水泥浆注入设备、管片安装机、管片输送器等。

锚喷支护的工艺方法同第2章。

(2)管片施工

采用护盾式掘进机时,要用管片进行支护,其工艺技术要求同盾构法,详见第6章。

平曲线段隧道是使用楔形环管片拼装后形成曲线,拼装方法与直线段施工相同。保证隧道曲线的精度,主要靠控制楔形管片成环精度,要求第一环管片定位要准确。

(3)混凝土仰拱施工

混凝土仰拱是隧道整体道床的一部分,也是TBM后配套承重轨道的基础。TBM每掘进一个循环需要铺设一块仰拱拱块。仰拱块在洞外预制,用机车运入后配套系统,在铺设区转正方向,用仰拱吊机起吊,移到已铺好的仰拱块前就位。拱块铺设前要对地板进行清理,做到无虚渣、无积水、无杂物,铺设后进行底部灌注。

(4)模筑混凝土衬砌

模筑衬砌必须采用拱墙一次成型法施工。衬砌材料的标准、规格、要求等,应符合设计规范规定,施工缝和变形缝应做好防水处理。具体的施工工艺见第2.3节。

混凝土搅拌站的生产能力,应根据铁路隧道每延米混凝土数量和循环进度的要求而定。

4)出渣与运输

掘进机施工,掘进岩渣的运出、支护材料的运进及人员的进出,不仅数量大,而且十分频繁,运输工作跟不上将直接影响施工速度。常用的运输方式有有轨列车运输、无轨车辆运输、带式输送机运输,选择时应根据隧道长度、工期、运输能力、污染情况、隧道基底形式、运输组织方式等因素进行综合比选确定。

有轨运输最为常用,在直径较大的隧道内,有利于使用较多的调车设备,可使用多组列车在单轨或双轨上运行。无轨车辆运输适应性强,在短隧道内使用方便。带式运输机运输可靠、能力大、维修费用低、连续运输,但其适应性和机动性不如轨道运输,安装时需留出一条开阔的运送人员、材料的通道。

牵引设备的牵引能力应满足隧道最大纵坡和运输重量的要求,车辆配置应满足出渣、进料及掘进进度的要求,并考虑一定的余量。

掘进机由斜井进入隧道施工时,井身纵坡宜设计为缓坡,出渣可采用皮带运输,人、料可采用有轨运输。若受地形条件限制,斜井坡度较大时,出渣宜采用皮带运输,人、料运输应进行有轨运输与无轨运输比较。

采用皮带机出渣时,应按掘进机的最高生产能力进行皮带机的选型。皮带机机架应坚固,平、正、直。皮带机全部滚筒和托辊必须与输送带的传动方向成直角。设专人检查皮带的跑偏情况并及时调整。严格按照技术要求设置出渣转载装置。

5)通风除尘工作

掘进机施工的隧道通风,其作用主要是排出人员呼出的气体、掘进机的热量、破碎岩石的粉尘和内燃机等发生的有害气体等。

TBM 通风方式有压入式、抽出式、混合式、巷道式、主风机局扇并用式等,施工时要根据所施工隧道的规格、施工方式、周围环境等选择。一般多采用风管压入式通风,其最大的优点是新鲜空气经过管道直接送到开挖面,空气质量好,且通风机不要经常移动,只需接长通风管。压入式通风可采用由化纤增强塑胶布制成的软风管。

掘进机施工的通风分为两次:一次通风和二次通风。一次通风是指洞口到掘进机后面的通风;二次通风是指掘进机后配套拖车后部到掘进机施工区域的通风。一次通风采用软风管,用洞口风机将新鲜风压入到掘进机后部;二次通风管采用硬质风管,在拖车两侧布置,将一次通风经接力增压、降温后继续向前输送,送风口位置布置在掘进机的易发热部件处。

掘进机工作时产生的粉尘,是从切削部与岩石的结合处释放出来的,必须在切削部附近将粉尘收集,通过排风管将其送到除尘机处理。另外,粉尘还需用高压水进行喷洒。

5.1.4 掘进机评述

(1)主要优点

①施工速度快。掘进速度快是掘进机施工的核心优点。其开挖速度一般是钻爆法的 3 ~ 5 倍,花岗片麻岩中月进尺可达 500 ~ 600 m,大大缩短建设工期,因此修建长、大隧道时应优先采用。

②施工质量好。掘进机开挖的隧道由于是刀具挤压和切割洞壁岩石,所以洞壁光滑美观。开挖的洞径尺寸精确、误差小,可以控制在 ±2 cm 范围内。

③安全性高。掘进机开挖隧道对洞壁外的围岩扰动少,容易保持原围岩的稳定性;掘进机的护盾有利于保护人员安全。掘进机配置有一系列的支护设备,在不良地质处可及时支护以保安全。

④经济效果优。虽然掘进机的纯开挖成本高于钻爆法,但掘进机在施工长度超过 3 km 的长隧道时,成洞的综合成本要比钻爆法优越。掘进机施工的洞壁光滑,可降低衬砌成本。作业人员少,人员的费用少。掘进速度快,提早成洞,可提早得益。

(2)存在的不足

①设备的一次性投资成本较高。一台 ϕ10 m 的全断面掘进机主机加后配套设备价格要上亿元人民币。因此,施工承包商要具有足够的经济实力。

②掘进机的设计制造周期一般需要9个月左右,从确定选用到实际使用约需一年时间。

③一台掘进机只适用于同一个直径的隧道。由于其变径功能差,使其工程上专用性和制造上的单件性,使成本增加。有的虽已考虑变径问题,但可调范围不大。

④全断面岩石隧道掘进机对地质条件的适应性不如钻眼爆破法灵活,不同的地质应需要不同种类的掘进机并配置相应的设施。岩石太硬,刀具磨损严重。

⑤由于掘进生产率高,需要有效的后配套排渣系统,否则会影响推进速度。

⑥操作维修水平要求高,一旦出现故障、不能及时维修便会影响施工进度。

⑦刀具及整体体积大,更换刀具和拆卸困难;作业时能量消耗大。

(3)发展趋势

①需要采用全断面掘进机施工的隧道越来越多。全断面掘进机最适于长、大隧道的施工。我国是一个多山的国家,随着铁路、公路、水电等工程建设的发展,必然会出现许多长度大于6 km的隧道。初步估计,我国今后10年约需各种掘进机数百台。

②还需提高机器的自动化程度。现在的TBM还不能达到完全自动化的要求,未来的发展方向是完全自动化隧道掘进机,人们可在办公室控制掘进机作业。

③还需提高对地质条件的适应性。要求TBM能更适应不利的地质条件。为适应围岩初始应力高、径向变形大的情况,甚至要求TBM的开挖直径是可变的。

④TBM直径两极化,即向大直径化和微型化方向发展。目前公路隧道因多车道的需要,要求大断面。三车道或三车道以上要求路面宽至少大于20 m,有的甚至达到30 m。直径达20～30 m的TBM正处于"预研究"阶段。预计今后TBM将更大直径化。因此,大直径TBM的设计制造和部件运输组装是其技术上的主要趋势之一。目前主要用于工业和民用管道施工的微型TBM发展很快,微型TBM技术水平日本居世界首位,其次为西欧。

⑤还需加大国产化。国外进口产品价格高,要节省大量的购置费,就要走国产化的道路。预计21世纪我国的掘进机制造业将会振兴,其制作技术水平将大大提高。

5.2 悬臂式掘进机

5.2.1 悬臂式掘进机简介

1)悬臂式掘进机的发展与应用

悬臂式掘进机是一种利用装在一可俯仰、回转的悬臂上的切削装置切削岩石并形成所设计断面形状的大型掘进机械,如图5.5所示。

第一台悬臂式掘进机1949年在匈牙利问世,现有10多个国家从事悬臂式掘进机的研制工作,主要有奥地利、美国、英国、德国、日本和苏联等。我国从20世纪60年代开始研制掘进机,40多年来,从引进、消化吸收到自主研发,悬臂式掘进机的设计、生产和使用技术跨入了国际先进行列,已先后研制出数十种型号的掘进机,它因其体积小、价格低、移动方便而在矿山井巷、小型隧道及其他地下工程掘进中发挥着越来越大的作用。

悬臂式掘进机主要靠悬臂上的切割头切割岩石,通常又称为部分断面掘进机。由于受到机器本身条件的限制,悬臂式掘进机主要用于硬度较小的岩层和断面高度适中的巷道或隧道。煤

(a) EBJ-120TP型纵轴式掘进机

(b) EBH/Z132型横轴式掘进机

图 5.5　掘进机外形图

矿巷道断面一般不是很大,煤系地层的强度相对较低,故应用较多。

从目前看,悬臂式掘进机的发展方向有以下几个方面:

①提高切割能力,加大截割功率,以适应强度较高的岩石。

②提高工作可靠性。地下工作环境较差,地质条件复杂,很容易造成机器的损坏。因此,需要逐步完善设计,不断提高掘进机的可靠性。

③提高机器的工作稳定性。采用紧凑设计、加大机重、降低机器重心、增加侧向支撑等技术措施,大大提高机器的工作稳定性。

④研究新的截割技术和截割头设计技术。高压水射流破岩是一项新的切割技术,但技术难度较大,有待深入研究。刀具材料与形式、截割头结构优化也是今后研究的重点。

⑤发展自动控制技术。包括推进方向的控制、断面轮廓尺寸的控制、切割功率自动调节控制、遥控操作技术、机器运行状况监测和故障诊断等。

⑥发展掘锚机组。由于支护不能与掘进平行作业,支护时间过长,将影响掘进速度。掘锚机组是一种新型、高效、快速的掘进设备,现已有成品生产,具有良好的发展前景。

⑦提高配套技术。一是支护技术的配套,重点解决支护与掘进的同步问题;二是矸石转运系统的配套;三是外部系统的配套,如供电、压风、通风、防尘等。

2)悬臂式掘进机的特点

①悬臂式掘进机仅能截割巷道部分断面,要破碎全断面岩石,需多次上下左右连续移动截割头来完成工作,故该类掘进机可用于任何断面形状的地下工程。

②掘进速度受掘进机利用率影响很大,在最优条件下利用率可达60%左右,但若岩石需要支护或其他辅助工作跟不上时,其利用率更低。

③与全断面掘进机有一些相同的优点:连续开挖、无爆破震动、能更自由地决定支护岩石的适当时机;可减少超挖;可节省岩石支护和衬砌的费用。

④与全断面掘进机比较,悬臂式掘进机小巧,在隧道中有较大的灵活性,能用于任何支护类型。

⑤与全断面掘进机相比,具有投资少、施工准备时间短和再利用性高等显著特点。

⑥工作机构外形尺寸小、各重要部位都具有可达性,便于维修和支护作业。

与炮掘相比,使用掘进机掘进的优点是连续掘进,掘进工序少、效率高、速度快、施工安全、劳动强度低,对巷道围岩无震动破坏、好维护;其缺点是初期投资高,技术比较复杂,要求的操作水平和维修水平比较高。

3)掘进机的分类与参数

悬臂式掘进机的分类方法有多种。在煤矿,按切割岩石的种类分,切割煤岩坚固性系数$f<4$的称为煤巷掘进机,切割煤岩坚固性系数$f=4\sim8$的称为半煤巷掘进机,切割煤岩坚固性系数$f>8$的称为岩巷掘进机;按质量分,有特轻型、轻型、中型和重型四种;按工作机构切割岩体的方式不同,分为纵轴式掘进机和横轴式掘进机(图5.5)。

悬臂式掘进机的主要参数如表5.1所示。

表5.1　悬臂式掘进机的基本参数

参数名称	单　位	机　型			
		特　轻	轻	中	重
适用切割煤岩硬度	普氏系数	≤4	≤6	≤7	≤8
煤岩最大单向抗压强度	MPa	50	60	85	100
切割机构功率	kW	≤30	55~75	90~110	>132
机高	m	≤1.4	≤1.6	≤1.8	≤2.0
可掘巷道断面	m^2	5~8.5	7~14	8~20	10~28
机重(不含转载机)	t	<20	20~30	30~45	>45

大多数掘进机机重16~160 t、总功率100~660 kW、最大切削高度从3.5~8.0 m不等,可切削40~120 MPa的中硬以下的岩石。

5.2.2　主要结构

悬臂式掘进机要同时实现剥离岩体、装载运输、行走调动以及喷雾除尘等功能,集切割、装载、运输、行走于一身,其主要结构如图5.6所示。其中切割臂、回转台、装渣板、输送机、转载机、履带等为主要工作机构。

(1)切割机构

悬臂式掘进机的切割机构,按照破碎岩石的方式不同有纵轴式和横轴式两类,按悬臂能否伸缩分为可伸缩和不可伸缩两种。目前主要以纵轴式掘进机为主。

切割机构一般由切割头、切割臂、切割减速器、电机、升降臂、回转台和导水管等组成。切割头用于直接切割岩石,是切割机构最关键的部件,其功率越大,切削能力越大。

(2)装运机构

装运机构主要由装载部和运输机构两大部分组成。装载部主要是将破碎下来的岩渣装载到运输机械上。装载机构有刮板式、蟹爪式和星轮式。星轮式运转平稳、结构简单、故障率低,使用最多。运输机构主要为刮板输送机。

(3)行走机构

行走机构分为履带式、迈步式和组合式三种,现代掘进机多采用履带式。行走机构主要由引导轮、支重轮、驱动轮、履带、紧张装置、驱动减速器和履带悬架组成。

(4)机体部

机体部主要由前机架、后机架、回转台、回转油缸、后支撑及支撑油缸等组成。机架是整个

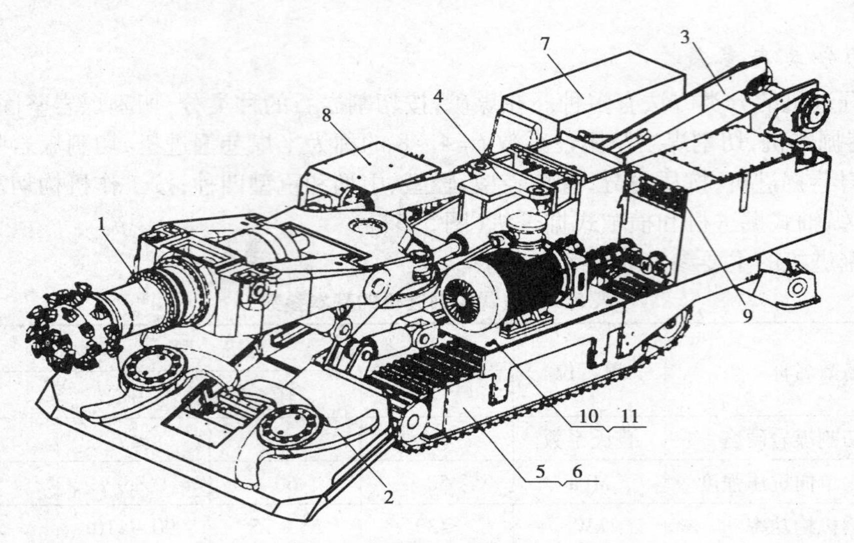

图5.6　悬臂式掘进机的主要结构

1—截割机构;2—装载机构;3—运输机构;4—机架及回转台;5—行走机构;
6—液压系统;7—电气系统;8—供水系统;9—操作台;10,11—机座

机器的骨架,承受着来自截割、行走和装载的各种荷载。回转台用于坐落于机架上,实现切割机构的升降和回转运动,并承受来自切割头的复杂交变的冲击荷载。

(5)液压系统

液压系统为掘进机提供压力油,驱动和控制各油缸及马达,使机器实现相应动作。掘进机除切割和装运外,所有动力均为液压传动。液压系统的功率越大,机器的能力越强。

(6)电气及除尘系统

电气系统向机器提供动力,驱动和控制机器中的所有电动机、电控装置、照明装置等。除尘系统由内外喷雾装置组成,用以向工作面喷雾除尘及冷却电动机和液压系统。

5.2.3　掘进机的选择

掘进机的选择应因地制宜,根据下列因素、经过技术经济比较后确定。

1)岩石特性

岩石特性是决定机型和切割头特征的重要依据。岩石坚硬时应选用切割头功率大、机体重的机型,以保证切割力度和掘进机的整体稳定性。岩石特性包括:

①煤岩的抗压、抗拉强度。岩石强度越高,能耗越大,速度越慢。

②煤岩的比能耗。比能耗用于判断岩石的可钻性,岩石的硬度大,比能耗一般较大。

③煤岩的抗磨蚀性。磨蚀性是岩石对刀具摩擦磨损的能力,通常用研磨系表示,研磨系数越大,对刀具的磨损越严重。

④岩石的坚固性系数f。f越大,切割越困难。

2)巷道断面形状和大小

①断面形状。一般说,悬臂式掘进机可掘进任何断面形状的巷道,但有的机器只能切割出

矩形断面的巷道，如掘锚机组。

②断面大小。每种掘进机都有一定的范围和最佳面积。选用时应考虑其最佳掘进断面积。一般小断面巷道应大于掘进机适应断面的15% ~20%，或不小于掘进机外形尺寸宽度加1 m、高度加0.75 m的要求。大断面巷道小于掘进机适应断面值即可，但必须满足最大截割高度的要求。如掘进宽度过大，将频繁地调动掘进机，影响掘进效率。断面较大或岩层不够稳定时，可将断面分成多个部分，分台阶或导洞开挖。

3）底板条件和倾角

①底板条件。底板松软不利于掘进机正常行走推进。松软岩层宜选用接地比压较小的机型。按标准规定，一般接地比压量不大于0.14 MPa。

②倾角。掘进机要适应在不同坡度条件下作业，按我国标准，要求其爬坡能力在±16°范围内。若超过此值，掘进机行走马达的功率要特殊设计。倾角小于6°的巷道可以正常选择，6° ~15°坡度的巷道需要选择牵引力较大、带停机制动器的掘进机。

4）其他

①巷道的拐弯半径必须大于或等于所选机型所要求的拐弯半径。

②考虑隧道长度。对于不长的隧道，若无条件适宜的其他工程时，采用悬臂式掘进机是适宜的。

③应考虑工程进度、生产能力对机器的要求，以及配件供应、维修能力等因素。

5.2.4 掘进机施工

1）掘进机的切割方式

悬臂式掘进机的主截割运动是截割头的旋转和截割臂的水平或垂直摆动的合成运动，其工作原理如图5.7所示。

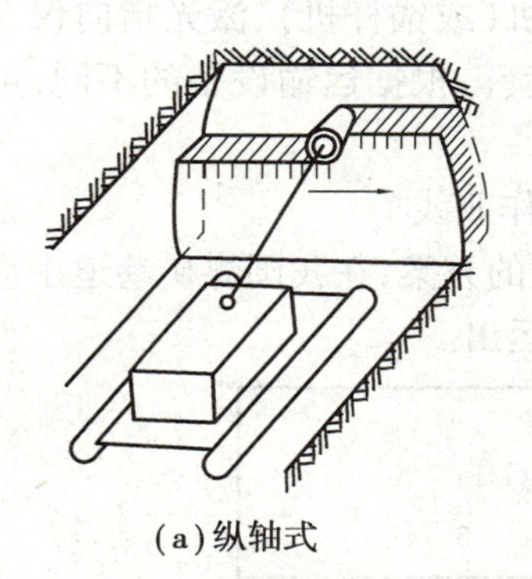

(a)纵轴式

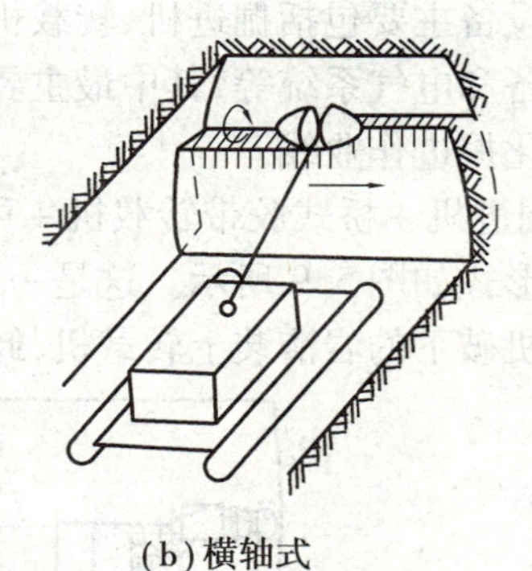

(b)横轴式

图5.7 掘进机工作原理

(1)掏槽切割

截割机构工作时首先要在工作面上用截割头进行掏槽，然后按一定方向摆动悬臂，掘出所需要的断面。掏槽时，纵向切割头的推进方向与切线力方向近似成直角，需要的力较小，切割力来自切割臂伸缩机构。掏槽可在断面任意位置；在一个工作循环中，最大掏槽深度为截割头长度，一般推荐为截割头直径的1/3。

使用横轴式截割头，推进方向与切线力方向几乎一致，由于是两个切割头同时工作，需要的切割力较大。掏槽进给力来自行走机构。掏槽可在工作面的上部或下部进行，但截割硬岩时应尽可能在工作面上部掏槽，切割成水平槽，最大掏槽深度为截割头直径的2/3。掏槽时，截割头需做短幅摆动，以截割位于两个截割头中间部分的煤岩，因而操作较为复杂。

(2)工作面切割程序

切割程序指截割头在工作面上切割岩石的移动路线。切割程序取决于断面大小、岩石硬度、顶底板状况、矸石夹层分布等条件。层状岩石时应沿层理方向切割；若为水平层面，横向切割最有利；若为倾斜层面，纵轴式切割可先切割软岩，有了自由面后再切割硬岩，横轴式也应从软岩层入切，然后横向左右运动切割，如图5.8中的箭头所示。

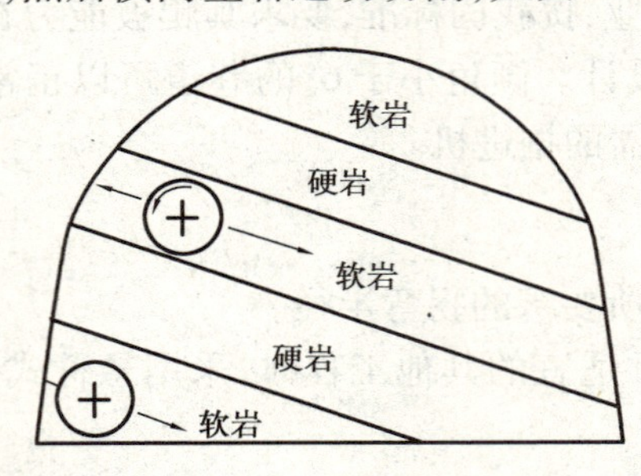

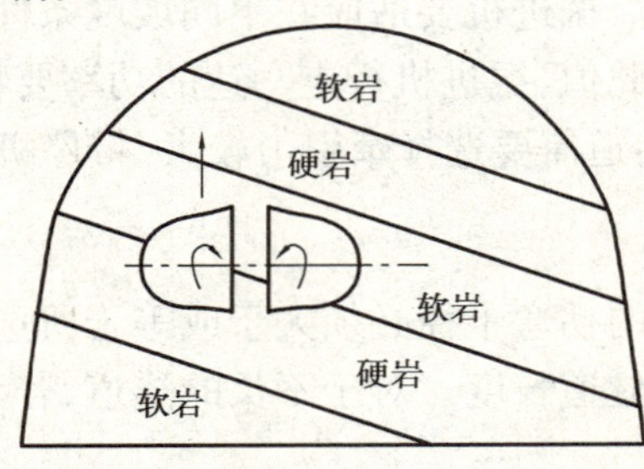

图5.8　切割倾斜岩层时截割头的运动方式

不论纵轴式还是横轴式，在整个工作面上的切割方式都是由上而下或者由下而上，在同一切割层上是左右摆动。多数情况下采用由下而上方式，有利于装载和机器的稳定，提高生产率。

2)机械化掘进作业线及设备配套

采用悬臂式掘进机施工时，岩渣运输、材料设备运输、巷道支护、通风防尘、供电等设备必须相互配套，形成完整的综合机械化掘进作业线，才能提高掘进效率。

配置设备主要包括掘进机、转载机、运输设备、支架机(或锚杆机)、激光指向仪、除尘器、辅助运输设备和电气系统等，其中最主要的是运输设备配套。根据运输设备的不同，可有不同形式的机械化掘进作业线。

(1)掘进机+桥式胶带转载机+可伸缩胶带输送机作业线

配套形式如图5.9所示。这是一种可实现连续运输的方案，在我国煤矿巷道中应用较为广泛。掘进机破下的岩渣装上转载机，卸在胶带输送机上运出。

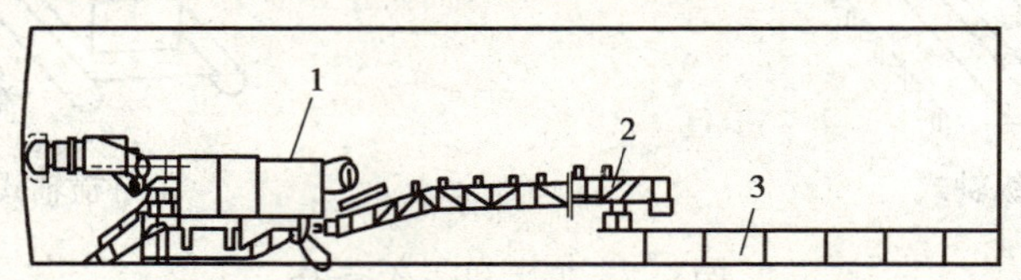

图5.9　掘进机+桥式胶带转载机+可缩性胶带输送机作业线

1—掘进机;2—桥式胶带转载机;3—可缩性胶带输送机机尾

该配套方案可实现矸石连续运输，减少矸石转运停歇时间，能充分发挥掘进机的生产效率，切割、装载、运输生产能力大，掘进速度快，较适用长度大于800 m的较直巷道。

(2)掘进机+桥式胶带转载机+刮板输送机作业线

该作业线适用于巷道距离短、坡度变化大的掘进条件,可在有水平弯曲的巷道中使用;可保证掘进巷道运输的连续性;投资小,消耗功率大,设备维修量大,需要的人员多。

(3)掘进机+梭车作业线

掘进机切割下来的岩渣经装运机构、胶带转载机卸载于梭车内,然后用电机车拉至卸载地点卸载。梭式矿车分轨轮式和胶轮式,轨轮式适用于有轨运输,胶轮式适用于无轨运输。隧道中可用多辆胶轮梭车运输。该配套不能连续装载,会影响掘进机效能的充分发挥。掘进矿山巷道时井下必须具有卸载仓。

本章小结

(1)广义上,根据不同的分类,掘进机包括竖井掘进机、平洞掘进机、土层掘进机、煤层掘进机、岩石掘进机、全断面掘进机、部分断面掘进机、盾构掘进机、顶管掘进机等。本章主要介绍了两种适用于岩石中的平洞掘进机——全断面隧道掘进机和部分断面掘进机,前者又称TBM,主要适用于较硬岩石和大断面隧道;后者又称悬臂式掘进机(俗称小炮头),主要适用于较软岩石和小断面隧道。盾构机也是一种全断面隧道掘进机,其基本结构与TBM有些类似,由于主要适用于软弱富水的土层施工,故其防水、防泥砂涌入功能比TBM强大,学习时应注意二者的异同。

(2)掘进机在国外已广泛用于铁路及公路隧道、水电工程隧道及矿山巷道工程。我国在20世纪60年代开始研制,80年代进行了大规模的开发试验研究,80年代末,已研制出多种掘进机。TBM适用的隧道直径一般为3~10 m,岩石的单轴抗压强度可达50~350 MPa;可一次截割出所需断面,且形状多为圆形,在我国应用还不是很多。分断面掘进机多用于单轴抗压强度小于60 MPa的煤、半煤岩和软岩水平巷道,一次仅能截割断面的一部分,需要工作机构多次摆动才能掘出所需断面,断面可以是矩形、梯形、拱形等多种形式,故在矿山、尤其是煤矿巷道掘进中使用普遍。

(3)由于地层的多变性和环境条件的复杂性,掘进机的合理选择十分重要。掘进机的施工速度快,对其后配套系统及设备的要求也比较高,在快速开挖的同时要保证快速的运输和支护,否则会影响掘进机综合效能的发挥,降低经济效益。掘进机的技术性强,对其操作技术和维修能力的要求也非常高,否则将严重影响工程的进度和机器效率。

习 题

5.1 试述掘进机施工岩石隧道的利弊及采用掘进机施工的合理性。

5.2 试述掘进机的种类与主要参数。

5.3 全断面掘进机由哪些主要部分组成?

5.4 全断面掘进机施工的工艺步骤及技术要点是什么?

5.5 如何合理选择全断面掘进机?

5.6 地下工程的断面较大时,如何合理选用掘进机?

5.7 悬臂式掘进机如何分类? 有哪几种类型?

5.8 选择悬臂式掘进机要考虑哪些因素?

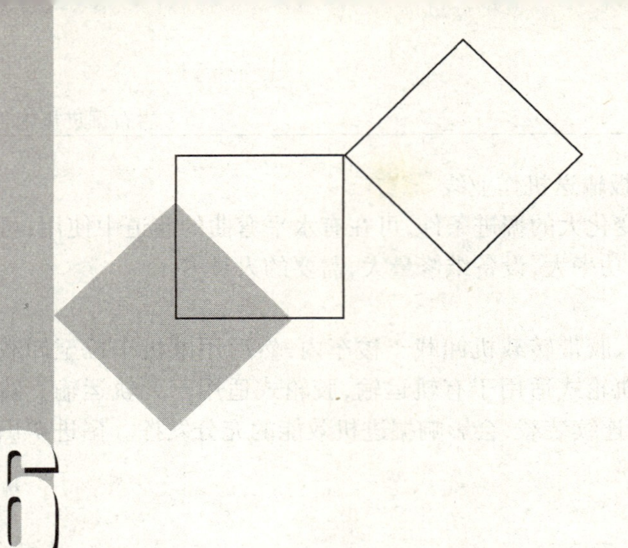

6 盾构法施工

本章导读：

盾构法就是用盾构机修建隧道的施工方法，是地下暗挖隧道施工方法的一种，目前在城市隧道的施工中得到了广泛应用，故要求学生必须掌握该项施工技术。

● **主要教学内容：**盾构法施工原理；盾构的类型与构造；盾构始发、接收技术；盾构掘进管理及盾构机姿态控制；管片类型、尺寸及拼装；衬砌防水和壁后注浆。

● **教学基本要求：**掌握盾构法施工原理；了解盾构的类型及构造，盾构选型的原则和依据；掌握盾构始发和接收技术；掌握盾构掘进管理内容和盾构姿态控制的基本要求；了解管片的类型和拼装技术；掌握衬砌防水施工技术和壁后注浆技术；了解二次衬砌施工技术。

● **教学重点：**盾构始发接收技术，盾构的掘进管理，管片及其拼装，盾构衬砌防水和壁后注浆技术。

● **教学难点：**掘进机的结构，盾构掘进管理内容和姿态控制。

● **网络资讯：**网站：www. stec. net。关键词：盾构机，盾构施工，土压平衡盾构机，泥水平衡盾构机，盾构管片，同步注浆。

6.1 盾构法简介

盾构施工技术自 1825 年由布鲁诺尔首创于英国伦敦泰晤士河的水底隧道工程以来，已有 180 余年的历史。

19 世纪末到 20 世纪中叶，盾构法相继传入美国、德国、苏联、法国、英国及中国，并得到大力的发展。1880—1890 年，在美国和加拿大之间的圣克莱河下用盾构法建成一条直径 6.4 m、长1 800余米的水底铁路隧道。苏联20世纪40年代初开始使用直径6.0~9.5 m的盾构,并先后在莫斯科、圣彼得堡等市修建地铁工程。1994年建成的英吉利海峡隧道,由3条组成,总长度153 km,是目前世界上最长的海底隧道,全部采用盾构法施工,共用11台直径5.38~8.72 m不等的盾构机。

1939年日本首次引进盾构施工技术施工了关门隧道。从20世纪60年代起,盾构法在日本得到迅速发展,并处于世界领先地位;80年代以来,无论是新型盾构工法的开发(如三圆、椭圆形、矩形、球体、母子盾构,地中对接技术等),还是盾构机的制作数量、建造的隧道长度、承包的海外工程、有关盾构法的文献数量等均名列前茅。

我国自20世纪50年代开始应用盾构机施工,60年代用网格盾构建造了ϕ10.22 m的上海打浦路过江隧道,1988年建成了ϕ11.3 m的上海延安东路过江隧道。2004年,我国成功研制出“先行号”加泥式土压平衡盾构掘进机,2009年又研制并成功应用了ϕ11.22 m的“进越号”大型泥水平衡盾构机。2006年施工的上海沪崇越江隧道,全长8 950 m,采用ϕ15.44 m泥水加气平衡盾构(德国海瑞克),为当时世界上直径最大的盾构掘进机。2008年施工的武汉长江隧道,全长3 630 m,采用了两台ϕ11.38 m泥水加压平衡盾构和复合式刀具,实现了长距离不换刀掘进。南京首条过江隧道,仍采用海瑞克公司的ϕ14.93 m泥水平衡盾构机施工,于2009年贯通。

在南水北调工程,上海、北京等城市地铁工程,杭州钱塘江水底隧道工程和港珠澳海上大通道等工程建设中,盾构法正以其独特的优越性发挥着不可替代的作用。

6.1.1 盾构法施工原理

盾构法施工的基本原理可从其施工过程来理解,主要施工步骤为:

①在盾构隧道的始发端和接收端各修建一个竖井,可单独修建也可结合车站修建。

②把盾构主机和后配套分批吊入始发井中并安装就位,调试其性能达到设计要求。

③依靠千斤顶推力(作用在已拼装好的负环和竖井后壁上)将盾构机从始发竖井的墙壁预留洞口处推出。

④盾构在地层中沿着设计轴线掘进,推进的过程中,在盾壳的保护下,不断开挖、出土(泥)和安装衬砌管片。

⑤及时向衬砌背后的空隙注浆,防止地层移动和固定衬砌环位置。

⑥盾构进入接收端竖井并拆除(或直接转入相邻的下一个隧道区间施工)。

目前,在我国技术上最先进、应用最广泛的是土压平衡式和泥水平衡式盾构机,其施工概貌如图6.1所示。

盾构法是一项综合性的施工技术,它除土方开挖、正面支护和隧道衬砌结构安装等主要作业外,还需要其他施工技术密切配合才能顺利实施,主要包括:始发和接收端地层加固,衬砌结构的制造,隧道内的运输,衬砌与地层间空隙的充填,衬砌的防水与堵漏,开挖土方的运输及处理,施工测量、变形监测,合理的施工布置等。

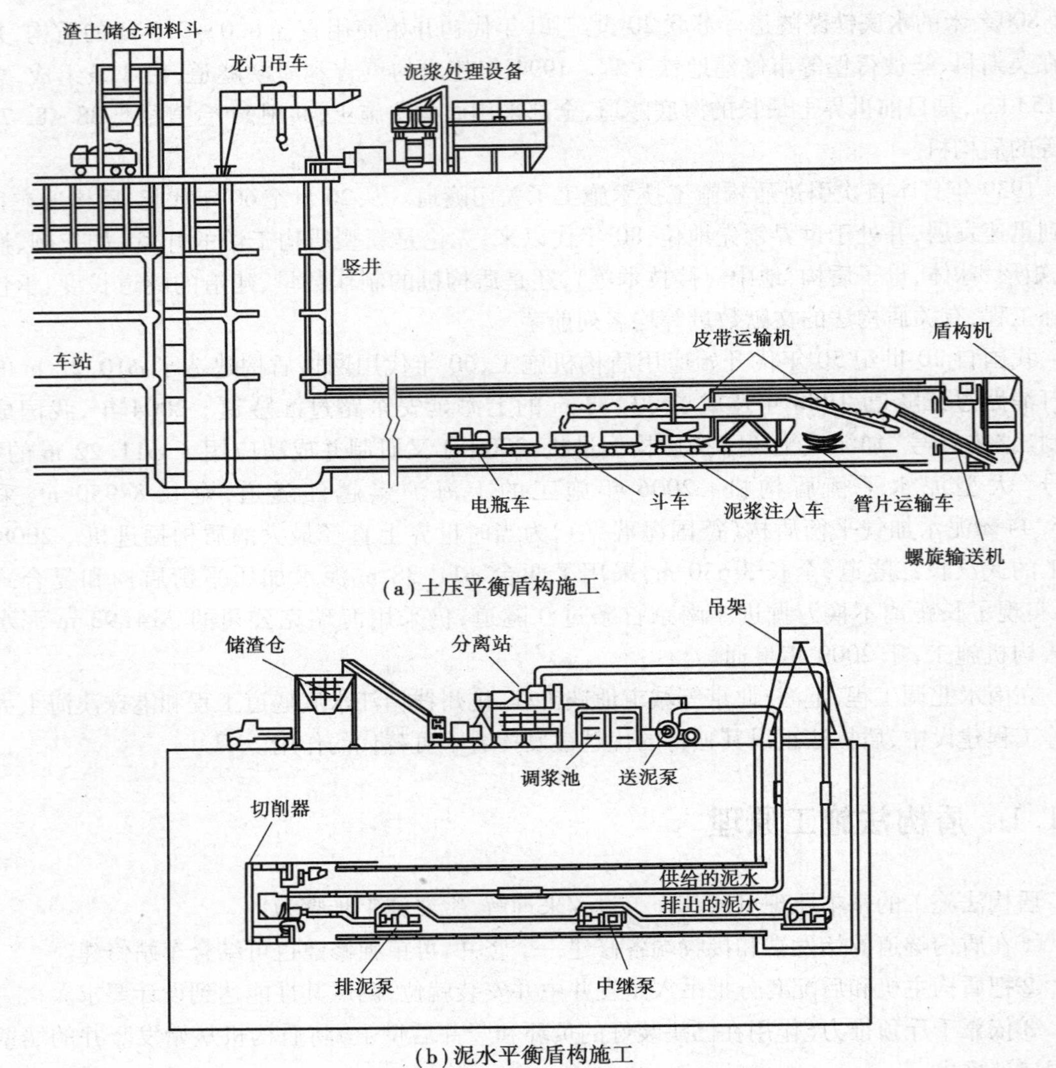

(a)土压平衡盾构施工

(b)泥水平衡盾构施工

图6.1　盾构法施工示意图

6.1.2　盾构机的类型与构造

1)盾构的类型

盾构根据其断面形状可分为:单圆盾构、多圆盾构、非圆盾构(椭圆形、矩形、马蹄形、半圆形)。多圆盾构和非圆盾构统称为"异形盾构"。

盾构按开挖面与作业室之间隔板构造分为敞开式和闭胸式,如图6.2所示。

2)几种典型盾构介绍

(1)手掘式盾构

手掘式盾构(图6.3)是指采用人工开挖隧道工作面的盾构,是盾构的基本形式,其正面是敞开的，开挖采用铁锹、风镐、碎石机等工具人工进行。其开挖面可以根据地质条件决定用全部敞开式或用正面支撑开挖。

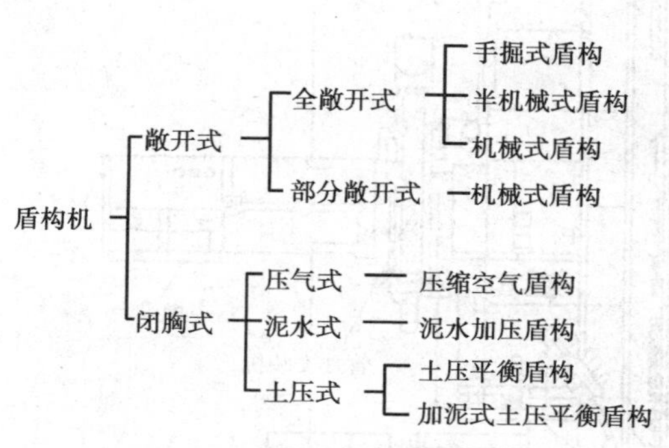

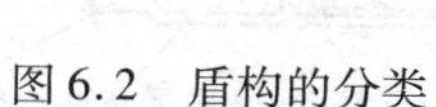
图6.2　盾构的分类

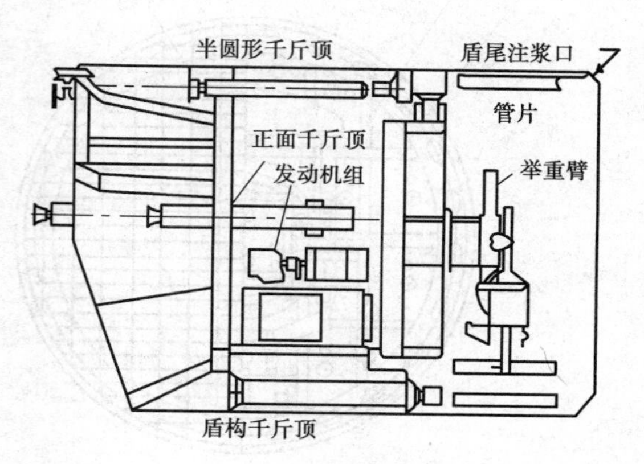

图6.3　手掘式盾构

这种盾构适用于地质条件良好的工程，其特点是可随时观测地层情况，遇到桩及大石块等地下障碍物时较易处理，便于曲线施工，设备简单、安全性差、劳动强度大、效率低。

(2)半机械式盾构

它是介于手掘式和机械式盾构之间的一种形式，是在敞开式盾构基础上安装机械挖土和出土装置，以代替人工劳动。根据地层条件，可以安装正反铲挖土机或螺旋切削机；土体较硬时，可安装软岩掘进机的凿岩钻。

(3)敞开式机械盾构

机械式盾构是一种采用紧贴着开挖面的旋转刀盘进行全断面开挖的盾构。它具有可连续不断地挖掘土层的功能，能边出土边推进，连续作业。其优点除了能改善作业环境、省力外，还能显著提高推进速度，缩短工期。适用于地质变化少的砂性土地层。

这种盾构的切削机构采用最多的是大刀盘形式，有单轴式、双重转动式、多轴式数种，以单轴式使用最为广泛。多根辐条状槽口的切削头绕中心轴转动，由刀头切削下来的土从槽口进入设在外圈的转盘中，再由转盘提升到漏土斗中，然后由传送带把土送入出土车。

(4)网格式盾构

网格式盾构(图6.4)是利用盾构切口的网格将正面土体挤压并切削成小块，并以切口、封板及网格板侧向面积与土体之间的摩阻力平衡正面地层侧向压力，达到开挖面稳定，具有结构简单、操作方便、便于排除正面障碍物等特点。这种盾构如在土质较适当的地层中精心施工，地表沉降可控制到中等或较小的程度。在含水地层中施工，需要辅以疏干地层的措施。

(5)土压平衡盾构

土压平衡盾构的结构如图6.5所示，在前部设置隔板，使土仓和排土用的螺旋输送机内充满切削下来的泥土，依靠推进油缸的推力给土仓内的开挖土渣加压，使土压作用于开挖面以使其稳定。它与泥水加压平衡盾构是目前最为先进、使用最广的两种盾构机。

土压平衡式盾构主要由盾构壳体、刀盘及驱动系统、螺旋输送机、管片拼装机、推进系统、皮带输送机、人行闸、液压系统、电气控制系统、集中润滑系统、加泥(泡沫)系统、水冷却系统、盾尾密封系统、背后注浆系统、车架、双梁吊运机构和单梁吊运机构组成。

土压平衡式盾构的基本原理是：刀盘旋转切削开挖面的泥土，切削后的泥土通过刀盘开口

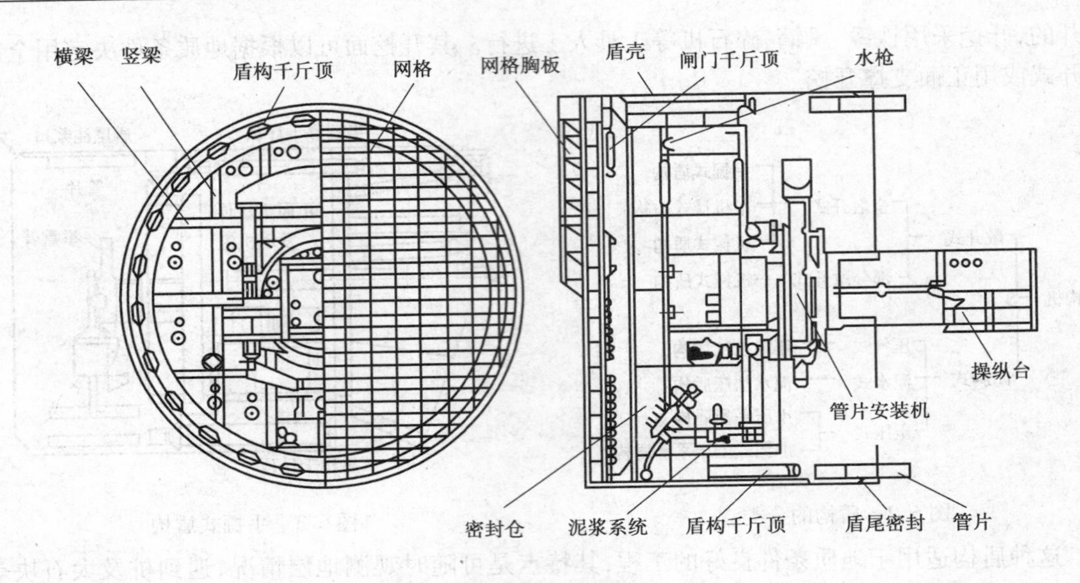

图 6.4　网格式盾构

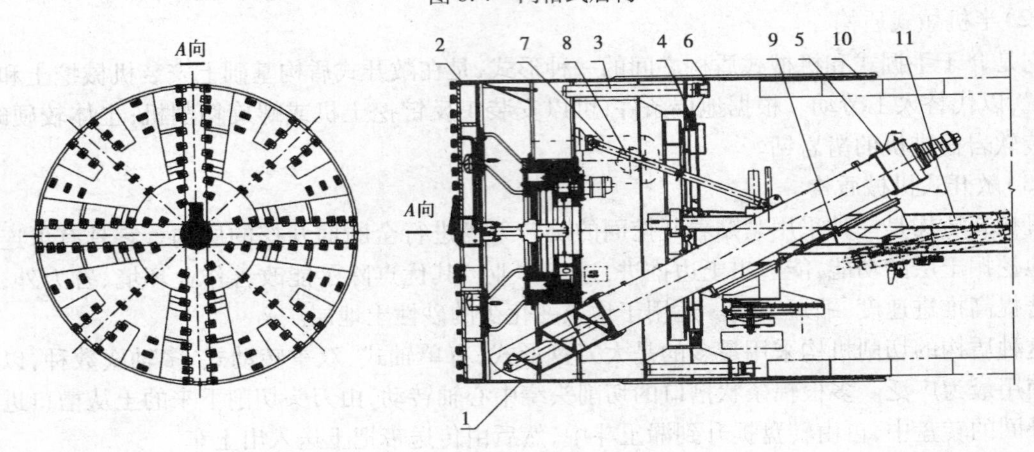

图 6.5　土压平衡盾构

1—盾壳；2—刀盘；3—推进油缸；4—拼装机；5—螺旋输送机；6—油缸顶块；
7—人行闸；8—拉杆；9—双梁系统；10—密封系统；11—工作平台

进入土仓，土仓内的泥土与开挖面压力取得平衡的同时由土仓内的螺旋输送机运到皮带输送机上，然后输送到停在临时轨道上的渣土车上。出土量与掘进量取得平衡的状态下，进行连续出土。盾构在推进油缸的推力作用下向前推进。盾壳对挖掘出来的还未拼装衬砌的隧道起着临时支护作用，承受周围土层的土压、地下水压以及将地下水挡在盾壳外面。

(6)泥水盾构

泥水盾构也称为泥水加压平衡式盾构（图 6.6），主要由盾构掘进机、掘进管理、泥水处理、泥水输送和同步注浆 5 大系统组成。它在机械式盾构的前部设置有隔板，装备有刀盘及输送泥浆的送排泥管和推进盾构的推进油缸，在地面还配有泥水处理设备。

泥水盾构的基本原理是：将泥浆送入泥水仓中，并保持适当的压力，使其在开挖面形成不透水泥膜，支撑隧道开挖面的土体，并由刀盘切削土体表层的泥膜，与泥水混合后，形成高密度的

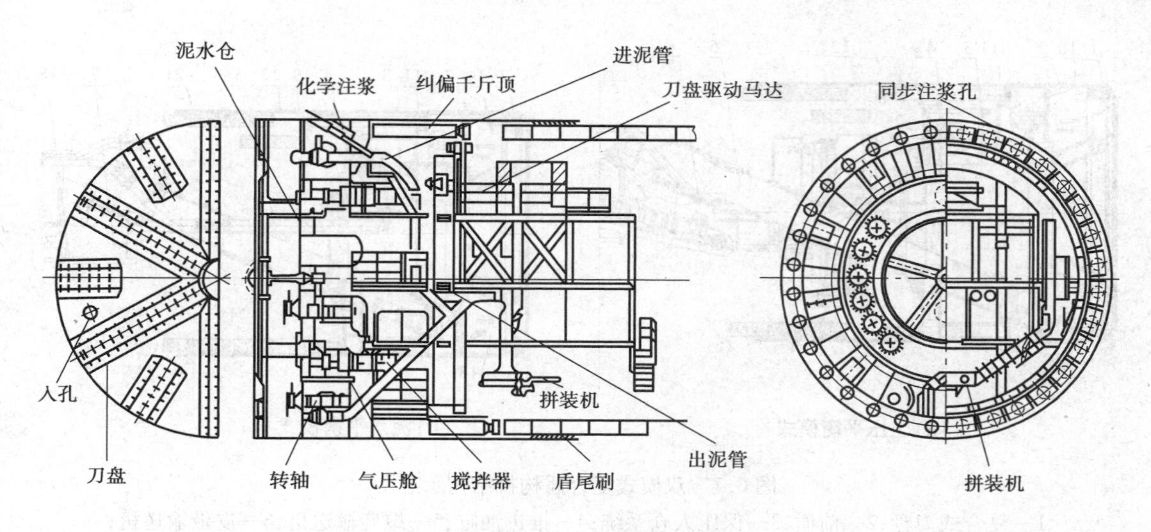

图 6.6 泥水平衡式盾构掘进机结构

泥浆，然后由排泥管及管道把泥浆输送到地面进行分离处理。分离后的泥水进行质量调整，再输送到开挖面。

泥水盾构能适用于各类地质的土层，对开挖面难以稳定的土质特别有效。但选用泥水加压平衡式盾构需要大量的水，要求施工现场附近有充足的水源；其次，还需要一套泥水处理系统来辅助施工。

(7)复合式盾构

当某一段隧道穿越不同地层结构（又称为复合地层）时，既有软土、硬土、砂砾，又有软、硬岩石，传统的只有相对单一地层适应性的土压平衡或泥水平衡盾构机已不能满足复杂地层施工的需要，一种将不同形式盾构的工程部件同时布置在一台盾构上，掘进过程中可根据地质情况进行部件调整和更换的复合式盾构应运而生。复合式盾构在不同的地层经转换后可以不同的工作原理和方式运行。

复合式盾构分为土压平衡复合式、泥水气压平衡复合式和双模式复合式。前两者是在原土压平衡和水泥平衡盾构机的基础上改进而得，即其施工系统仍为土压平衡或泥水平衡施工系统，所不同的是刀盘上装有 2 种或 2 种以上的刀具，刀盘结构具有刀具的可更换性。

双模式复合式盾构机是由中铁隧道装备制造公司于 2012 年研制成功并获国家专利的新型机器，在结构上集土压平衡模式和泥水平衡模式于一体。当开挖面为含水较多的软土、软岩、砂砾及软硬不均地层时，可根据地质及埋深情况采用土压平衡掘进模式，如图 6.1(a)所示；当开挖面为软弱的淤泥质土层、松动的砂土层、或为含水砂、砾石层，特别是滞水砂砾层和粘性土层的交替地层，可采用泥水平衡掘进模式，如图 6.1(b)所示。两种模式的后配套及出渣系统与各自的传统模式相同。两种模式的转换过程是：把土压盾构掘进模式下的皮带输送机撤掉，换为在螺旋输送机的末端连接一个可拆卸的密闭的集石破碎箱，将复合刀盘开挖下来的渣土或小漂石经螺旋输送机输送，在集石破碎箱里面经过二次处理后通过泥水管路输送到地面的泥水分离站。

该机器主要由机壳、复合式刀盘、土仓、螺旋输送机、推进油缸、保压人仓系统、泥水管路、集石破碎装置等构成。机壳由前盾、中盾和后盾依次固定连接，在土仓的后面、前盾隔板上设有工

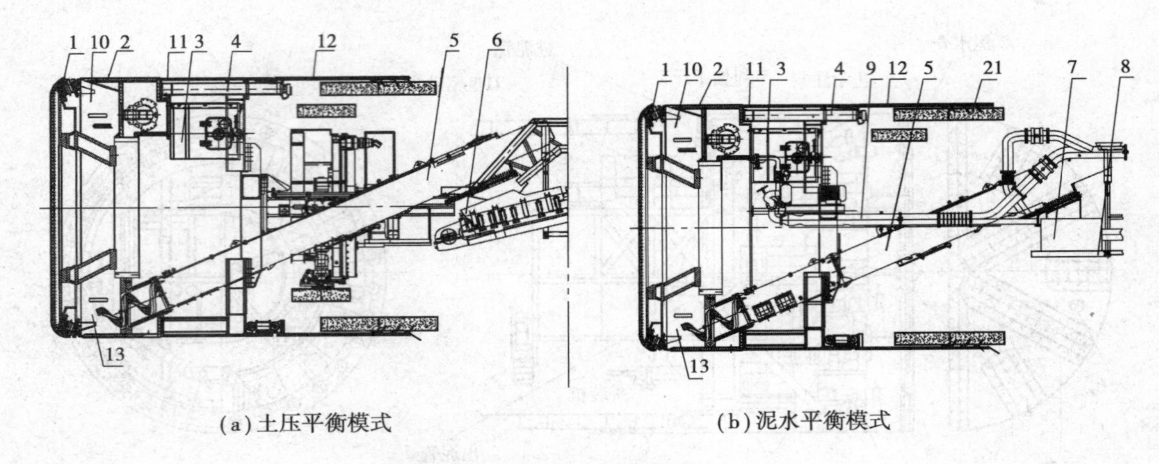

(a)土压平衡模式　　(b)泥水平衡模式

图6.7　双模式复合盾构机结构示意图

1—复合式刀盘;2—前盾;3—保压人仓系统;4—推进油缸;5—螺旋输送机;6—皮带输送机;
7—集石破碎箱;8—可拆卸平台;9—进浆管;10—土仓;11—中盾;12—后盾;13—出土口

业空气口,同时也是进浆口,进浆口与土仓后面、机壳内的进浆管连通;螺旋输送机的尾部下方设有皮带输送机或是在一可拆卸平台上安装的集石破碎装置,螺旋输送机尾部下料口正对皮带输送机前端,或是其下料口与集石破碎装置的进料口连接。集石破碎装置置于后端,既便于维修又解决了常规破碎机前易发生的拥堵问题。

3)盾构的基本构造

盾构机由通用机械(外壳、掘削机构、排土机构、推进机构、管片拼装机构、附属机构等部件)和专用机构组成。专用机构因机种的不同而异。

盾构主要用钢板(单层厚板或多层薄板)制成。大型盾构考虑到水平运输和垂直吊装的困难,可制成分体式,到现场进行就位拼装。

盾构的基本构造主要由壳体、切削系统、推进系统、出土系统、拼装系统等组成。

(1)盾构壳体

设置盾构外壳的目的是保护掘削、排土、推进、施工衬砌等所有作业设备、装置的安全,故整个外壳用钢板制作,并用环形梁加固支承。盾构壳体从工作面开始可分为切口环、支承环和盾尾三部分。

①切口环。切口环位于盾构的最前端,装有掘削机械和挡土设备,起开挖和挡土作用,施工时最先切入地层并掩护开挖作业。全敞开、部分敞开式盾构切口环前端还设有切口,以减少切入时对地层的扰动,通常切口的形状有垂直形、倾斜形和阶梯形三种,如图6.8所示。

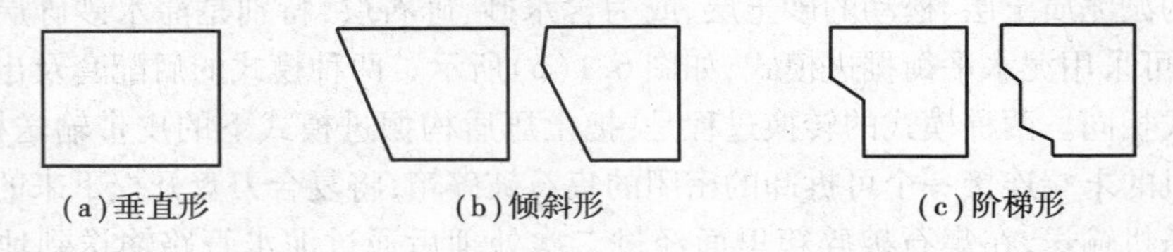

(a)垂直形　　(b)倾斜形　　(c)阶梯形

图6.8　切口形状

切口环的长度主要取决于盾构正面支承、开挖的方法。对于机械化盾构,切口环长度应由各类盾构所需安装的设备确定。泥水盾构,在切口环内安置有切削刀盘、搅拌器和吸泥口;土压平衡盾构,安置有切削刀盘、搅拌器和螺旋输送机;网格式盾构,安置有网格、提土转盘和运土机械的进口。

②支承环。支承环紧接于切口环,是一个刚性很好的圆形结构,是盾构的主体构造部。因要承受作用于盾构上的全部荷载,所以该部分的前方和后方均设有环状梁和支柱。在支承环外沿布置有盾构千斤顶,中间布置拼装机及部分液压设备、动力设备、操纵控制台。支承环的长度应不小于固定盾构千斤顶所需的长度,对于有刀盘的盾构还要考虑安装切削刀盘的轴承装置、驱动装置和排土装置的空间。

③盾尾。盾尾主要用于掩护隧道衬砌管片的安装工作。盾尾末端设有密封装置,以防止水、土及注浆材料从盾尾与衬砌间隙进入盾构内。盾尾密封装置要能适应盾尾与衬砌间的空隙,由于施工中纠偏的频率很高,因此要求密封材料应富有弹性、耐磨、防撕裂等,其最终目的是能够止水。止水形式有多种,目前较为理想且常用的是采用多道、可更换的钢丝刷密封装置,如图 6.9 所示。盾尾的密封道数一般为 2 ~3 道。

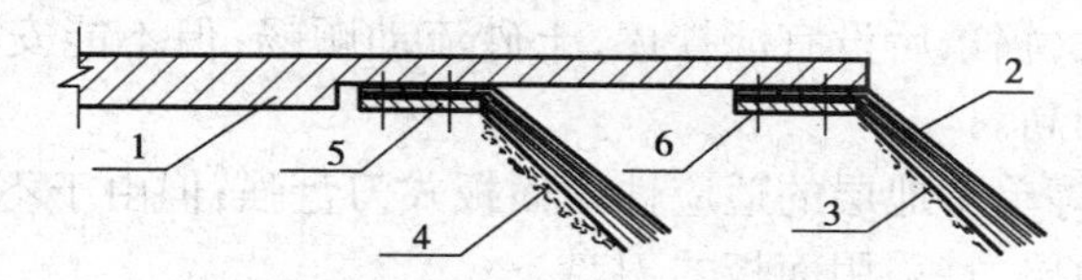

图 6.9 盾尾密封示意图

1—盾壳;2—弹簧钢板;3—钢丝束;4—密封油脂;5—压板;6—螺栓

盾尾长度必须根据管片宽度及盾尾的道数来确定,对于机械化开挖式、土压式、泥水加压式盾构,还要根据盾尾密封的结构来确定,最少必须保证衬砌管片拼装工作的进行。由于考虑修正盾构千斤顶和在曲线段进行施工等因素,必须有一定的富余量。

(2)推进系统

盾构向前推进依赖于安装在支承环周围的千斤顶,各千斤顶的合力就是盾构的总推力。在计算推力时,一定要考虑周全,要将工程施工全过程中对盾构可能产生的阻力都计算在内。当盾构的总推力大于各种推进阻力(设计推力)的总和时,盾构向前推进。

盾构的设计推力包括:盾构外壳与周围地层的摩阻力或粘结阻力、盾构推进时的正面推进阻力、管片与盾尾间的摩阻力、盾构机切口环贯入地层时的阻力、变向阻力(即曲线施工、纠偏等因素的阻力)、后接台车的牵引阻力。从大量的实际计算结果发现,后 4 项的贡献极小,一般情况下,无论是砂层还是黏土层,前两项之和占总推力的 95% ~99%。因此,也可以用前两项定义设计推力。施工中,盾构所需的总推力一般按经验公式求得:

$$F_e = \frac{\pi D^2 P_J}{4} \tag{6.1}$$

式中 D——盾构机直径,m;

P_J——开挖面单位截面积的经验推力,kPa。人工、半机械化、机械化开挖盾构时为 700 ~1 100 kPa;封闭式、土压平衡式、泥水加压式盾构时为 1 000 ~1 300 kPa。

(3)掘削机构

①刀盘结构形式。对机械式、封闭式盾构而言,掘削机构即切削刀盘。刀盘主要具有开挖、稳定掌子面、搅拌渣土三大功能。刀盘的结构形式主要有面板式和辐条式两种(图 6.10 和图 6.11),还有介于二者之间的辐板式刀盘。泥水盾构采用面板式刀盘,土压平衡盾构根据土层条

件可采用面板式或辐条式刀盘。

图6.10　面板式刀盘

图6.11　辐条式刀盘

面板式刀盘中途换刀时安全可靠,但开挖土体进入土仓时易粘结堵塞,在刀盘上易形成泥饼。辐条式刀盘开口率大,辐条后设有搅拌棒,土砂流动顺畅;但不能安装滚刀,且中途换刀安全性差,需加固土体,费用高。

辐条式刀盘对砂、土等单一地层的适应性比面板式刀盘强;但由于不能安装滚刀,在风化岩及软硬不均地层或硬岩地层,宜采用面板式刀盘。

②刀盘支承方式。刀盘支承方式有中心支承式、中间支承式和周边支承式三种(图6.12),以中心支承式、中间支承式居多。在设计时应考虑盾构直径、土质条件、排土装置等因素。

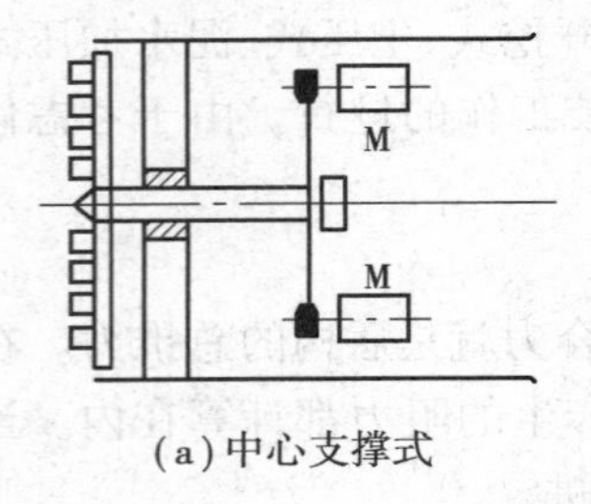

(a)中心支撑式

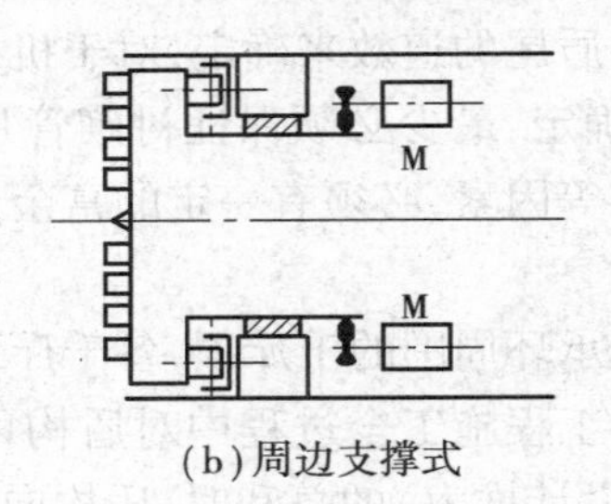

(b)周边支撑式

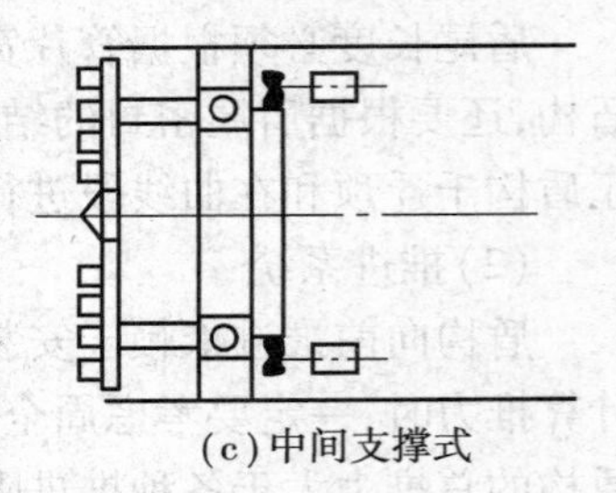

(c)中间支撑式

图6.12　刀盘支承方式构造示意图

4)盾构选型

盾构法是建造地下隧道最先进的施工方法之一,在世界许多国家不断得到发展,但在推广与应用上出现了一些施工事故。这些事故的发生,80%以上是因盾构的选型失误所引起的。盾构与常规设备不同,是根据具体施工对象"量身定做"的特种设备,盾构的设计与施工必须与工程地质状况紧密结合,才能充分发挥盾构法"快"的优势,真正保证盾构法施工的工程质量和安全。

(1)盾构选型的原则

盾构选型是盾构法隧道能否安全、环保、优质、快速建成的关键工作之一,应从安全适应性、技术先进性和经济性等方面综合考虑。

①应对工程地质、水文地质有较强的适应性,首先满足施工安全的需要。

②安全适应性、技术先进性、经济性相统一,在安全可靠的情况下,考虑技术先进性和经济合理性。

③满足隧道外径、长度、埋深、施工现场和周围环境等条件。

④满足安全、质量、工期、造价及环保要求。

⑤后配套设备的能力应与主机配套，满足生产能力与主机掘进速度相匹配，同时具有施工安全、结构简单、布置合理和易于维护保养的特点。

⑥考察盾构制造商的知名度、业绩、信誉和技术服务。

(2)盾构选型的依据

盾构选型的依据有：工程地质、水文地质条件，隧道长度、隧道平纵断面及横断面形状和尺寸等设计参数；周围环境条件；隧道施工工程筹划及节点工期要求；宜用的辅助工法；技术经济比较。

6.2　盾构始发接收技术

6.2.1　盾构始发技术

盾构始发是指利用反力架和负环管片，将始发基座上的盾构，由始发竖井站推入地层，开始沿设计线路掘进的一系列作业。盾构始发在施工中占有相当重要的位置。

1) 盾构始发方式

盾构始发方式根据盾构主机、后配套及相关附属设施是否一次性放置于地下，分为整体始发和分体始发；根据临时拼装的负环管片是否采用半环方式，分为整环始发和半环始发；根据盾构始发的线路不同，又可分为直线始发和曲线始发。

(1)整体始发与分体始发

①整体始发。整体始发是指将盾构主机和全部台车安装在始发井下，盾构始发掘进时带动全部台车一起前进的施工技术。当具备整机始发条件时，尽量采用整体始发，以便充分发挥盾构施工安全、快速、高效的优势。目前盾构施工中，采用的整体始发主要有利用车站整体始发和利用“始发竖井＋反向隧道＋出土井”的整体始发两种方式(图6.13)。

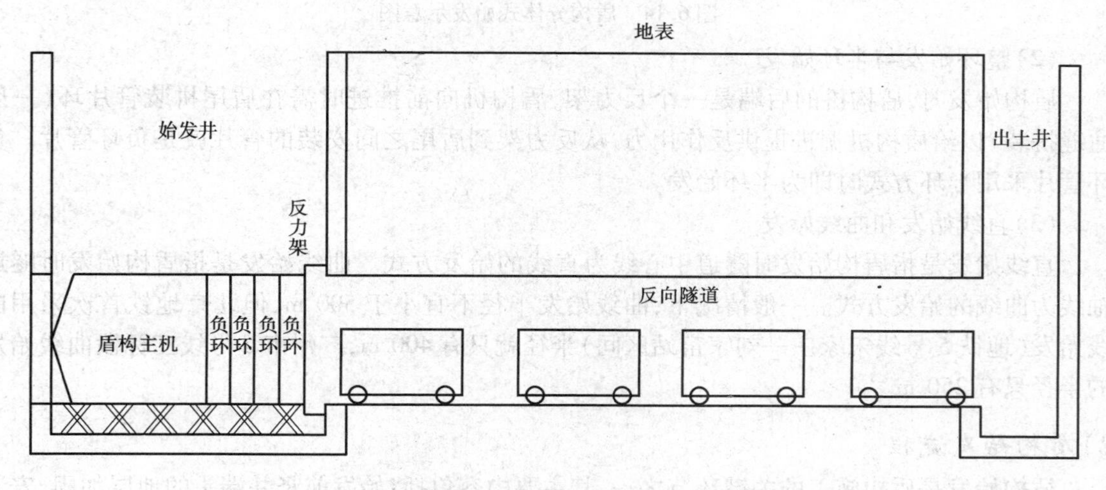

图6.13　盾构始发井＋反向隧道＋出土井整体始发方式示意图

利用“始发竖井＋反向隧道＋出土井”的整体始发方式只需增加一个出土竖井的投资，在出土井施工场地许可的情况下，可以在始发井和出土井同时施工的情况下，从两个工作面相向施工 70 m 左右的反向隧道，能大大节约工期。因此，在车站条件不具备盾构机整体始发时，可优先考虑“始发竖井＋反向隧道＋出土井”的整体始发方式。

②分体始发。盾构按常规整体始发需要 80 m 长的始发竖井或车站空间。如此长的竖井不但造价昂贵，而且在繁华的城市中很少具备这样条件的场地。车站也有可能因场地拆迁或总工期控制等因素一时不能提供盾构整体始发空间，这时就需要采用分体式始发。分体始发是将盾构主机与全部或部分台车之间采用加长管线连接，盾构主机与全部或部分台车分开前行，待初始掘进完成后再将盾构主机与全部台车在隧道内安装连接进行正常掘进(图 6.14)。盾构分体式始发时，盾构主机与地面台车之间采用的电缆、油管等管线需加长连接，在盾构掘进 80 m 左右后拆除负环，将后配套台车吊入始发井内，并拆除台车与盾构主机相接的加长管线，对台车与盾构主机重新进行连接，然后按正常掘进模式掘进。目前盾构施工中，根据现场场地情况，常用的有把部分台车或全部台车置于地面两种方式。

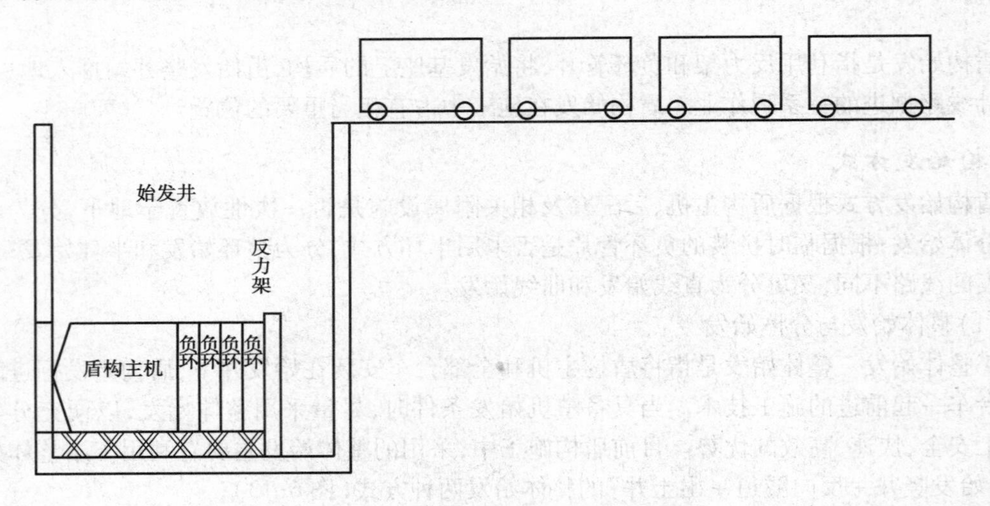

图 6.14　盾构分体式始发示意图

(2)整环始发与半环始发

盾构始发时，盾构机的后端是一个反力架，盾构机向前推进时需在盾尾拼装管片环(一般通缝拼装)以给盾构机掘进提供反作用力，从反力架到盾尾之间安装的管片就是负环管片。负环管片采用半环方式时即为半环始发。

(3)直线始发和曲线始发

直线始发是指盾构始发时隧道中心线为直线的始发方式。曲线始发是指盾构始发时隧道轴线为曲线的始发方式。一般情况下，曲线始发半径不宜小于 500 m，但北京地铁首次采用曲线始发(地铁 5 号线宋家庄—刘家窑站区间)半径就只有 400 m，广州市 6 号线三标段曲线始发的半径只有 250 m。

2)*盾构始发流程*

盾构始发是盾构施工的关键环节之一，其主要内容包括：始发前竖井端头的地层加固，安装盾构始发基座，盾构组装及试运转，安装反力架，凿除洞门临时墙和围护结构，安装洞门密封，盾构姿态复核，安装负环管片，盾构贯入作业面建立土压和试掘进等。盾构始发流程如图6.15所示。

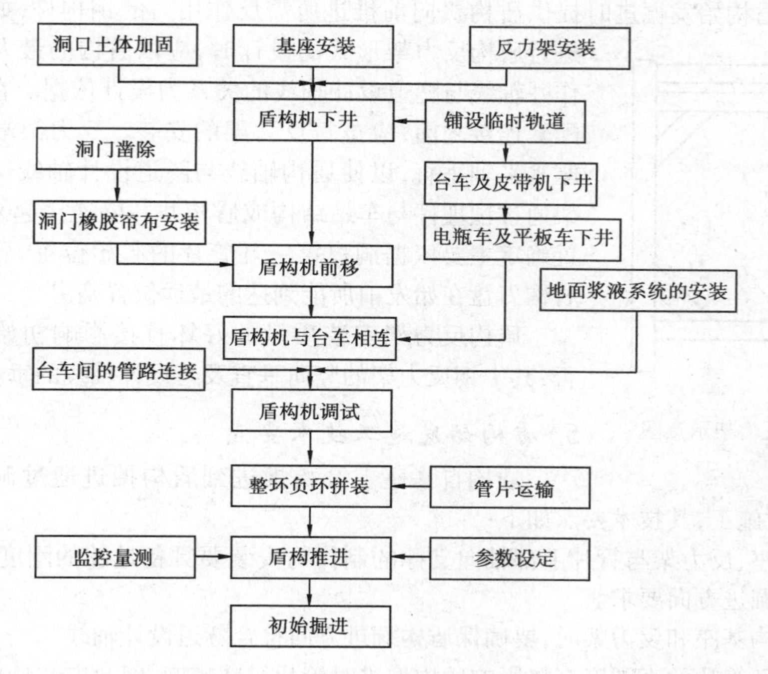

图6.15　盾构始发流程图

3）*盾构基座*

盾构基座又称始发架或接收架。始发时可在其上组装盾构机和支撑组装好的盾构机，并且可以使盾构机处于理想的预定推进位置（水平方向、高程）上，而且可以确保盾构机的始发掘进稳定。所以要求基座的结构合理、构件刚度好、强度高、不易损坏，与竖井底板预埋钢板焊接牢固，防止基座在盾构向前推进时产生位移。接收时可在其上接收和解体盾构机。

盾构始发基座主要有钢结构基座、钢筋混凝土基座、钢筋混凝土和钢结构结合的基座三种形式。现场一般采用钢结构基座，如图6.16所示。

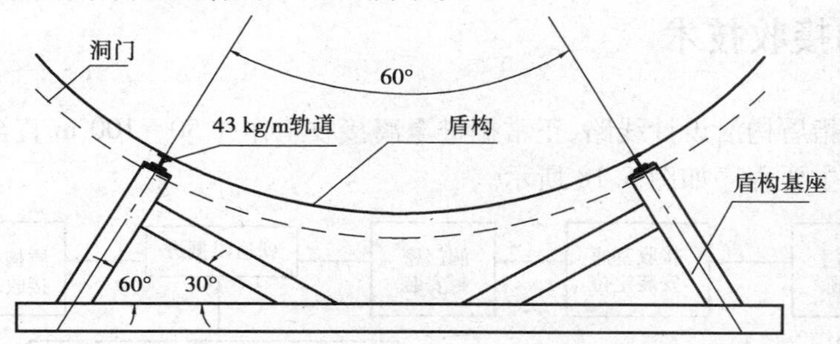

图6.16　盾构基座示意图

盾构基座安装时应使盾构就位后的高程比隧道设计轴线高程高约30 mm，以利于调整盾构初始掘进的姿态。盾构在吊入始发井组装前，须对盾构始发基座轴线安装和高程安装进行准确测量，确保盾构始发时的正确姿态。

4)反力架

反力架是盾构始发掘进时提供盾构机向前推进所需反作用力的钢构件,如图6.17所示。

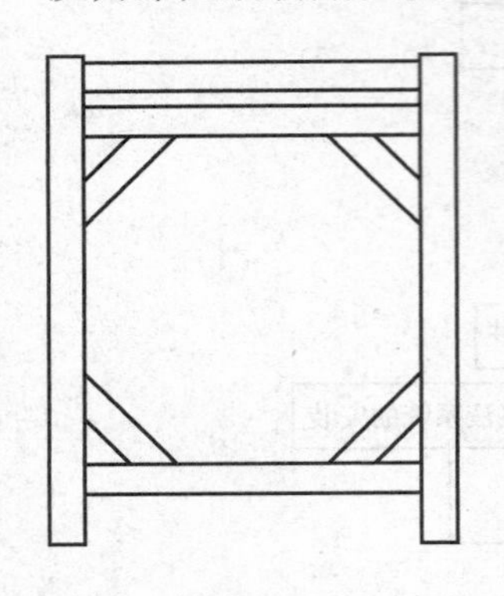

图6.17　反力架示意图

进行盾构反力架形式的设计时,应以盾构的最大推力及盾构工作井轴线与隧道设计轴线的关系为设计依据。在盾构主机与后配套连接之前,应进行反力架的安装。反力架端面应与始发基座水平轴垂直,以使盾构轴线与隧道设计轴线保持平行。反力架通过预埋件与车站结构或盾构井井壁连接起来。反力架的位置确定主要依据洞口第一环管片的起始位置、盾构的长度以及盾构刀盘在始发前所能到达的最远位置确定。

盾构反力架安装质量的好坏直接影响初始掘进的成功与否,其中钢反力架的竖向垂直及与设计轴线的垂直是关键。

5)盾构始发施工技术要点

盾构自基座上开始推进到盾构掘进通过洞口土体加固段止,可作为始发施工,其技术要点如下:

①盾构基座、反力架与管片上部轴向支撑的制作与安装要具备足够的刚度,保证负载后变形量满足盾构掘进方向要求。

②安装盾构基座和反力架时,要确保盾构掘进方向符合隧道设计轴线。

③由于负环管片的真圆度直接影响盾构掘进时管片拼装精度,因此安装负环管片时必须保证其真圆度,并采取措施防止其受力后旋转、径向位移与开口部位(如需预留运输通道时,负环管片安装时没封闭成环部位)的变形。

④拆除洞口围护结构时要确认洞口土体加固效果,必要时进行补浆加固,以确保拆除洞口围护结构时不发生土体坍塌、地层变形过大现象,且盾构始发过程中开挖面稳定。

⑤盾构机盾尾进入洞口后,将洞口密封与管片贴紧,以防止泥浆与注浆浆液从洞门泄漏。

⑥加强观测盾构井周围地层、盾构基座、反力架、负环管片的变形与位移,超过预定值时必须采用有效措施后,方可继续掘进。

6.2.2　盾构接收技术

盾构接收是指盾构沿设计线路,正常掘进至离接收工作井50~100 m直至进入接收井的整个施工过程。其主要程序如图6.18所示。

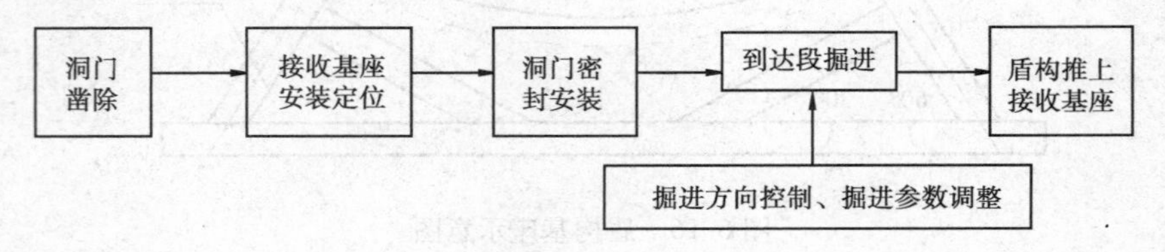

图6.18　盾构接收施工程序

(1)盾构接收施工主要内容

盾构接收施工的主要内容如下:

①接收端头地层加固。

②在盾构贯通之前100 m、50 m处分两次对盾构姿态进行人工复核测量。

③接收洞门位置及轮廓复核测量。

④根据前两项复测结果确定盾构姿态控制方案并进行盾构姿态调整。

⑤接收洞门凿除,盾构接收架准备。

⑥贯通后刀盘前部渣土清理,盾构接收架就位、加固。

⑦洞门防水装置安装及盾构推出隧道。

⑧洞门注浆堵水处理。

(2)盾构接收施工技术要点

盾构接收施工的技术要点有:

①盾构暂停掘进,准确测量盾构机坐标位置与姿态,确认与隧道设计中心线的偏差值。

②根据测量结果制定到达掘进方案。

③继续掘进时及时测量盾构机坐标位置与姿态,并及时进行方向修正。

④掘进至洞口加固段时,确认土体加固效果,必要时进行补注浆加固。

⑤进入接收井洞口加固段后,逐渐降低土压(泥水压),降低掘进速度,适时停止加泥、加泡沫或送泥与排泥、停止注浆,并加强工作井周围地层变形观测。

⑥拆除洞口围护结构前要确认洞口土体加固效果,必要时进行注浆加固,以确保拆除洞口围护结构时不发生土体坍塌、地层变形过大。

⑦盾构接收基座的制作和安装要具备足够的刚度,且安装时要对其轴线和高程进行校核,保证盾构机顺利、安全接收。

⑧盾构机落到接收基座上后,及时封堵洞口处管片外周与盾构开挖洞体之间的空隙,同时进行填充注浆,控制洞口周围土体沉降。

6.2.3 端头土体加固技术

在盾构始发和接收时,随着竖井挡土墙或围护结构的拆除,端头土体的结构、作业荷载和应力将发生变化,对始发和接收竖井的端头地层需进行土体加固。

1)端头加固的目的

端头加固的目的主要是控制端头地表沉降;控制洞口周围水土流失,避免坍塌;提高土体的承载力,防止重型机械作用在软弱土体上起吊时发生失稳、坍塌,或对已成形隧道安全造成不利影响。始发掘进前几环,同步注浆不能实施,管片与盾壳之间的空隙不能立刻填充,端头加固可以有效地防止同步注浆前隧道上方土体的稳定。

2)加固范围

端头地层加固与一般地基加固不同,不仅仅要有强度要求,还要有抗渗性要求,同时兼顾经济要求。这些要求与加固长度、宽度、加固方法的选择密切相关。如北京地铁盾构施工,始发端地层加固范围一般为隧道衬砌轮廓线外上下左右各3.0 m,加固长度根据土质而定,一般为6.0 m,当地下水水位位于隧道底板以上时取8.0 m(图6.19)。加固后地层应具有良好的均匀性和整体性,应进行钻孔取芯试验以检查加固效果,取芯试件无侧限抗压强度应达到0.8 MPa,渗透

系数不大于 1.0×10^{-7} cm/s。

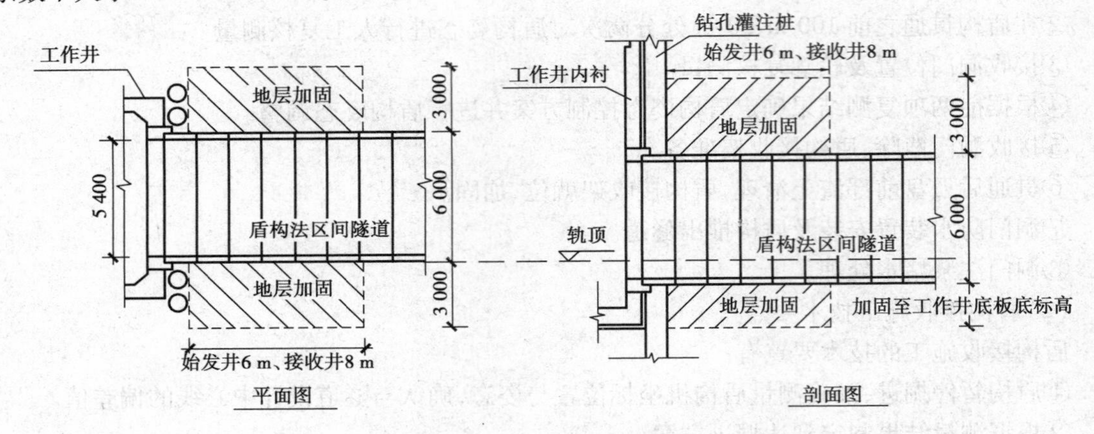

图 6.19　端头加固范围示意图

3)加固时机

端头加固时机根据加固方法不同而异,考虑 1 个月的工期、1 个月的龄期、检测后的补充加固等因素,一般应提前至少 3 个月进行。通常是在盾构施工前,车站或盾构井主体结构施工完成后进行,亦可在前期基坑土体开挖前进行。

4)加固方法

目前国内常用的加固方法有多种,视地质、地下水、埋深、盾构机直径、盾构机型、施工环境等因素,同时考虑安全、施工方便、经济性、进度等,可单独采用或联合采用。

(1)旋喷加固

旋喷桩法是利用工程钻机钻孔到设计深度,将一定压力的水泥浆液和空气,通过其端部侧面的特殊喷嘴同时喷射,并使土体强制与喷射出来的浆液流混合,胶结硬化。其具体施工工艺同地基基础加固。该法主要适用于第四纪冲击层、残积层及人工填土等。对于砂类土、黏性土、淤泥土及黄土等土质都能加固,但对砾石直径过大、含量过多及有大量纤维质的腐殖土时加固质量稍差。虽有应用范围广、施工简便、固结桩体强度高等特点,但总体造价偏高,在城市狭小的施工环境下,泥浆排放比较困难。

(2)深层搅拌加固

深层搅拌桩是软土地基加固和深基坑开挖侧向支护常用的方法之一,其主要是利用深层搅拌机械,用水泥、石灰等材料作为固化剂与地基土进行原位的强制粉碎拌和,待固化后形成不同形状的桩、墙体或块体等的地层加固方法。

该法主要适用于饱和软黏土、淤泥质亚黏土、新填土和沉积粉土等地层的加固,但在砂层中加固效果不好,须与旋喷桩等工法配合使用。该法受国产设备性能限制,一般在 14 m 深度以下加固效果较差,其优点是工程造价低、操作方便,场地较小时采用更为合理。

(3)冻结法加固

冻结法是指采用人工冻结原理,将土体温度降至零度以下,使土体固结形成较好的稳定土体,同时起到隔水的作用,在冻土帷幕保护下进行地下工程施工。

冻结法依冻结孔的布置方式,可分为水平冻结和垂直冻结。盾构始发到达端地层加固时多采用水平冻结,即采用水平圆筒体冻结加固方式。具体为在进出洞口的周围布置一定数量的水平冻结孔，经冻结后，在洞内形成封闭的冻土帷幕，起到盾构破壁时抵御水土压力、防止土层塌落、地表沉降和泥水涌入工作井或车站的作用。一般设计水平冻结深度为 5 ~ 10 m，冻结孔布置圈位比洞口直径大 1.6 ~ 2 m。

该法主要适用于各类淤泥层、砂层、砂砾层，但对于含水量低的地层不适用。

(4)注浆加固法

注浆加固法适用于多种地层，尤其是深度较深的砂质地层、砂砾层，地层较好的地段或与搅拌桩等工法相结合，对于水量不大的地段进行加固止水。可进行单液和双液注浆，同时可进行跟踪注浆；浆液种类较多，经济性和可施工性好，材料和施工方法多种多样，可根据地下水、地质、施工环境等来确定。

6.3 盾构掘进管理

盾构掘进由始发工作井始发到隧道贯通、盾构机进入到达工作井，一般经过始发、初始掘进、转换、正常掘进和到达掘进 5 个阶段。在正常推进中，盾构的掘进管理十分重要，其主要内容是掘进控制，包括掘进速度的控制和盾构机的姿态控制。

盾构掘进控制的目的是确保开挖面稳定的同时，构筑隧道结构、维持隧道线形、及早填充盾尾空隙。因此，开挖控制、一次衬砌、线形控制和注浆构成了盾构掘进控制“四要素”。施工前必须根据地质条件、隧道条件、环境条件和设计条件等，在试验的基础上，确定具体控制内容与参数，如表 6.1 所示。

表 6.1 盾构掘进控制内容

控制要素		内 容	
开挖	土压式	开挖面稳定	土压、塑流化改良
		排土量	排土量
		盾构参数	总推力、推进速度、刀盘扭矩、千斤顶压力等
	泥水式	开挖面稳定	泥水压、泥浆性能
		排土量	排土量
线 形		盾构机姿态、位置	倾角、方向、旋转
			铰接角度、超挖量、蛇形量
注 浆		注浆状况	注浆量、注浆压力
		注浆材料	稠度、泌水、凝胶时间、强度、配比
一次衬砌		管片拼装	真圆度、螺栓紧固扭矩
		防水	漏水、密封条压缩量不足、裂缝
		隧道中心位置	蛇形量、直角度

6.3.1 土压平衡盾构机的掘进管理

盾构前端刀盘切削下来的土体在土仓内通过加泥系统对充满土仓的切削土进行改良，使其具有良好的塑流性，通过可控制转速的螺旋输送机控制土仓的出土量，使土仓的改良土保持一定的压力，使之与开挖面的土压力保持动态平衡，以达到控制地面沉降的目的。

土压平衡式盾构掘进管理主要是开挖控制，以土压和塑流性改良控制为主，辅以排土量和盾构参数控制。

1)土压控制

开挖面的土压控制值，按"静水压 + 土压 + 预备压"设定。预备压用来补偿施工中的压力损失，通常取 10 ~ 20 kPa/m²。一般沿隧道轴线每隔适当距离，根据土质条件和施工条件设定土仓压力值。为使开挖面稳定，土压变动要小。

土仓压力值 P 应能与地层土压力 P_0 和静水压力相抗衡，在地层掘进过程中根据地质和埋深情况以及地表沉降监测数据进行反馈和调整优化。土压力一般通过装置在密封土仓内的土压计检测读出。土仓压力主要通过维持开挖土量与排土量的平衡来实现，可通过设定掘进速度、调整排土量或设定排土量、调整掘进速度来实现。

2)排土量控制

单位掘进循环(一般按一环管片宽度为一个掘进循环)开挖土量 Q 一般按开挖面面积与掘进循环长度的乘积计算。使用超挖刀时应计算超挖量。

土压平衡盾构排土量控制方法分为重量控制和容积控制两种。重量控制有检测运土车重量(土压盾构一般采用轨道运输)、用计量漏斗检测排土量等方法。容积控制一般采用比较单位掘进距离开挖土砂运土车台数的方法和根据螺旋输送机转数推算的方法。我国目前多采用容积控制方法。

土压与排土量相互依存，施工中以土压力为控制目标，通过实测土压力值 P 与设定的土压力值相比较，依此压力差进行相应的排土量管理。实测土压力值 P < 设定的土压力值时，应降低螺旋输送机转速或提高推进速度；反之，应提高螺旋输送机的转速或降低推进速度。当通过调节螺旋输送机的转速仍不能达到理想的出土状态时，可以通过改良渣土的塑流性状态来调整。

3)塑流化改良控制

土压平衡盾构掘进时，理想的土层特性是：塑性变形好、流塑至软塑状、内摩擦小、渗透性低。细颗粒含量低于 30% 的土砂层或砂卵石地层，必须加泥或泡沫等改良材料，以提高塑性流动性和止水性。

改良材料必须具有流动性、易与开挖土砂混合、不离析、无污染等特性。一般使用的改良材料有矿物系(如膨润土泥浆)、界面活性剂系(如泡沫)、高吸水性树脂系和水溶性高分子系四类，可单独或组合使用。我国目前常用前两类。

土仓内土砂的塑性流动性，一般可从排土的黏稠性状(根据经验)、输送效率(按螺旋输送机转速计算的排土量与按盾构推进速度计算的排土量进行比较)、盾构机械负荷变化情况等方面进行判断。

6.3.2 泥水平衡盾构机的掘进管理

泥水平衡式盾构开挖控制,以泥水压和泥浆性能控制为主,辅以排土量控制。

1)**泥水压力管理**

泥水盾构工法是将泥膜作为媒体,由泥水压力来平衡土体压力。在泥水平衡理论中,泥膜的形成至关重要,当泥水压力大于地下水压力时,泥水按达西定律渗入土壤,形成与土壤间隙成一定比例的悬浮颗粒,被捕获并积聚于土壤与泥水的接触表面,泥膜就此形成。随着时间的推移,泥膜的厚度不断增加,渗透抵抗力逐渐增强。当泥膜抵抗力远大于正面土压时,产生泥水平衡效果。

开挖面的泥水压控制值一般按"地下水压(间隙水压)+土压+附加压"设定,附加压通常取20~50 kN/m²。

2)**泥浆性能管理**

在泥水盾构法施工中,泥水起着两方面的重要作用:一是依靠泥水压力在开挖面形成泥膜或渗透区域,开挖面土体强度提高,同时泥水压力平衡了开挖面土压和水压,达到了开挖面稳定的目的;二是泥水作为输送介质,担负着将所挖出的土砂运送到地面的任务。因此,泥水性能控制是泥水式盾构施工的最重要要素之一。

泥水性能主要包括:比重、黏度、pH值、过滤特性和含砂率,这些参数需现场检测。

3)**排土量管理**

泥水盾构排土控制方法有容积控制与干砂量控制两种。

(1)容积控制方法

$$Q_3 = Q_2 - Q_1 \tag{6.2}$$

式中 Q_3——排土体积,m³;

Q_2——单位掘进循环排泥流量,m³;

Q_1——单位掘进循环送泥流量,m³。

当开挖土计算体积 $Q > Q_3$ 时,一般表示泥浆流失(泥浆或泥浆中的水渗入土体);$Q < Q_3$ 时,一般表示涌水(由于泥水压力低,地下水流入)。正常掘进时,泥浆流失现象居多。

(2)干砂量控制法

干砂量表征土体或泥浆中土颗粒的体积,开挖土干砂量 V 可按下式计算:

$$V = \frac{100\,Q}{\omega G + 100} \tag{6.3}$$

式中 V——开挖土干砂量,m³;

Q——开挖土计算体积,m³;

G——土颗粒密度;

ω——土体的含水量,%。

控制方法是检测单位掘进循环送泥干砂量 V_1 和排泥干砂量 V_2,按下式计算排土干砂量 V_3:

$$V_3 = V_2 - V_1 = \frac{(G_2 - 1)Q_2 - (G_1 - 1)Q_1}{G_1 - 1} \tag{6.4}$$

式中　V_2——单位掘进循环排泥干砂量，m^3；

V_1——单位掘进循环送泥干砂量，m^3；

G_2——排泥密度；

G_1——送泥密度。

当 $V > V_3$ 时，一般表示泥浆流失；$V < V_3$ 时，一般表示超挖。

6.3.3　盾构机姿态控制

盾构的姿态包括推进的方向和自身的扭转。盾构姿态控制的关键在于盾构姿态的施工测量。姿态测量包括平面偏离测量和高程偏离测量。姿态测量的频率视工程的进度、线路和现场施工情况灵活掌握，理论上每10环测一次。

1）盾构偏向的原因

①地质条件的因素。由于地层土质不均匀，以及地层有卵石或其他障碍物，造成正面及四周的阻力不一致，从而导致盾构在推进中偏向。

②机械设备的因素。如各千斤顶工作不同步，由于加工精度误差造成伸出阻力不一致，盾构外壳形状误差，设备在盾构内安置偏重于某一侧，千斤顶安装后轴线不平行等。

③施工操作的因素。如部分千斤顶使用频率过高，导致衬砌环缝的防水材料压密量不一致，挤压式盾构推进时有明显上浮；盾构下部土体有过量流失；管片拼装质量不佳等。

2）盾构偏向的治理方法

（1）调整不同千斤顶的编组

盾构在土层中向前受到土的阻力与千斤顶顶力的合力位置不在一条直线上时，会形成力偶，导致盾构偏向。调整不同千斤顶的编组，可组成一个有利于纠偏的力偶，调整盾构的姿态，从而调整其高程位置及平面位置。在用千斤顶编组施工时应注意：

①千斤顶的只数应尽量多，以减少对已完成隧道管片的施工应力。

②管片纵缝处的骑缝千斤顶一定要用，以保证成环管片的环面平整。

③纠偏数值不得超过操作规程的规定值。

（2）调整千斤顶区域油压

目前多数盾构将千斤顶分为上、下、左、右4个区域，每一区域为一个油压系统。通过区域油压调整，起到调整千斤顶合力位置的作用，使其合力与作用于盾构上阻力的合力形成一个有利于控制盾构轴线的力偶。

（3）控制盾构的纵坡

纵坡控制的目的主要是调整盾构高程，还可调整盾构与已成管片端面间的间隙，以减少下一环拼装施工的困难。控制纵坡的方法：

①变坡法。在每一环推进施工中，用不同的盾构推进坡度进行施工，最终达到预先指定的纵坡。在变坡法推进中，可根据管片与盾构相对位置（以盾构不卡管片为原则），采用先抬后压或先压后抬的措施；也可用逐渐增坡或减坡的方法。

②稳坡法。盾构每推一环用一个纵坡，以符合纠坡要求，但要做到稳坡，具有相当高的技术难度，用这种方法盾构在推进中对地层扰动最小。

(4)调整开挖面阻力

当利用盾构千斤顶编组或区域油压调整无法达到纠偏目的时,可采用调整开挖面阻力,也就是人为地改变阻力的合力位置,从而得到一个理想的纠偏力偶,来达到控制盾构轴线的目的。这种方法纠偏效果较好,但各种不同的盾构形式有不同的方法,敞开式挖土盾构可采用超挖;挤压式盾构可调整其进土孔位置和扩大进土孔。

3)盾构机的自转

由于土质的不均匀、过度纠偏、刀盘的单向旋转、盾构的制作及安装误差等,盾构机在推进过程中会发生自转现象。自转量较小时,可用改变机内举重臂、转盘、大刀盘等大型旋转设备旋转方向的方法来调整;自转量较大时,则采用压重的方法,使其形成旋转力偶来纠正。

6.3.4 壁后注浆

向衬砌壁后注浆是盾构法施工的一个必不可少的工序,尤其是在地面有密集建筑物的地区修建隧道时,它不仅是一道非常重要的工序,并且一定要做好这道工序。

1)注浆目的

①防止地表变形。盾构向前推进时,脱出盾尾的衬砌与土层之间就会形成一环形空隙,若不用合适的材料及时填充这些空隙,土层就会发生变形,致使地表沉降。注浆是防止地表变形的有效措施。

②注浆可及时充填隧道底板下的空隙,防止或减少管片的沉降,从而可保证成形隧道轴线的质量。

③形成有效的防水层,增加衬砌接缝的防水性能。

④注浆后浆体附在衬砌圆环的外周,改善了衬砌的受力状况。

⑤可用注浆的压力来调整管片与盾构的相对位置,有利于盾构推进纠偏。

2)注浆方式

壁后注浆按与盾构推进的时间和注浆目的不同,可分为一次注浆、二次注浆和堵水注浆。

(1)一次注浆

一次注浆分为同步注浆、即时注浆和后方注浆,要根据地质条件、盾构直径、环境条件、开挖断面的制约、盾尾构造等充分研究确定。

同步注浆是在盾构向前推进、盾尾空隙形成的同时进行注浆、充填,分为从设在盾构的注浆管注入和从管片注浆孔注入两种方式,前者如图6.20所示。从管片注浆孔注入时,又称为半同步注浆。一般盾构直径较大,或在冲积黏性土和砂质土中掘进多采用同步注浆。

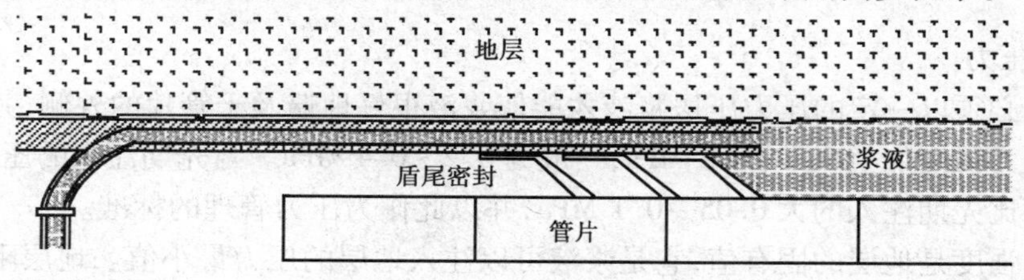

图6.20 同步注浆系统示意图

当一环掘进结束后从管片注浆孔注入时为即时注浆，掘进数环后从管片注浆孔注入时称为后方注浆，后方注浆适用于自稳性较好的地层中。

(2)二次注浆

二次注浆是在同步注浆结束以后，通过管片吊装孔对管片背后进行补强注浆，以提高同步注浆的效果，提高管片背后土体的密实度。尤其是在同步注浆后地表沉降依旧很大，或已拼装成形管片有渗水现象时，二次注浆就显得尤为重要。

(3)堵水注浆

为提高管片背后注浆层的防水性及密实度，在富水地区考虑前期注浆受地下水影响以及浆液固结率的影响，必要时在二次注浆结束后再进行堵水注浆。

3)注浆材料

因壁后注浆浆液的选择受地层条件、盾构机类型、施工条件、价格等因素支配，故应在掌握浆液特性的基础上，按实际条件选用最合适的浆液。作为注浆的材料，应具备以下性质：

流动性好；注入时不离析；具有均匀的高于地层土压的早期强度；良好的填充性；注入后体积收缩小；阻水性高；有适当的黏性，以防止从盾尾密封漏浆或向开挖面回流；不污染环境。

通常使用的注浆材料有水泥单液浆和水泥-水玻璃双液浆。由于水泥的水化反应非常缓慢，单液浆凝结时间长、不宜控制；双液浆根据水玻璃浓度、水泥浆浓度、水玻璃与水泥浆体积比等情况，凝胶时间可控。使用双液浆时，应注意对注浆管的清洗，否则会发生堵管现象。

不论选用何种浆液，浆液配比一定要在施工前通过试验确定。施工过程中再根据地表沉降、地层和地下水变化等因素做适当的调整，切不可一成不变。

4)注浆控制

注浆控制分为压力控制和注浆量控制两种。压力控制是保持设定压力不变、注浆量变化的方法，注浆量控制是注浆量一定、压力变化的方法。一般仅采用一种控制方法都不充分，应同时进行压力和注浆量控制。

(1)注浆量

注浆量除受浆液向地层渗透和泄露外，还受曲线掘进、超挖和浆液种类等因素影响，不能准确确定。注入量必须能很好地填充尾隙，因为壁后注入量受向土体中的渗透以及受渗漏损失、小曲率半径施工、超挖、壁后注浆的种类等多种因素的影响，但这些因素的影响程度目前尚不明确。一般来说，使用双液型浆液时，注入量多为理论空隙量的150%~200%，也有少量超过250%的情况。施工中如发现注入量持续增多，必须检查超挖、漏失等因素；注入量低于预定量时，可能是浆液配比、注入时期、注入地点、注入机械不当或出现故障所致，必须认真检查并采取相应的措施。

(2)注浆压力

壁后注浆必须以一定的压力压送浆液才能使浆液很好地遍及于管片的外侧，其压力大小大致等于地层阻力强度加上0.1~0.2 MPa，一般为0.2~0.4 MPa。与先期注入的压力相比，后期注入的压力要比先期注入的大0.05~0.1 MPa，并以此作为压力管理的标准。

地层阻力强度是地层的固有值，它是浆液可以注入地层的压力最小值。地层阻力强度因土层条件及掘削条件的不同而不同，通常在0.1~0.2 MPa以下，但也有高到0.4 MPa的情形。

6.4　隧道衬砌

盾构法隧道应用最多的是圆形断面,其衬砌结构有单层结构和双层结构。单层结构多用装配式管片构筑,如图6.21(a)所示;双层结构是在管片衬砌(一次衬砌)内再整体套砌一层混凝土(二次衬砌),如图6.21(b)所示。盾构法隧道一般无需设置二次衬砌,只有当隧道功能有特殊要求时方采用双层结构,如穿越松软含水层时为防水防蚀、增加衬砌强度和刚度等。

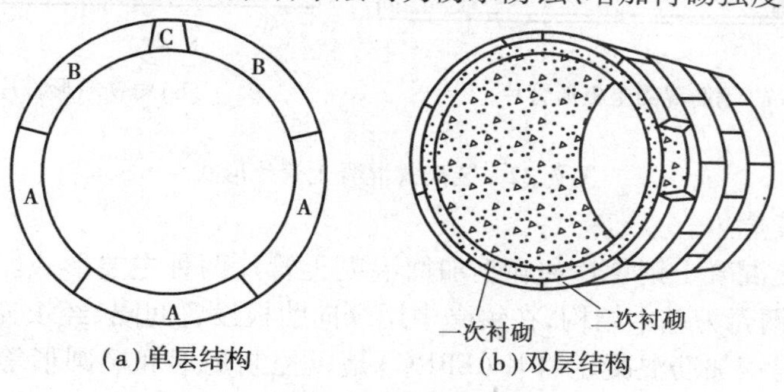

(a)单层结构　　(b)双层结构

图6.21　盾构隧道衬砌结构

一般来说,一次衬砌是将我们称作管片的预制件用螺栓等连接物拼装而成的,二次衬砌是在一次衬砌的内侧现浇混凝土构成。

采用拼装式衬砌时,一次衬砌到隧道轴向(纵向)一定长度(通常1.0~2.0 m)的一段环状物称为管环;把管环沿周向分割成若干块弧形状板块,该弧状板块即称为管片。为了提高盾构隧道的施工速度,管片事先在工厂采用设计的材料预制而成构件,构筑隧道时运至现场拼装为管环进而串接成一次衬砌。

6.4.1　管片的类型

管片作为盾构开挖后的一次衬砌,它支撑作用于隧道上的土压和水压,防止隧道土体坍塌、变形及渗漏水,是隧道永久性结构物,并且要承受盾构机推进时的推力以及其他荷载。

管片按位置不同有标准管片(A型管片,平面形状为矩形)、邻接管片(B型管片,平面形状为半梯形)和封顶管片(C型管片,有的称为K型管片,平面形状为梯形)三种。直线段采用标准环管片,曲线施工和纠偏时将使用楔形环(分左转弯环和右转弯环)管片;按其形状分为板形管片和箱形管片,如图6.22所示;按制作材料分有球墨铸铁管片、钢管片、复合管片和钢筋混凝土管片等。

箱形管片是由主肋和接头板或纵向肋构成的凹形管片的总称。平板形管片指具有实心断面的弧板状管片,一般由钢筋混凝土制作。球墨铸铁管片强度高、质量轻、搬运安装方便、防水性能好,但加工设备要求高、造价大,不宜承受冲击荷载,已较少采用。钢管片用型钢或钢板焊接加工而成,其强度高、延性好、运输安装方便,但易变形、易锈蚀、造价高,采用的也不多,仅在如平行隧道的联络通道口部的临时衬砌等特殊场合使用。

20世纪60年代以来,盾构隧道衬砌结构逐渐推广应用拼装式钢筋混凝土管片。该管片有一定强度,加工制作比较容易,耐腐蚀,造价低,是目前最常用的管片形式,但较笨重,在运输、安

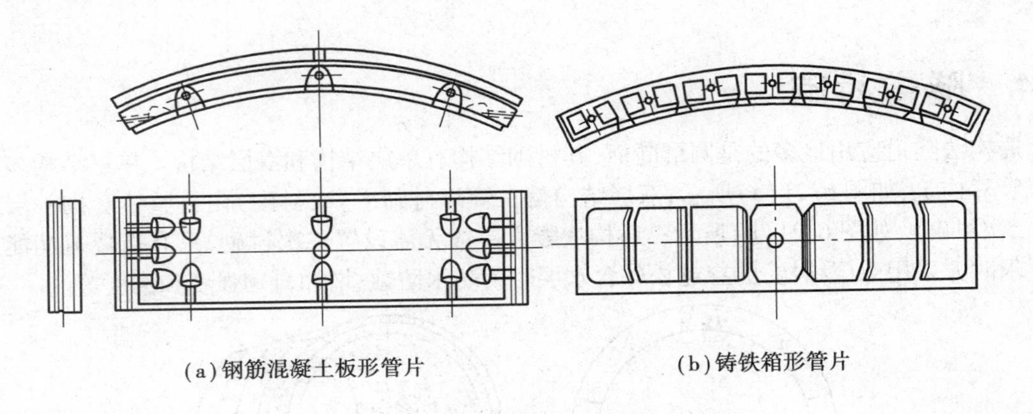
(a)钢筋混凝土板形管片　(b)铸铁箱形管片

图 6.22　装配式混凝土管片形式

装施工过程中易缺棱掉角。

复合管片有填充混凝土钢管片和扁钢加筋混凝土管片两种主要形式。填充混凝土钢管片(SSPC)以钢管片的钢壳为基本结构,在钢壳中用纵向肋板设置间隔,经填充混凝土后成为简易的复合管片结构。扁钢加筋混凝土管片(FBRC)是以控制矩形和椭圆形等特殊断面管片厚度和钢筋用量,谋求降低制作成本为目的而开发出来的管片结构。由于使用扁钢作为主筋,和以往的管片相比,可以增加主筋的有效高度,其结构性能较好。

6.4.2　管片的尺寸

管片的尺寸包括管片的宽度、厚度、外弧长度、内弧长度、内外弧半径、螺栓孔的间距及其布置圈径等,如图 6.23 所示。

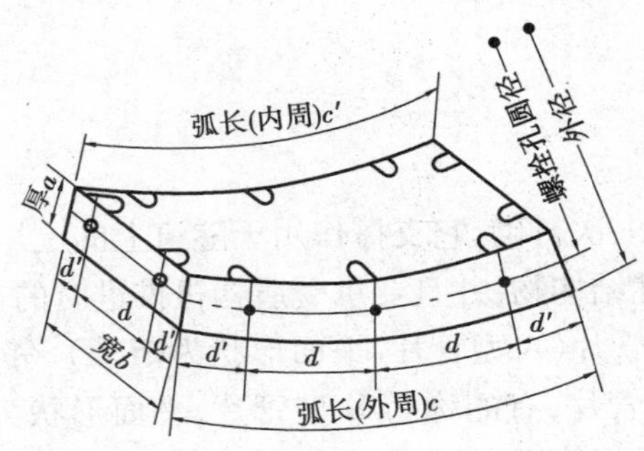

图 6.23　管片外形几何尺寸

1)管片宽度

管片宽度越大,隧道衬砌环接缝就越少,因而漏水环节、螺栓也越少,施工进度加快,经济效益明显提高。但它受运输及盾构机械设备能力的制约,应综合考虑举重臂能力及盾构千斤顶的行程。目前国内常用的环宽一般为 1 200 mm,也有用 1 500 mm 或 1 000 mm。对于特大隧道,环宽还可适当加宽,如上海长江隧道盾构管片环宽为 2 000 mm。

2)管片厚度

管片厚度根据隧道直径大小、埋深、承受荷载情况、衬砌结构构造、材质、衬砌所承受的施工荷载(主要是盾构千斤顶顶力)大小等因素来确定,一般为隧道直径的0.05～0.06倍。直径6.0 m及以下的隧道,管片厚度为250～350 mm;直径6.0 m以上的隧道,厚为350～600 mm,如上海长江隧道管片厚度为650 mm。

3)管片环向长度

因管片生产时采用钢模制作,故管片的环向长度(即弧长)与衬砌圆环的分块块数有关。分块越多,管片的环向长度越短。

4)每环管片分块数

衬砌圆环的分块主要由管片制作、运输、安装等方面的实践经验确定,但也应符合受力性能要求。从制作、防水、拼装速度方面考虑,衬砌环分块数越少越好,最少可以分为三块;但从运输及拼装方便而言又希望分块数多一些为好。以钢筋混凝土管片为例,10 m左右大直径隧道在饱和含水软弱地层中为减少接缝形变和漏水可以分为8～10块,6 m左右直径隧道一般分成6～8块,尤以接头均匀分布的8块为佳,符合内力最小的原则。

目前,国内的城市地铁盾构标准隧道通常环向分块为6块,即3块标准块、2块邻接块和1块封顶块组成。上海长江盾构隧道衬砌环分为10块,即由7块标准块、2块邻接块和1块封顶块组成。

6.4.3 管片的拼装

管片拼装可采用螺栓连接或无螺栓连接形式(图6.24和图6.25)。上海长江隧道管片环、纵向采用斜螺栓连接,环间采用C级M30纵向螺栓连接,块与块间以C级M39的环向螺栓相连。标准盾构隧道通常采用C级M24螺栓连接。

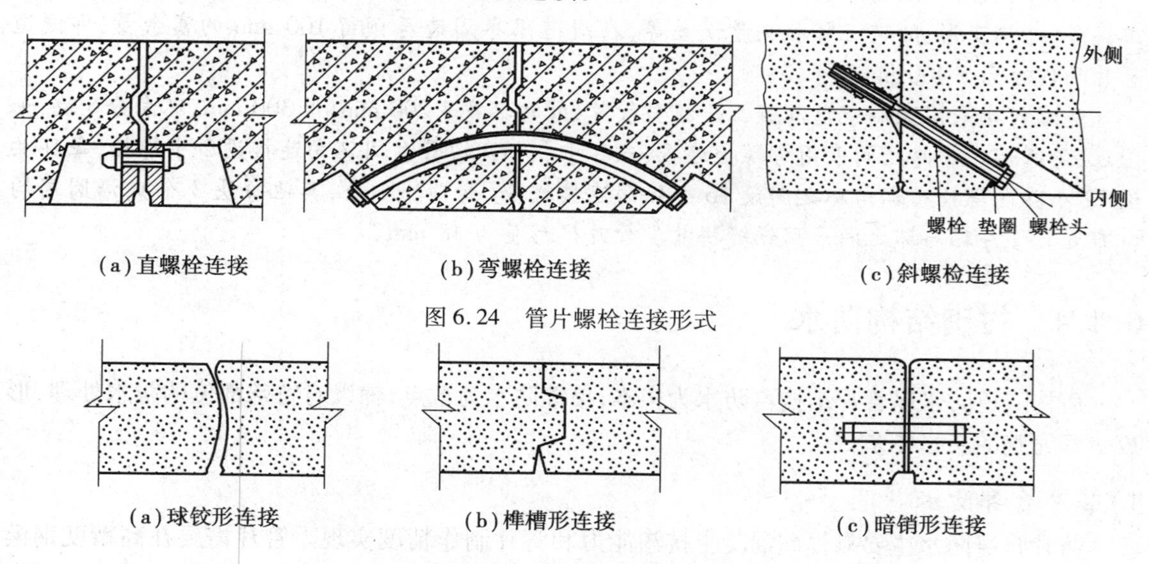

(a)直螺栓连接　(b)弯螺栓连接　(c)斜螺栓连接

图6.24 管片螺栓连接形式

(a)球铰形连接　(b)榫槽形连接　(c)暗销形连接

图6.25 管片无螺栓连接形式

隧道管片拼装按其整体组合,可分为通缝拼装和错缝拼装。

(1)通缝拼装

通缝拼装是各环管片纵缝对齐的拼装,这种拼法在拼装时定位容易,纵向螺栓容易穿,拼装施工应力小,但容易产生环面不平,并有较大累计误差,而导致环向螺栓难穿,环缝压密量不够。此种拼装方式常用于始发阶段的负环拼装和横通道交界处开口环管片拼装时采用。

(2)错缝拼装

错缝拼装即前后环管片的纵缝错开拼装,区间正线隧道管片拼装通常采用此种方式。用此法建造的隧道整体性较好,施工应力大易使管片产生裂缝,纵向穿螺栓困难,纵缝压密差,但环面较平整,环向螺栓比较容易穿。

一般情况下,管片拼装顺序为先下后上、左右交叉、纵向插入、封顶成环,即依次为 A 型管片、B1 型管片、B2 型管片和 C 型管片。

C 型管片的拼装形式有径向楔入、纵向插入(图 6.26)两种。径向楔入时其半径方向的两边线必须呈内八字形或者至少是平行,受荷后有向下滑动的趋势,受力不利。采用纵向插入形式的封顶块受力情况较好,在受荷后,封顶块不易向内滑移;其缺点是在封顶块管片拼装时,需要加长盾构千斤顶行程。故通常情况下采用一半径向楔入和另一半纵向插入的方式以减少千斤顶行程。

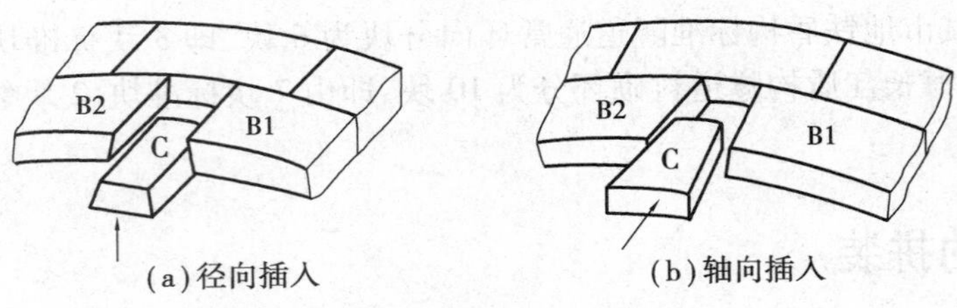

图 6.26　C 型管片封顶形式

【工程实例】北京地铁盾构隧道设计

北京地铁盾构隧道一般为圆形隧道,隧道的建筑限界为 5 200 mm,考虑盾构隧道施工的施工误差、结构变形、隧道沉降和测量误差等,在隧道限界周边再预留 100 mm 的富余量,即隧道管片的内径为 5 400 mm。

隧道衬砌采用预制钢筋混凝土平板型管片,管片环宽 1 200 mm、厚 300 mm,环向分 6 块,如图 6.27 所示。管片之间采用弯螺栓连接,一环中相邻两块管片间环向连接设 2 个螺栓,每环共设 12 个环向螺栓。环与环之间设 16 个纵向连接螺栓(封顶块 1 个,其他每块 3 个),沿圆周均匀布置。管片环与环之间采用错缝拼装。管片楔形量为 48 mm。

6.4.4　衬砌结构防水

盾构隧道防水以管片结构自防水为根本,接缝防水为重点,辅以对特殊部位的防水处理,形成一套完整的防水体系。

1)管片自身防水

管片自身防水主要靠提高混凝土抗渗能力和管片制作精度实现。管片需要在高精度钢模内制作,制作的允许误差应符合相关规范和满足设计要求。抗渗等级一般不得小于 P10。浇筑、养护、堆放和运输中应严格执行质量管理。盾构推进过程中,避免对拼装好管片产生纵向或环向裂纹,影响管片防水能力。

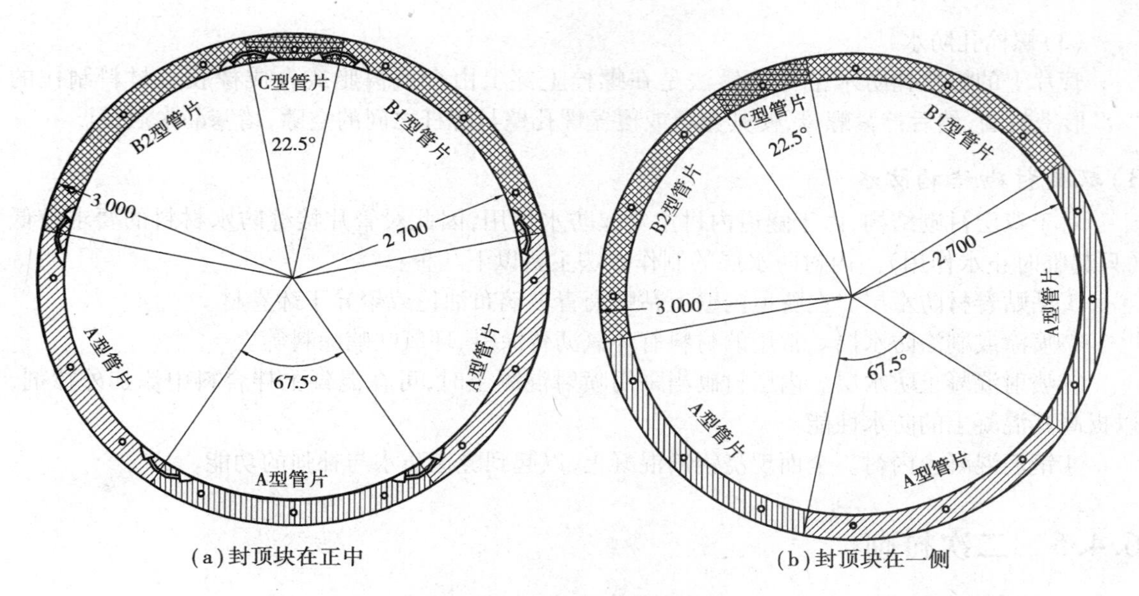

(a)封顶块在正中　　(b)封顶块在一侧

图6.27　管片衬砌环分块图

2)管片接缝防水

对于单层衬砌而言,接缝防水构造是隧道衬砌构造永久组成部分。选用的防水材料要求有较高的耐老化性能。在承受接头紧固压力和千斤顶推力产生的接缝往复变形后,仍有良好的弹性复原力和防水能力,且便于施工。单层衬砌的接缝防水主要包括密封垫防水、嵌缝防水和螺栓孔防水,如图6.28所示。

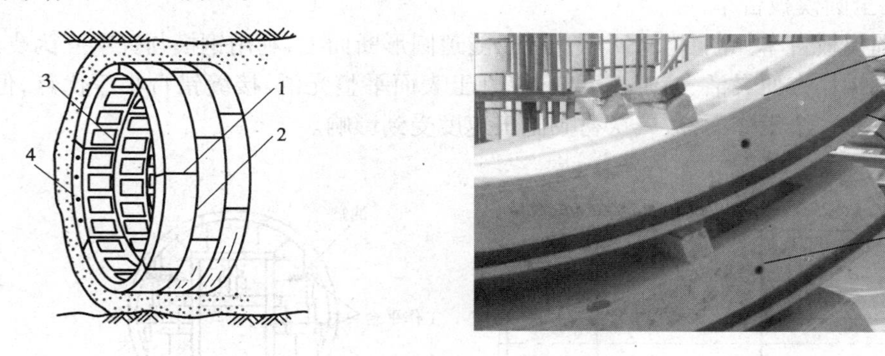

图6.28　防水部位示意图

1—纵缝防水密封垫;2—环缝防水密封垫;3—嵌缝槽;4—螺栓孔

(1)密封垫防水

衬砌管片外弧侧面沿管片四周设置一道封闭的防水弹性密封垫,密封垫在管片拼装前用黏结剂粘贴于接缝面的预留沟槽内,橡胶与接触面的剪切强度指标要符合设计要求。

(2)嵌缝防水

嵌缝防水作业一般在管片拼装完成和变形已达到相对稳定时进行,是以接缝密封垫防水作为主要防水措施的补充措施。管片内弧面边缘留有嵌缝槽,嵌缝材料可选用乳胶水泥、环氧树脂和焦油聚氨酯材料等。近几年研制成功的遇水膨胀嵌缝膏是一种较好的嵌缝材料。

(3)螺栓孔防水

管片上的螺栓孔防水常见的做法是在螺栓上穿上由合成树脂或合成橡胶类材料制作的"O"形密封圈,然后拧紧螺母,使其充填或覆盖螺孔壁与螺杆之间的空隙,堵塞漏水通道。

3)双层衬砌结构防水

对于双层衬砌结构,由于隧道内衬主要起防水作用,因此对管片接缝防水材料的要求较低(只起临时止水作用)。内衬防水层的制作方法主要以下几种:

①粘贴卷材防水层。在隧道内壁上粘贴沥青玻璃布油毡或聚异丁烯卷材。

②喷涂或刷涂防水层。常用的材料有环氧沥青涂料、环氧呋喃涂料等。

③喷射混凝土防水层。内层衬砌当采用喷射混凝土时,可在混凝土拌合料中添加外掺剂,以提高其混凝土的防水性能。

④钢筋混凝土内衬。全面现浇钢筋混凝土,以起到隧道防水与补强的功能。

6.4.5 二次衬砌

隧道支护设计为双层结构时,管片拼装结束后需进行二次衬砌。二次衬砌目前还只能单工序施工,即在管片拼装全部完成后再单独施作模筑混凝土。根据不同的地质条件,可设计为混凝土、钢筋混凝土或钢纤维混凝土衬砌。

在二次衬砌施工前,必须进行管片接头螺栓的复紧,管片的清扫及漏水部分的止水。

1)二次模筑混凝土设备

(1)针梁式全圆模板台车

针梁式全圆模板台车如图6.29所示。在长隧道圆形断面上,利用钢模与针梁互为支承、穿梭前进。它具有操作方便灵活、施工速度快、混凝土表面平整光滑、接缝错台小等优点,但相对穿行模板台车只有一个工作面,故二次衬砌施工速度受到影响。

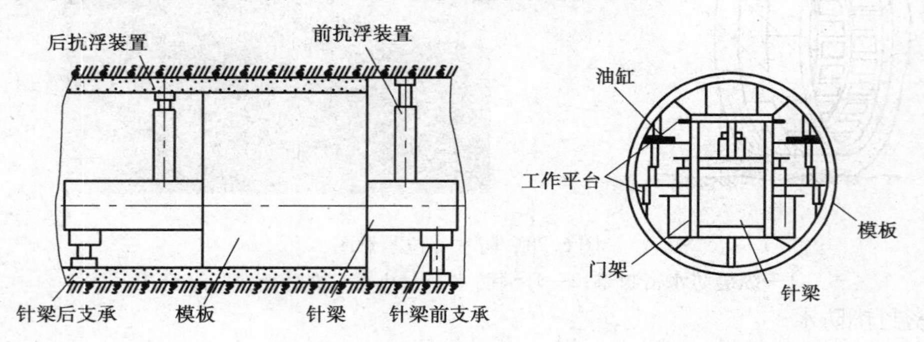

图6.29 针梁式模板台车

针梁式全圆模板台车针梁的长度可根据具体施工需要确定,它由若干段拼接而成,每段由底模、左右侧模和顶模组成。在组合钢模板上开有若干个窗口(尺寸一般为450 mm × 600 mm),以供进料、进出人及检查之用。此外还设有若干个孔,用来埋设浇浆管。在顶模上设有3个混凝土尾管注入口。在组合钢模的顶拱和左右侧模的全长上布置有液压油缸(或采用丝杆),供浇筑混凝土时作固定支承和脱模时作收模用,模板脱模后,再次复位时,则由定位油缸的定位销来保证其圆度。

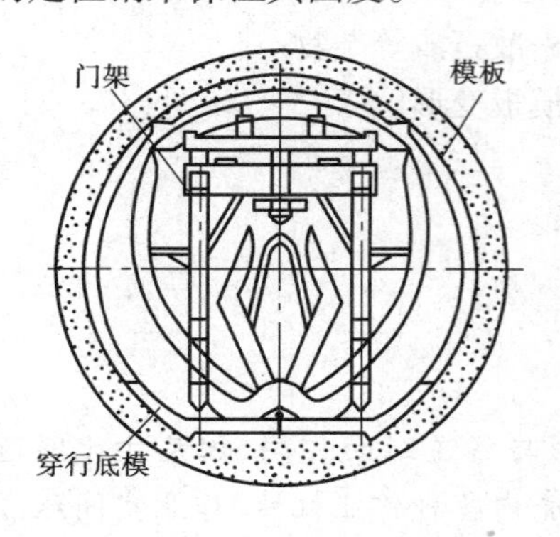

图6.30 穿行式模板台车

(2)全圆穿行式模板台车

穿行式模板台车结构如图6.30所示，一般由2～3段模板、一个龙门架组成。模板由顶模、两侧边模及两底模组成，当浇筑完混凝土、龙门架撤离时，模板总成可自立承载混凝土质量。龙门架(或称穿行架)由机架、走行机构、液压系统和螺杆支撑系统组成；整个模板总成由龙门架支承并下降，这样内收后的模板总成外轮廓尺寸小于定位后的模板总成的内轮廓尺寸，使内收后的模板总成能在定位的模板总成内穿过；由于模板总成内收时要占据自行轨道以内的下部空间，所以龙门架长度大于模板长度以便给模板内收让出空间；在模板两端以外，龙门架的4根立柱通过下面的行走机构与走行轨相接，4根立柱与箱形结构的主桁架相连，构成龙门架主体，龙门架的下横梁控制了通过车辆的高度；由液压系统完成对模板总成的支立。在模板总成和龙门架之间设置托架机构，使它的连接方便、准确。

全圆穿行式模板台车具有可分离、可自稳、可穿行、可连续作业、平行作业等特点，单工作面设计月衬砌可达500 m以上。

2)模板台车定位、浇筑、脱模

(1)模板台车定位、前移

由穿行架走行轮、升降油缸、水平油缸、模板伸缩油缸完成对接和中线、水平定位，并由穿行架与模板总成间及模板自身的连接销、锁定螺栓等完成锁定。

台车拱墙模板脱模后落在穿行架上，通过穿行架在三组模板之间的行走来实现台车拱墙模板的前移；底模模板由穿行架两端悬臂梁进行提升后，在穿行架上滑动前移。

(2)安装堵头

模板台车定位并锁定后，即进行木模堵头安装。木模堵头板预留止水条安装的缝带，在安装堵头板时把止水条也一并安装好。

(3)混凝土浇筑

浇筑混凝土时应左右对称分层进行，确保两侧混凝土平行浇筑，采用两台输送泵同时浇筑混凝土。捣固采用插入式振捣器加高频低幅附着式振捣器配合进行。

(4)封顶工艺

在浇筑封顶时，混凝土必须确保连续供应，并插好排气孔，注意封顶程序，确保安全和封顶密实。封顶时只能用一台泵进行浇筑，并有专人指挥，排气孔一有漏浆立即停止正常泵送，采取点动控制泵送，确保浇筑安全。混凝土初凝后及时将排气管松动、拔出。

(5)混凝土的脱模、养护

在混凝土浇筑完成48 h后方可脱模，脱模时穿行架与预脱模的模板连接后，按先收侧模，再收顶模，最后收底模的程序进行脱模。脱模后喷水养护，养护期为14 d，当隧道内湿度在85%以上时，可停止喷水养护；当湿度不够时，继续喷水养护至28 d龄期。

3)二次衬砌施工主要技术措施

①严格拱顶混凝土浇筑工艺，采取预埋排气管法，确保拱顶混凝土浇筑密实。

②精心进行配合比设计并不断优化,严格按配合比准确计量。

③立模前先检查断面、中线、渗漏水情况,清除底部积水、松散石渣等杂物。

④泵送混凝土入仓自下而上、分层对称浇筑,防止偏压使模板变形。

⑤每循环脱模后,清刷模板,涂脱膜剂。

⑥冬季施工时,混凝土拌和、运输、养护严格执行规范要求。

本章小结

(1)盾构一词的含义为遮盖物、保护物。盾构机是由外形与隧道断面相同、但尺寸比隧道外形稍大的钢筒或框架压入地层中构成保护掘削机的外壳和壳内各种作业机械、作业空间组成的组合体,是一种既能支承地层压力,又能在地层中推进的施工机械。以盾构机为核心的一套完整的建造隧道的施工方法称为盾构法。目前,盾构法已广泛应用于地铁、铁路、公路、市政、水电隧道工程,在地下工程施工方法中占有重要地位。

(2)盾构法具有快速、优质、高效、安全、自动化和信息化程度高、劳动强度低、作业条件好、场地作业少、噪声和振动引起的环节影响小、对地层的适应性宽等很多优点,但也存在一定的不足:施工设备费用较高;隧道曲线半径过小时,施工较为困难;隧道覆土太浅时开挖面稳定甚为困难;隧道上方一定范围内的地表沉陷尚难完全防止;饱和含水地层中,对拼装衬砌的整体结构防水性的技术要求较高。

(3)盾构主要适用于松软、含水丰富的土质地层。盾构机的种类繁多,土压平衡盾构和泥水平衡盾构是目前最为先进、应用最广的两种隧道施工机械。盾构机的型号应根据具体情况经安全与技术经济比较后选定。

习　题

6.1　简述盾构法施工的基本步骤。

6.2　盾构有哪些分类方式?各种典型盾构的特点是什么?

6.3　盾构的基本构造有哪些?刀盘的主要功能有哪些?

6.4　简述土压平衡式盾构和泥水平衡式盾构的基本原理。

6.5　简述盾构始发工艺流程。盾构始发的施工技术要点有哪些?

6.6　盾构接收的施工程序和主要施工技术要点各是什么?

6.7　端头土体加固的范围和时间如何确定?有哪些常见的端头加固方法?

6.8　盾构施工可分为哪几个阶段?何谓盾构掘进控制的"四要素"?

6.9　泥水盾构和土压盾构掘进控制的主要内容有何区别?

6.10　简述盾构管片的拼装施工。

6.11　壁后注浆的目的是什么?注浆方式有哪些?

6.12　简述盾构隧道的结构防水措施。

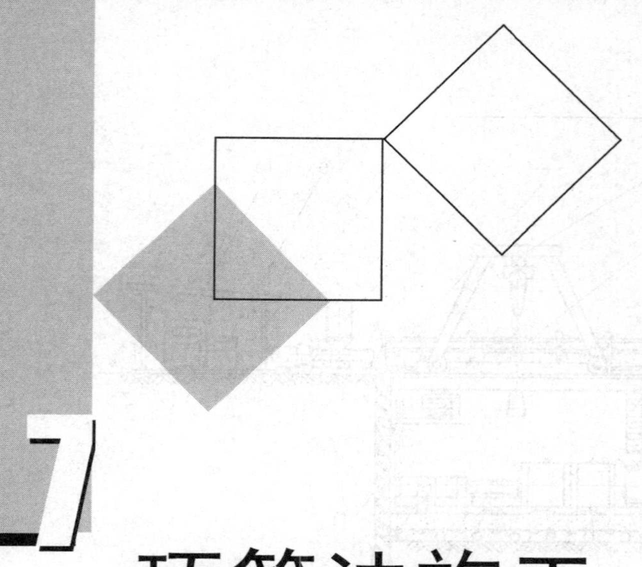

7 顶管法施工

本章导读:

顶管是继盾构之后发展起来的一种土层地下工程施工方法,主要用于地下进水管、排水管、煤气管、电信电缆等的敷(铺)设通道施工。它不需要开挖地面,并且能够穿越公路、铁道、河川、地面建筑物、地下构筑物以及各种地下管线等,是一种非开挖的铺设地下管道的施工方法。

- **主要教学内容:**顶管法的基本概念与原理、顶管机及其选型、顶管工作井及布置、顶管施工技术、管节防水技术、顶管工程计算等。
- **教学基本要求:**了解顶管法施工的基本原理,熟悉主要施工设备,掌握基本的施工工艺、方案和方法。
- **教学重点:**顶管机及其选型、顶管施工技术、顶管工程计算等。
- **教学难点:**各种顶管机的形式与结构、顶管工程计算。
- **网络资讯:**网站:www. trenchless. cn, www. stec. net, www. cstt. org。关键词:顶管,非开挖技术,顶管施工,顶管机,顶管原理,顶管隧道。

7.1 顶管法简介

7.1.1 基本原理

顶管施工一般是先在始发井(坑)内设置支座和安装液压千斤顶,借助主顶油缸及管道沿程设置的中继油缸等的推力,把工具管或掘进机从工作井(坑)内穿过土层一直推到接收井(坑)内吊起。与此同时,紧随工具管或掘进机后面,将预制的管段逐一顶入地层。可见,这是一种边顶进、边开挖地层、边将管段接长的管道埋设方法,其施工流程如图 7.1 所示。

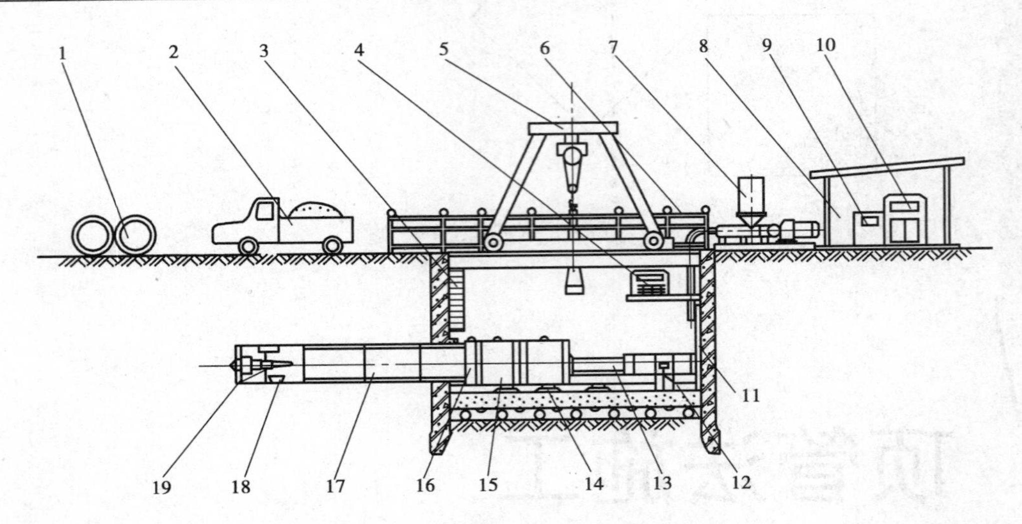

图 7.1 顶管施工示意图

1—预制的混凝土管；2—运输车；3—扶梯；4—主顶油泵；5—行车；6—安全护栏；7—润滑注浆系统；8—操纵房；9—配电系统；10—操纵系统；11—后座；12—测量系统；13—主顶油缸；14—导轨；15—弧形顶铁；16—环形顶铁；17—已顶入的混凝土管；18—运土车；19—机头

施工时，先制作顶管始发井及接收井，作为一段顶管的起点和终点。始发井中有一面或两面井壁设有预留孔，作为顶管出口，其对面井壁是承压壁，其前侧安装有顶管的千斤顶和承压垫板（即钢后靠）。千斤顶将工具管顶出始发井预留孔，而后以工具管为先导，逐节将预制管节按设计轴线顶入土层中，直至工具管后第一节管节进入接收井预留孔，施工完成一段管道。为进行较长距离的顶管施工，可在管道沿程间隔一定距离设置一至多个中继间作为接力顶进，并在管道外周压注润滑泥浆。

整个顶管施工系统主要由工作基坑、掘进机（或工具管）、顶进装置、顶铁、后座墙、管节、中继间、出土系统、注浆系统以及通风、供电、测量等辅助系统组成。顶管机是顶管用的机器，安装在所顶管道的最前端，是决定顶管成败的关键设备。在手掘式顶管施工中不用顶管机而只用一只工具管。不管哪种形式，其功能都是取土和确保管道顶进方向的正确性。

顶进系统包括主顶进系统和中继间。主顶进系统由主顶油缸、主顶油泵和操纵台及油管 4 部分构成。主顶千斤顶沿管道中心按左右对称布置。在顶进距离较长、顶进阻力超过主顶千斤顶的总顶力、无法一次达到顶进距离时，需要设置中继接力顶进装置，即中继间。

采用顶管机施工时，其机头的掘进方式与盾构相同，但其推进动力由安设在始发井内的千斤顶提供。顶管管道由预制的管节连接而成，一节管长 2 ~ 4 m。对同直径的管道工程，采用顶管法施工的成本比盾构法施工要低。

顶管法的优点是：接缝较盾构法大为减少，容易达到防水要求；管道纵向受力性能好，能适应地层的变形；对地表交通的干扰少；工期短，造价低，人员少；施工时噪声和振动小；在小型、短距离顶管使用人工挖掘时，设备少，施工准备工作量小；不需二次衬砌，工序简单。其不足是：需要详细的现场调查，需开挖工作坑，多曲线顶进、大直径顶进和超长距离顶进困难，纠偏困难，使用顶管机时处理障碍物困难。

7.1.2 应用与发展

顶管施工技术最早始于1896年美国北太平洋铁路铺设工程的施工中。欧洲发达国家最早开发应用顶管法，1950年前后，英、德、日等国家相继采用。据资料记载，日本在1948年使用过顶管技术，施工地点是在铁路下面，顶管直径只有600 mm，顶距只有6 m。从20世纪60年代开始，顶管施工技术在世界上许多国家得到推广应用。日本最先开发土压平衡盾构，并把该项技术用于顶管工程。

我国较早的顶管施工约在20世纪50年代，初期主要是手掘式顶管，设备也较简陋。70年代，工业大口径水下长距离顶管技术在上海首先取得成功。1978年，研制成功三段双铰型工具管，解决了百米顶管技术。1984年前后，我国的北京、上海、南京等地先后开始引进国外先进的机械式顶管设备，成功完成了一些较长距离的顶管工程，使我国的顶管技术上了一个新台阶。1987年，引入计算机控制、激光指向、陀螺仪定向等先进技术，顶进长度达到了1 120 m（直径3 m）。1989年研制成功第一台ϕ1 200 mm的泥水平衡遥控掘进机，1992年研制成功第一台外径为ϕ1 440 mm土压平衡掘进机。1992年，上海奉贤开发区污水排海顶管工程中，将一根直径为ϕ1 600 mm的钢筋混凝土管，单向一次顶进1 511 m，成为我国第一根依靠自主力量单向一次顶进超千米的钢筋混凝土管。

随着时间的推移，顶管技术也与时俱进地得到了迅速发展，主要体现在以下几个方面：

（1）一次连续顶进的距离

一次连续顶进的距离越来越长，已由初期的20 ~ 30 m发展到2 km以上。2001年12月完成的浙江嘉兴污水排海顶管，将一根直径2.0 mm钢筋混凝土管单向顶进2 050 m，刷新了顶管一次顶进长度的世界纪录。

（2）顶管直径

顶管直径向小直径和大直径两个方向发展。一般情况下，顶管直径为0.9 ~ 2.0 m比较适宜，而目前世界上顶管管道的口径已达到4 ~ 5 m。如上海合流污水一期工程中的顶管，外径为4 160 mm。顶管技术在向大直径发展的同时，也向小直径（微型顶管）发展，最小顶进管的直径只有75 mm。

（3）管材

顶管管材最早使用的是混凝土或钢筋混凝土材料，有的也采用铸铁管材、陶土管，后来发展为钢管。目前大量采用的是钢筋混凝土管和钢管。随着玻璃钢制管技术的引进，玻璃钢顶管已于2001年获得成功，现已开始用PVC塑料管和玻璃纤维管取代小口径混凝土管或钢管作为顶管用管。

（4）挖掘技术

顶管掘进从最早的手掘式逐渐发展为半机械式、机械式、土压平衡式、泥水加压式等先进的顶管掘进机。尤其在直径小于1 m的微型隧道开发应用方面，更是得到了迅速发展。

（5）顶管线路的曲直度

过去顶管大多只能顶直线，现在已发展为曲线顶管，而且曲线形状也越来越复杂，如S形复合曲线、水平与垂直兼有的复杂曲线等。

其他方面，顶管的附属设备和材料也得到不断的改良，如主顶油缸已有两级和三级油缸；测量及显示系统已朝自动化方向发展,可做到自动测量、自动记录、自动纠偏。

7.1.3 顶管机类型

1) 顶管分类

顶管施工的分类方法很多,每一种分类都只是侧重于某一个侧面,难以概全。下面介绍几种常用的分类:

(1) 按口径大小分

按管子口径的大小分,有大口径、中口径、小口径和微型顶管4种。大口径多指直径2 m以上的顶管,中口径顶管的管径多为1.2~1.8 m,大多数顶管为中口径顶管。小口径顶管直径为500~1 000 mm,微型顶管的直径通常在400 mm以下。

(2) 按一次顶进的长度分

一次顶进长度指顶进工作坑和接收工作坑之间的距离,按其距离的大小分为普通顶管和长距离顶管。顶进距离长短的划分目前尚无明确规定,过去多按100 m左右为界,现在可把500 m以上的顶管称为长距离顶管。

(3) 按顶管机的类型分

顶管机安装在顶管的最前端,按破土方式分为手掘式顶管和掘进机顶管。掘进机顶管的破土方式与盾构类似,也有机械式和半机械式之分。机械顶管主要有土压平衡式和泥水平衡式。

(4) 按管材分

按制作管节的材料分,有钢筋混凝土顶管、钢管顶管、其他管材的顶管。目前,大量采用的是钢筋混凝土顶管和钢顶管。

2) 工具管

工具管是手掘式顶管的关键机具,具有掘进、防坍、出泥和导向等功能。工具管一般用钢板焊制,其种类很多,常见的刃口式如图7.2所示,由切土刃角、纠偏油缸(4只)、钢垫圈、承插口等组成。施工时,人进入工具管内用手工方法破碎工作面的土层,破碎工具主要有镐、锹以及冲击锤等。如果在含水量较大的砂土中,需采用降水等辅助措施。挖掘下来的土,大多采用人力

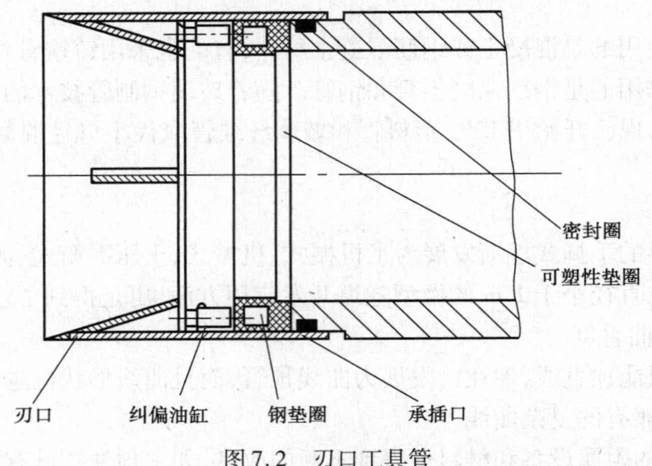

图7.2 刃口工具管

车推出或拉出管外，利用小绞车提升到地面。

这种工具管适用于软黏土中，而且覆土深度要求比较大。另外，在极软的黏土层中也可采用网格式挤压工具管(原理与网格式盾构机类似)。

工具管的外径应比所顶管子的外径大 10 ~ 20 mm，以便在正常管节外侧形成环形空间，注入润滑浆液，减小推进时的摩擦阻力。

3)土压平衡顶管机

(1)单刀盘式顶管机

单刀盘式土压平衡顶管机由刀盘及驱动装置、前壳体、纠偏油缸组、刀盘驱动电机、螺旋输送机、操纵台、后壳体等组成，如图 7.3 所示。它没有刀盘面板，刀盘后面设有许多根搅拌棒。这种顶管机适用于 ϕ1.2 ~ 3.0 m 口径的混凝土管施工，在软土、硬土中都可采用，可在覆土厚度为 0.8 倍管道外径的浅埋土层中施工。

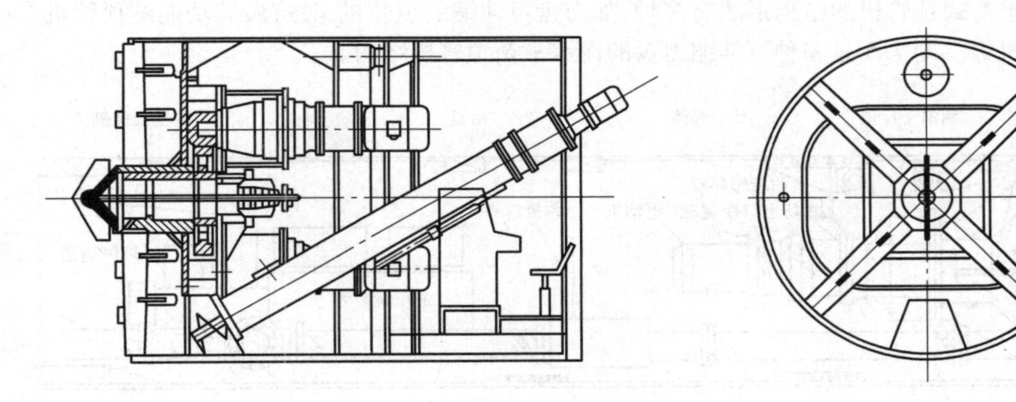

图 7.3 单刀盘式顶管机

这种顶管机的工作原理是：大刀盘旋转切削土体，切削下的土体进入密封土仓，通过螺旋输送机输送出来。密封土仓内的土压力值平衡原理与土压平衡盾构机类似。由于大刀盘无面板，其开口率接近 100%，所以设在隔仓板上的土压计所测得的土压力值就近似于掘削面的土压力。

(2)多刀盘式顶管机

多刀盘式顶管机是一种非常适用于软土的顶管机，其主体结构如图 7.4 所示。4 把切削搅

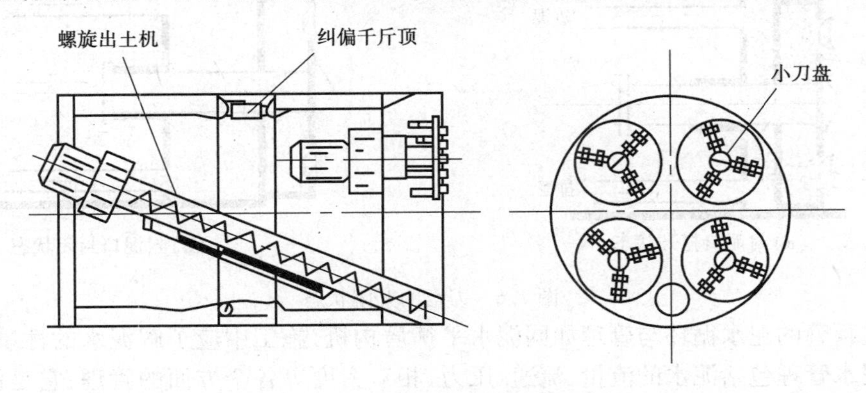

图 7.4 多刀盘式土压平衡顶管机

拌刀盘对称地安装在前壳体的隔仓板上，伸入到泥土仓中。隔仓板把前壳体分为左右两仓，左仓为泥土仓，右仓为动力仓。螺旋输送机按一定的倾斜角度安装在隔仓板上，隔仓板的中心开有一人孔，通常用盖板把它盖住。前后壳体之间有呈井字形布置的4组纠偏油缸连接。在后壳体插入前壳体的间隙里，有两道V字形密封圈，它可保证在纠偏过程中不会产生渗漏现象。

与单刀盘式相比，多刀盘顶管机价格低、结构紧凑、操作容易、维修方便、质量轻。由于采用了4把切削搅拌刀盘对称布置，只要把它们的左右两把按相反方向旋转，就可使刀盘的转矩平衡，不会出现如同大刀盘在出洞的初始顶进中那样产生偏转。4把刀盘及螺旋输送机叶片的搅拌面积可达全断面的60%左右。

4）泥水平衡顶管机

泥水平衡顶管机是指采用机械切削泥土，利用泥水压力来平衡地下水压力和土压力，采用水力输送弃土的泥水式顶管机。

泥水平衡式顶管机的结构形式有多种，如刀盘可伸缩的顶管机、具有破碎功能的顶管机、气压式顶管机等。图7.5是一种可伸缩刀盘的泥水平衡顶管机结构。

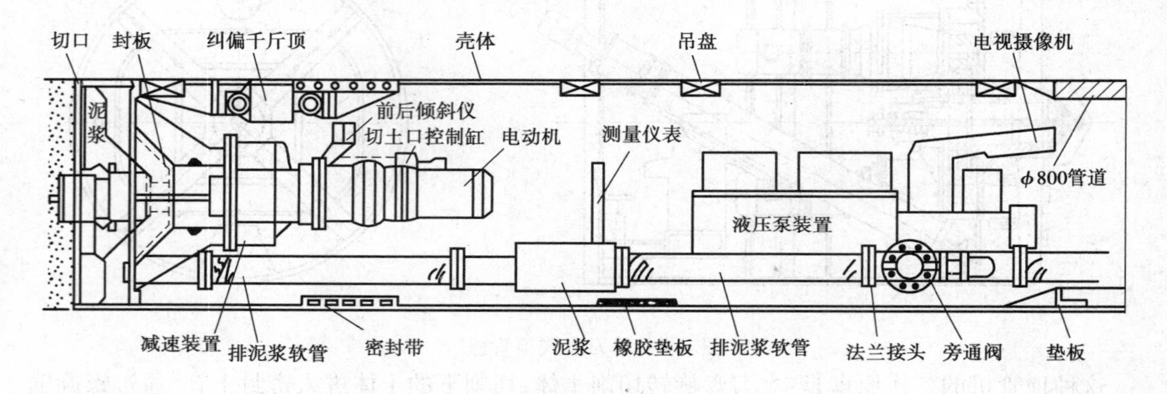

图7.5 刀盘可伸缩式泥水平衡顶管机

该种机型的刀盘与主轴连在一起，刀盘由主轴带动可作左右两个方向的旋转运动，同时刀盘又可由主轴带动前后伸缩运动。刀头也可作前后运动。刀盘向后而刀头向前运动时，切削下来的土可从刀头与刀盘槽口之间的间隙进入泥水仓，如图7.6所示。

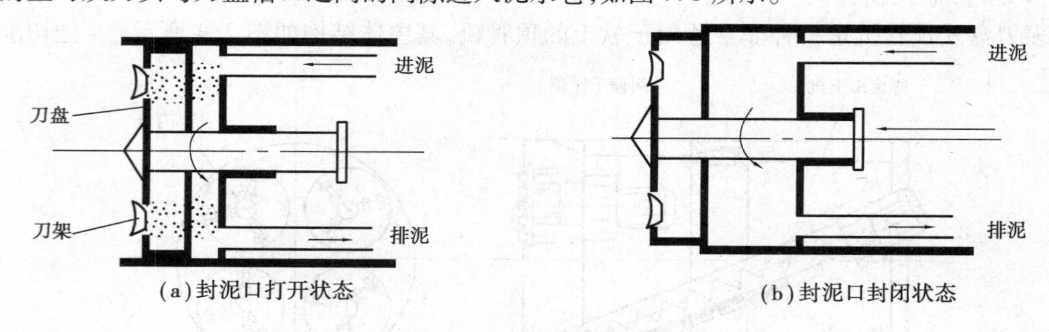

图7.6 刀盘的开闭状态

泥水式顶管的泥水循环与管理如同泥水平衡盾构机，施工中应了解泥水的性质，加强泥水的管理。泥水管理包括泥水的流量、流速、压力、相对密度等各个方面的管理，它是泥水式顶管施工中最重要的一个管理环节。

7.2 顶管施工

7.2.1 工作井及布置

工作井(有的称为工作坑或基坑),按其作用分为顶进井(始发井)和接收井两种。顶进井是安放所有顶进设备的场所,也是顶管掘进机的始发场所,是承受主顶油缸推力的反作用力的构筑物,供工具管出洞、下管节、渣土运输、材料设备吊装、操纵人员上下等使用。在顶进井内,布置主顶千斤顶、顶铁、基坑导轨、洞口止水圈以及照明装置和井内排水设备等。在顶进井口地面上,布置行车或其他类型的起吊运输设备。接收井是接收顶管机或工具管的场所,与始发井相比,接收井布置比较简单。在多段顶管情况下,中间的工作井既是顶进井又是接收井。

1)工作井的形式

工作井按其形状分,有矩形、圆形、腰圆形(两端为半圆形,中间为直线形)、多边形等几种,其中以矩形为多;按其结构分,有钢筋混凝土井、钢板桩井、瓦楞钢板井等;按其构筑方法分,有沉井、地下连续墙井、钢板桩井、混凝土砌块(或砖)井等。下面按构筑方法进行介绍。

(1)沉井

沉井是先在地面上工作井的位置按设计的井壁(圈)规格构筑钢筋混凝土井壁(圈),然后挖掘井内的土方。随着土方的挖出,井壁在井口不断接长,并在自重作用下自动下沉,直到预定深度。

(2)地下连续墙井

先在地下一定深度范围内用地下连续墙围成一个矩形(或圆形)井,同时处理单幅墙体与墙体之间的接缝,使其不透水,最后将井内的土挖去,加上支撑和浇筑钢筋混凝土底板等。

(3)钢板桩井

钢板桩是一种常用的基坑围护形式。根据其横断面形状,可以分为普通钢板桩和拉森钢板桩两种。普通的钢板桩即为槽钢,拉森钢板桩与普通钢板桩不同:一是断面形状不同;二是拉森钢板桩的边缘有一个燕尾槽,相邻两块拉森钢板桩的燕尾槽相嵌,可以做到密不透水。

(4)砌筑井

采用混凝土砌块或大型钢筋混凝土弧板或砖进行砌筑,施工时一边挖土一边砌筑。土质较好、深度不大时,也可一次挖到底再进行砌筑,必要时也可进行简易的支护。

2)工作井的选择

(1)工作井的位置选择

工作井的位置应尽量避开房屋、地下管线、河塘、架空电线等不利于顶管施工作业的场所。尤其是顶进井,它不仅在坑内布置有大量设备,而且在地面上又要有堆放管子、注浆材料和提供渣土运输或泥浆沉淀池以及其他材料堆放的场地,还要有排水管道等。

如果工作井太靠近房屋和地下管线,在其施工过程中可能会对它们造成损坏,给施工带来麻烦。有时,为了确保房屋或地下管线的安全,不得不采用一些特殊的施工方法或保护措施,这样又会增加施工成本、延误工期。

工作井设在河塘边会给施工造成威胁以致因渗水而无法施工，万一河塘中的水与井中贯通，不仅会造成严重的水土流失，不利于井的安全；同时会减小工作井后座墙承受主顶油缸反力的能力，使顶管施工的难度增大，并且会增加中继间的数量，使顶管施工成本上升。在架空线下作业，尤其是在高压架空线下作业，常常会发生触电事故或造成停电事故，施工很不安全。

(2)工作井数量的选择

工作井的数量要根据顶管施工全线的情况合理选择。顶进井的构筑成本会大于接收井，因此在全线范围内，应尽可能地把顶进井的数量降到最少；同时还要尽可能地在一个顶进井中向正反两个方向顶，这样会减少顶管设备转移的次数，从而有利于缩短施工周期。

(3)工作井构筑方式的选择

在选取工作井的构筑方式时，应先全盘综合考虑，然后再不断优化。一般的选取原则有以下几条：在土质比较软，而且地下水又比较丰富的条件下，首先应选用沉井法施工。在渗透系数为 1×10^{-4} cm/s 左右的砂性土中，可以选择沉井法或钢板桩法；在地下水非常丰富、淤泥质软土中，可采用冻结法施工。钢板桩工作井是使用最多的一种，施工成本低，构筑容易，施工速度快，在土质条件比较好、地下水少的条件下，应优先选用。顶进井采用钢板桩时，顶进距离不宜太长。如果地下水丰富可配合井点降水等辅助措施。在覆土比较深的条件下可采用沉井法或地下连续墙法。在一些特殊条件下，如离房屋很近，则应采用特殊施工法。在一般情况下，接收井可采用钢板桩、砖等比较简易的构筑方式。

不论采用哪种形式构筑的工作井，在施工过程中都应不断观察，看它是否有位移。如果有，则应十分仔细地排除因移动产生的误差。通常沉井或地下连续墙等整体性好的工作井所产生的位移多是整体性的，钢板桩、砌筑式等工作井的位移则是局部的。

3)顶进工作井的布置

顶进工作井的布置分为地面布置和井内布置。

(1)井内布置

井内布置包括前止水墙、后座墙、基础底板及排水井等。后座要有足够的抗压强度，能承受住主顶千斤顶的最大顶力。前止水墙上安装有洞口止水圈，以防止地下水土及顶管用润滑泥浆的流失。在顶管工作井内，还布置有工具管、环形顶铁、弧形顶铁、基坑导轨、主顶千斤顶及千斤顶架、后靠背，如图7.7所示。其中主顶千斤顶及千斤顶架的布置尤为重要，主顶千斤顶的合力的作用点对于初始顶进的影响比较大。

后座墙是把主顶油缸推力的反力传递到工作井后部土体中去的墙体，是主推千斤顶的支承结构。它的构造会因工作井的构筑方式不同而不同。在沉井工作坑中，后座墙一般就是工作井的后方井壁。在钢板桩工作井中，必须在工作井内的后方与钢板桩之间浇筑一座与工作井宽度相等的、厚度为0.5~1.0 m、其下部最好能插入工作井底板以下0.5~1.0 m的钢筋混凝土墙，目的是使推力的反力能比较均匀地作用到土体中去。还要注意的是，后座墙的平面一定要与顶进轴线垂直。

后靠背是位于主顶千斤顶尾部的厚铁板或钢结构件，称之为钢后靠，其厚度在300 mm左右。钢后靠的作用是尽量把主顶千斤顶的反力分散开来，防止将混凝土后座压坏。

洞口止水圈是安装在顶进井的进洞洞口和接收井的出洞洞口，具有制止地下水和泥沙流入工作井的功能。洞口止水圈有多种多样，但其中心必须与所顶管的中心轴线一致。

顶进导轨由两根平行的轨道所组成，其作用是使管节在工作井内有一个较稳定的导向，引

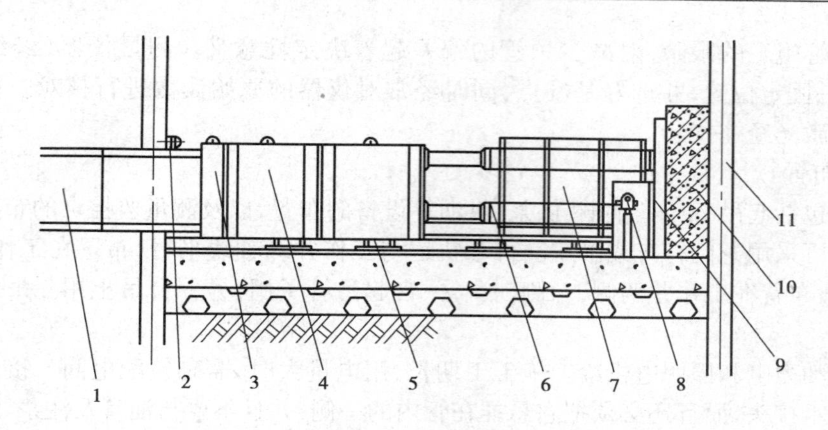

图 7.7 顶进工作井内布置图

1—管节;2—洞口止水系统;3—环形顶铁;4—弧形顶铁;5—顶进导轨;6—主顶油缸;
7—主顶油缸架;8—测量系统;9—后靠背;10—后座墙;11—井壁

导管段按设计的轴线顶入土中,同时使顶铁能在导轨面上滑动。在钢管顶进过程中,导轨也是钢管焊接的基准装置。

主顶进装置除了主顶千斤顶以外,还有千斤顶架,以支承主顶千斤顶;供给主顶千斤顶压力油的是主顶油泵;控制主顶千斤顶伸缩的是换向阀。油泵、换向阀和千斤顶之间均用高压软管连接。主顶油缸的压力油由主顶油泵通过高压油管供给。常用的压力在 32 ~42 MPa,高的可达 50 MPa,顶力一般为 1 000 ~4 000 kN。在管径比较大的情况下,主顶油缸的合力中心应比管中心低管内径的 5% 左右。

主顶行程不能一次将管节顶到位时,必须在千斤顶缩回后在中间加垫块或几块顶铁。主顶行程一般应大于 1.0 m,否则会增加吊放顶铁的次数,影响施工效率。顶铁有环形、U 形和马蹄形等,如图 7.8 所示。环形顶铁的内外径与混凝土管的内外径相同,主要作用是把主顶油缸的推力较均匀地分布在所顶管子的端面上;U 形和马蹄形顶铁的作用有两个:一是用于调节油缸行程与管节长度的不一致;二是把主顶油缸各点的推力比较均匀地传递到环形顶铁上去。U 形顶铁用于手掘式、土压平衡式等顶管中,它的开口是向上的,便于管道内出土。马蹄形顶铁适用于泥水平衡式顶管和土压式中采用土砂泵出土的顶管施工,它的开口方向与弧形顶铁相反,是倒扣在基坑导轨上的,以便在主顶油缸回缩以后加顶铁时不需要拆除输土管道。

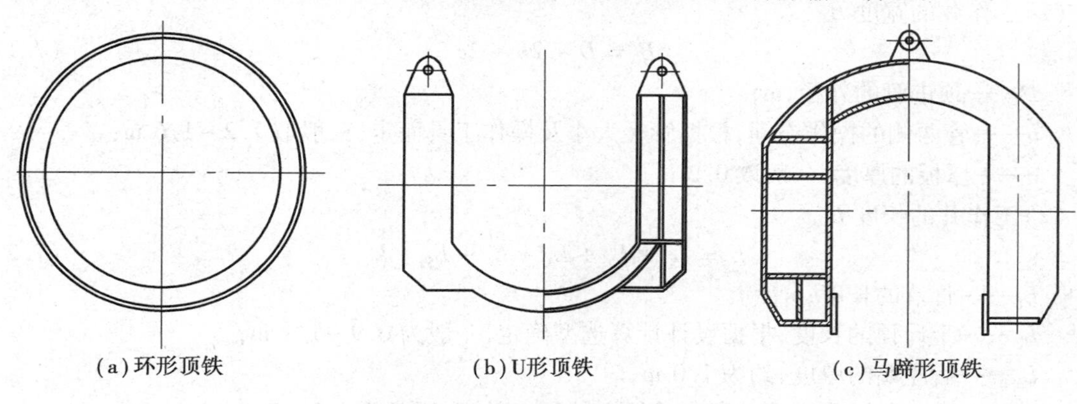

图 7.8 顶铁的断面形状

测量是顶管施工的眼睛，对减少顶管的偏差起着决定性意义。测量仪器（经纬仪和水准仪）应布置在一固定位置，并选好基准点，同时经常对仪器的原始读数进行核对。在机械式顶管中大多使用激光经纬仪。

(2)地面布置

地面布置包括起吊、供水、供电、供浆、供油等设备的布置，以及测量监控点的布置等。

起吊设备可采用龙门行车或吊车。行车轨道与工作井纵轴线平行，布置在工作井的两侧。若用吊车，一般布置在工作井两侧，一侧一台，一台起吊管子用，另一台吊土用。吊管子的吊车吨位可大些。

供电包括动力电和照明电供给。施工工期长、用电量大时，需砌筑配电间。接到管内的电缆必须装有防水接头，而且还必须把它悬挂在管内的一侧，并且不要与油管及注浆、水管挂在同一侧。管内照明应采用 12 V 或 24 V 的低压行灯。一般情况下，动力电源是以三相 380 V 直接接到掘进机的电气操纵台上。长距离、大口径顶管时，为了避免产生太大的电压降，也可采用高压供电，供电电压一般在 1 kV 左右。这时，在掘进机后的三到四节管子内的一侧，安装有一台干式变压器，再把 1 kV 的电压转变成 380 V 供掘进机用。

供水：在手掘式和土压式的顶管施工中，供水量小，一般只需接两只 0.5 ~ 1 in 的自来水龙头即可。泥水平衡顶管施工中，由于其用水量大，必须在工作坑附近设置一个或多个泥浆池，向泥浆池内添加水的水源可用自来水，也可采用河水或地下水。

供浆设备主要由拌浆桶和盛浆桶组成，盛浆桶与注浆泵连通。现在多用膨润土系列的润滑浆，它不仅需要搅拌，而且要有足够的时间浸泡，这样才能使膨润土颗粒充分吸水、膨胀。除此以外，供浆设备一般应安放在雨棚下，防止下雨时对浆液的稀释。

液压设备主要指为主顶油缸及中继间油缸提供压力油的油泵。油泵可以置于地上，也可在工作井内后座墙的上方搭一个台，把油泵放在台子上。一般不宜把油泵放在井内。

在采用气压顶管时，空压机和储气罐及附件必须放置在地面。为减少噪声影响，空压机宜离工作井远一点。

4)工作井平面尺寸的计算

工作井的平面尺寸取决于管径和管节长度、顶管机类型、排土方式、操作工具以及其后座墙等因素。矩形断面工作井的尺寸按以下方法确定：

(1)工作井的宽度 B

$$B = D + 2b + 2c \tag{7.1}$$

式中 D——顶进管的外径，m；

b——管两侧的操作空间，根据管径大小及操作工具而定，一般取 1.2 ~ 1.6 m；

c——撑板的厚度，一般取 0.2 m。

(2)工作井的长度 L

$$L = L_1 + L_2 + L_3 + L_4 + L_5 + L_6 \tag{7.2}$$

式中 L_1——管节的长度，m；

L_2——千斤顶的长度，根据设计计算选型确定，一般为 0.9 ~ 1.1 m；

L_3——后座墙的厚度，约为 1.0 m；

L_4——前一节已顶进管节留在导轨上的最小长度，通常为 0.3 ~ 0.5 m；

L_5——管尾出土所留的工作长度，根据出土工具而定，用小车是为 0.6 m，手推车时为

1.2 m;

L_6——调头顶进的附加长度,m。

圆形断面可参照长度尺寸 L 做内切圆确定。工作井的施工成本较大,应最大限度地减小顶进设备的尺寸,以减小工作井的尺寸,降低工程成本。

7.2.2 进出洞技术

1)顶管进洞段施工

一般将进洞后的5~10 m作为进洞段。全部设备安装就位,经过检查并试运转合格后可进行初始顶进。进洞段的施工要点如下:

①拆除封门。顶管机进洞前需拔出封门用的钢板桩。拔除前,工程技术人员、施工人员应详细了解现场情况和封门图纸,制订拔桩顺序和方法。钢板桩拔除前应凿除砖墙,工具管应顶进至距钢板桩10 cm处的位置,并保持最佳工作状态,一旦钢板桩拔除后立即能顶进至洞门内。钢板桩拔除应按由洞门一侧向另一侧依次拔除的原则进行。

②施工参数控制。需要控制的施工参数主要有土压力、顶进速度和出土量。实际土压力的设定值应介于上限值与下限值之间。为了有效地控制轴线,初进洞时,宜将土压力值适当提高。同时加强动态管理,及时调整。顶进速度不宜过快,一般控制在10 mm/ min左右。出土量应根据不同的封门形式进行控制,加固区一般控制在105%左右,非加固区一般控制在95%左右。

③管节连接。为防止顶管机突然“磕头”,应将工具管与前三节管节连接牢靠。

④工具管开始顶进5~10 m的范围内,允许偏差为:轴线位置3 mm,高程0~+3 mm。当超过允许偏差时,应采取措施纠正。

2)顶管出洞段施工

接收井封门在制作时一般采用砖封门形式,在其拆除、顶管机出洞过程中极易造成顶管机正面土体涌入井内等严重后果,从而给洞圈建筑孔隙的封堵带来困难。

(1)出洞前的准备工作

在常规顶管出洞过程中,对洞口土体一般不作处理。但若洞口土体含水量过高,为防止洞口外侧土体涌入井内,应对洞口外侧土体采取注浆、井点降水等措施进行加固。

在顶管机切口到达接收井前30 m左右时,做一次定向测量。做定向测量的目的:一是重新测定顶管机的里程,精确算出切口与洞门之间的距离;二是校核顶管机姿态,以利出洞过程中顶管机姿态的及时调整。

顶管机在出洞前应先在接收井安装好基座,基座位置应与顶管机靠近洞门时的姿态相吻合,如基座位置差异较大,极容易造成顶管机顶进轨迹的变迁,引起已成管道与顶管机同心圆偏离值增大。另外,顶管机进入基座时亦会改变基座的正常受力状态,从而造成基座变形、整体扭转等。考虑到这一点,应根据顶管机切口靠近洞口时的实际姿态,对基座做准确定位与固定,同时将基座的导向钢轨接至顶管机切口下部的外壳处。

顶管机切口距封门2 m左右时,在洞门中心及下部两侧位置设置应力释放孔,并在应力释放孔外侧相应安装球阀,便于在顶管机出洞过程中根据实际情况及时开启或关闭应力释放孔。

为防止顶管机出洞时,由于正面压力的突降而造成前几节管节间的松脱,宜将顶管机及第一节管节、第一至第五节管节相邻两管节间连接牢固。

(2)施工参数的控制

随着顶管机切口距洞门的距离逐渐缩短,应降低土压力的设定值,确保封门结构稳定,避免封门过大变形而引起泥水流入井内等严重后果。在顶管机切口距洞门 6 m 左右时,土压降为最低限度,以维持正常施工的条件。

由于顶管机处于出洞区域,为控制顶进轴线,保护刀盘,正面水压设定值应偏低,顶进速度不宜过快,尽量将顶进速度控制在 10 mm/min 以内。待顶管机切口距封门外壁 500 mm 时,停止压注 1# 中继间至第一节管节之间的润滑泥浆。

为避免工具管切口内土体涌入接收井内,在工具管进入洞门前应尽量挖空正面土体。

(3)封门拆除

封门拆除前应详细了解施工现场情况和封门结构,分析可能发生的各类情况,准备相应措施。封门拆除前顶管机应保持最佳的工作状态,一旦拆除即刻顶进至接收井内。为防止封门发生严重漏水现象,在管道内应准备好聚氨酯堵漏材料,便于随时通过第一节管节的压浆孔压注聚氨酯。在封门拆除后,应迅速连续顶进管节,尽量缩短顶管机出洞时间。

(4)洞门建筑空隙封堵

顶管机出洞后,洞圈和顶管机、管节间建筑空隙是泥水流失的主要通道。待顶管机出洞后第一节管节伸出洞门 500 mm 左右时,应及时用厚 16 mm 环形钢板将洞门上的预留钢板与管节上的预留钢套焊接牢固,同时在环形钢板上等分设置若干个注浆孔,利用注浆孔压注足量的浆液填充建筑空隙。

7.2.3 正常顶进

管子顶进 10 m 左右后即转入正常顶进。顶进的基本程序是:安装顶铁,开动油泵,待活塞伸出一个行程后,关油泵,活塞收缩,在空隙处加上顶铁,再开油泵,到推进够一节管子长度后,下放一节管道,再开始顶进,如此周而复始。

1)顶铁安装

分块拼装式顶铁应有足够的刚度,并且顶铁的相邻面相互垂直。安装后的顶铁轴线应与管道轴线平行、对称,顶铁与导轨之间的接触面不得有泥土、油污。更换顶铁时,先使用长度大的顶铁,拼装后应锁定。顶进时工作人员不得在顶铁上方及侧面停留,并随时观察顶铁有无异常现象。顶铁与管口之间采用缓冲材料衬垫,顶力接近管节材料的允许抗压强度时,管口应增加 U 形或环形顶铁。

2)地层降水与堵水

采用手掘式顶管时,将地下水位降至管底以下不小于 0.5 m 处,并采取措施,防止其他水源进入顶管管道。顶进时,工具管接触或切入土层后,自上而下分层开挖。地下水丰富、降低地下水法难以奏效时应及时采取注浆堵水措施。

3)地层形变控制

顶管引起地层形变的主要因素有:工具管开挖面引起的地层损失;工具管纠偏引起的地层损失;工具管后面管道外周空隙因注浆填充不足引起的地面损失;管道在顶进中与地层摩擦而

引起的地层扰动;管道接缝及中继间缝中泥水流失而引起的地层损失。所以,在顶管施工中要根据不同土质、覆土厚度及地面建筑物等,配合监测信息的分析,及时调整土压力值,同时要求坡度保持相对的平稳,控制纠偏量,减少对土体的扰动。根据顶进速度,控制出土量和地层变形,从而将轴线和地层变形控制在最佳状态。

4)施工参数控制

顶管机正常顶进时,土压力的理论计算相对较繁琐,结合实践施工经验,实际土压力的设定值应介于上限值与下限值之间。顶进速度一般情况下控制在 20 ~ 30 mm/min,如遇正面障碍物,应控制在 10 mm/min 以内。严格控制出土量,防止超挖及欠挖。为防止土层沉降,顶进过程中应及时根据实际情况对土压力做相应调整,待土压力恢复至设计值后,方可进行正常顶进。

5)管节顶进

顶管机进洞后的方向正确与否,对以后管节的顶进将起关键的作用。在中距离顶进中,实现管节按顶进设计轴线顶进,纠偏是关键,要认真对待,及时调节顶管机内的纠偏千斤顶,使其及时回复到正常状态。要严格按实际情况和操作规程进行,勤测、勤出报表、勤纠偏。纠偏时,采用小角度、顶进中逐渐纠偏。应严格控制大幅度纠偏,不使管道形成大的弯曲,防止造成顶进困难、接口变形等。纠偏方法有挖土校正法、木杠支撑法、千斤顶校正法。

在正常施工时,由于种种原因,顶管机头及管节会产生自身旋转。在发生旋转后,施工人员可根据实际情况利用顶管机械的刀盘正反转来调节机头和管节的自身旋转,必要时可在管节旋转反方向加压铁块。

顶进管节视主顶千斤顶行程确定是否用垫块。为保证主顶的顶力均匀地作用于管节上,必须使用 O 形受力环。当一节管节顶进结束后,吊放下一节管节,在对接拼装时应确保止水密封圈充分入槽并受力均匀,必要时可在管节承口涂刷黄油。对接完成并检查合格后,可继续顶进施工。

为防止顶管产生"磕头"和"抬头"现象,顶进过程中应加强顶管机姿态的测量。一旦出现"磕头"和"抬头"现象,应及时利用纠偏千斤顶来调整。

采用手工掘进时,工具管进入土层过程中,或进入接收井前 30 m,每顶进 0.3 m 测量一次工具管的中心和高程,正常掘进时则需每 1.0 m 测量一次。

6)压浆

为减少土体与管壁间的摩阻力,应在管道外壁注润滑泥浆,并保证泥浆的稳定,性能满足施工要求,泥浆应经常进行性能测试。

合理布置压浆孔。在管节断面一侧安装压浆总管,每一定距离接三通阀门,并用软管连接至注浆孔。为使顶进时形成的建筑间隙及时用润滑泥浆所填补,形成泥浆套,达到减少摩阻力及地面沉降,压浆时必须坚持"先压后顶,随顶随压,及时补浆"的原则,泵送注浆出口处压力控制在 0.1 ~ 0.125 MPa。制订合理的压浆工艺,严格按压浆操作规程进行。

压浆顺序为:地面拌浆→启动压浆泵→总管阀门打开→管节阀门打开→送浆(顶进开始)→管节阀门关闭(顶进停止)→总管阀门关闭→井内快速接头拆开→下管节→接总管→循环复始。由于存在泥浆流失及地下水的作用,泥浆的实际用量要比理论用量大很多,一般可达理论值的 4 ~ 5 倍。施工中还要根据土质、顶进情况、地面沉降的要求等适当调整。顶进时应贯彻同步压浆与补压浆相结合的原则,工具管尾部的压浆孔要及时有效地进行跟踪注浆,确保能形成完整有效的泥浆环套。管道内的压浆孔进行一定量的补压浆,补压浆的次数及压浆量根据施工情况而定，尤其是对地表沉降要求高的地方，应定时进行重点补压浆。

在顶管顶进尤其在浅覆土施工中，土压力波动值控制在 -0.02 ~ +0.02 MPa 范围内，保证开挖面稳定。同时严格控制润滑泥浆压力，防止跑浆。一旦跑浆，应立即组织力量采取相应措施。如遇轻微冒浆，应适当加快顶进速度，提高管节拼接效率，使其尽早穿越冒浆区；当跑浆严重时，则应采取适当提高润滑泥浆稠度或地面覆土等措施。

压浆浆液按质量进行配制。配比为：膨润土 400 kg，加水 850 kg，掺纯碱 6 kg，CMC（纤维素）2.5 kg。pH 为 9 ~ 10，析水率 <2%。

7）管道断面布置

在管道内每节管节上布置一压浆环管。在管道右上方安装照明灯，在管道底部铺设电机车轨道、人行走道板；同时在管道右下侧安装压浆总管及电缆等，如图 7.9 所示。

8）设备维修及保养

为确保顶管机正常顶进，正常施工期间必须经常对机械、电器设备等进行检修，保证顶进时具有良好的性能和工作状态。

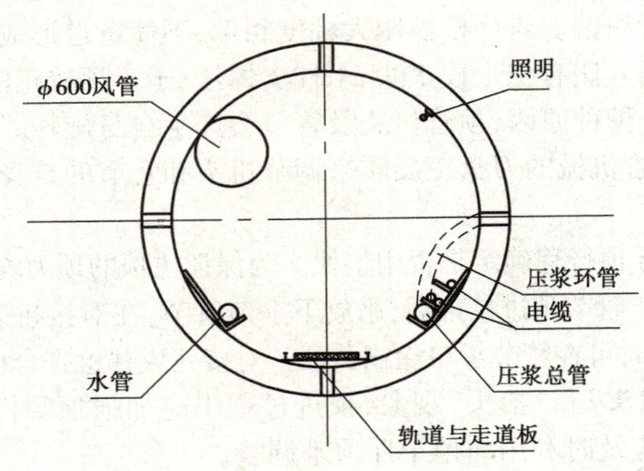

图 7.9　管道断面布置图

9）紧急处理

顶进过程中，出现下列紧急情况下应采取措施进行处理：工具管前方遇到障碍；后背墙变形严重；顶铁发生扭曲现象；管位偏差过大且校正无效；顶力超过管端的容许顶力；液压系统发生异常现象；接缝中漏泥浆；地层、邻近建筑物、构筑物和地下管线等的变形量超过控制容许值。

7.2.4　管节接缝防水

顶管施工过程中，当一节管节顶进完毕，进行下节管节顶进前，应将前后相邻两管节连接牢靠，以提高管段的整体性。顶进时的管节连接，分永久性和临时性两种：钢管采用永久性的焊接，管节的整体顶进长度越长，管节轴线的偏移随意性就越大；钢筋混凝土管节采用临时性连接。

1）钢筋混凝土顶管

（1）管节的接口形式

按钢筋混凝土管节的不同类别，接口有如表 7.1 所示的三种形式。

表 7.1 管节的三种接口形式

管节类别	内径/mm	管节长度/mm	接口形式	止水材料
平口管	800,1 000,1 200	3 000	I 形钢套环	齿形橡胶圈 2 根
企口管	1 350,1 500,1 650,1 800,2 000,2 200,2 400	2 000	企口式	“q”形橡胶圈 1 根
承口管	2 200,2 400,2 700,3 000	2 500 3 000	T 形钢套环、F 形钢套环、混凝土承口式	楔形橡胶圈 1 根

下面介绍较为常用的两种。

①企口形管。企口形管的外形及接口形式如图 7.10 所示。实际施工时该管作承插连接，其中的橡胶止水圈如图 7.11 所示。右边腔内充有硅油，在两管节对接连接过程中，充有硅油的一腔会翻转到橡胶体的上方及左边，增强了止水效果。

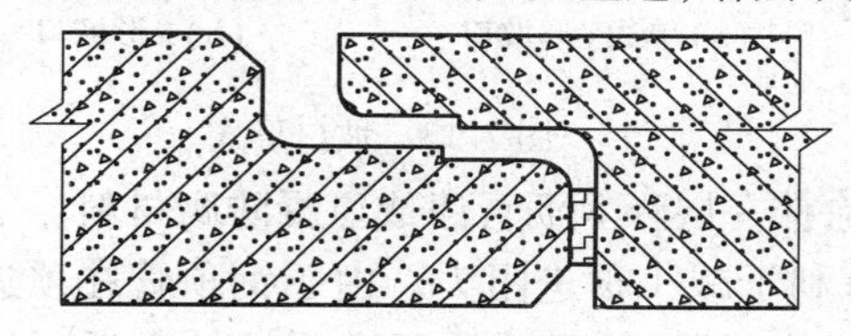

图 7.10 企口形管及其接口

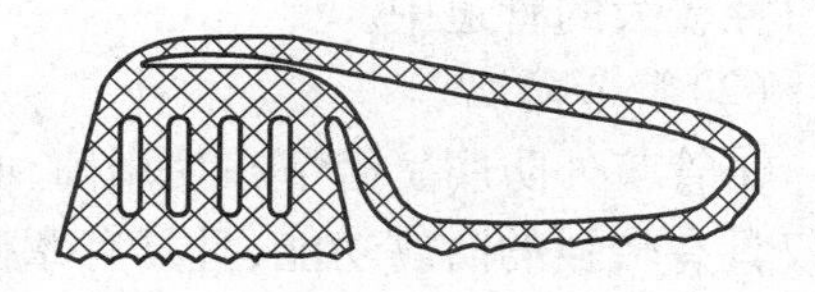

图 7.11 q 形橡胶止水圈图

企口形管的优点：接口简单，安装方便；接口无钢环，不会因钢环锈蚀而产生接口失效，适用于酸碱度较大的土层；生产率高、成本低。

缺点：端口接触面积小，所能承受的顶力较小；前后两管节间的折角一旦增大，所能承受的顶力将会剧降，最大折角为 0.75°。

②F 形接口管。F 形接口管是最为常用的一种钢套环承口式管节，它是把钢套环的前面一半埋入到混凝土管中，其外形及接口形式如图 7.12 所示。实际施工时该管作承插连接。采用该管施工时，具有接口可靠、端面接触面积大、所承受顶力大等优点，前后两管节张角可达 3°，其最适宜于曲线顶管。

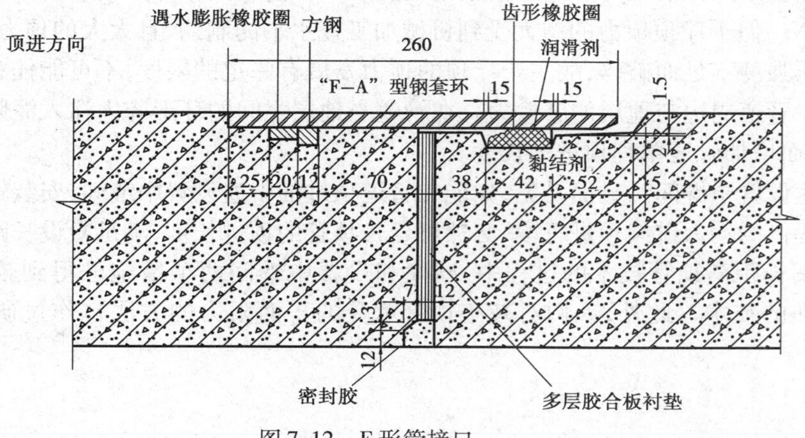

图 7.12 F 形管接口

(2)管节接缝的防渗漏水

顶管结束后,应用水泥砂浆并掺加适量粉煤灰,利用管节预留注浆孔对泥浆套的浆液进行全线置换,待浆液凝固后拆除压浆管路并用闷盖将孔口封堵。

对于管节间的接缝,在确保整条隧道无渗漏水现象的前提下,用双组分聚硫密封膏对管节接缝进行嵌填,抹平接口。

2)钢顶管

钢顶管是用一定厚度的钢板先卷成圆筒,再焊接成节。两管节之间采用焊接连接,其整体性好,不易产生渗漏水。

(1)接口形式

常用的接口形式有单边 V 形坡口和 K 形坡口两种,如图 7.13 所示。坡口的具体尺寸及坡度,可根据钢板厚度查阅焊接规范确定。单边 V 形坡口适用于人员无法进入的小口径管,采用单边坡口和单面焊接;K 形坡口双面成型,管内外均需焊接,适用于口径较大的管道中。

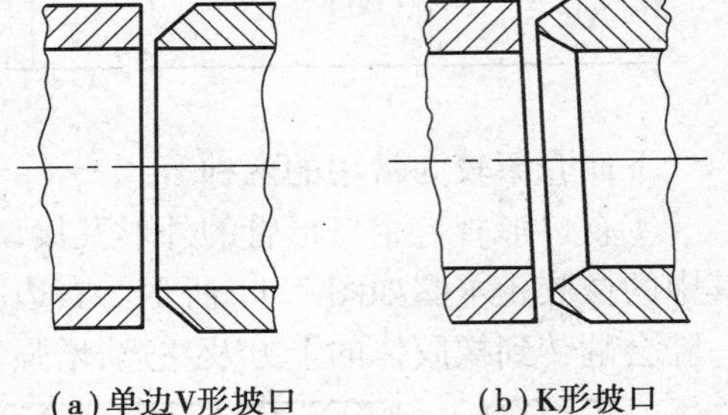

图 7.13 坡口形式

(2)管节防腐

①管节外防腐。管节在使用前,必须在其管外涂抹一层环氧沥青漆或氢凝防腐材料。氢凝不仅具有较强的防腐功能,且具有摩擦小等优点,有利于减小顶进阻力。由于钢顶管在顶进过程中必须进行焊接,故需使管端留有 100 mm 宽的无涂层段,此无涂层段在焊接结束后尽快涂抹快干的防腐涂层。

②管节内防腐。钢管的内涂衬一般采用抗硫酸型硅酸盐水泥,涂衬厚度为 12 mm,误差为 0 ~ +3 mm。

7.2.5 长距离顶管

长距离顶管施工遇到的主要困难是主千斤顶的推顶力有限,不足以克服管道长距离顶进时遇到的总阻力。希望增加顶管单程顶进的长度时,可以供选择的措施如下:

①增加主千斤顶的顶力。这类措施比较有效。目前单只千斤顶的顶力已从 1 000 kN 增加到 2 000 kN。但千斤顶顶力的增大受到机械加工业水平的制约,且太大的顶力将引起管段端面因局部抗压强度不足而破碎,故主千斤顶的顶力发展有一定的限度,不可能任意增大。

②减少管道周边与地层的摩擦力。在管道与地层之间的环形腔内注入泥浆,可使摩阻力显著减小,从而增加管道单程顶进的长度。

③中途设置中继间。显而易见,如能在管道顶进的中途设置中继间,安装辅助千斤顶,靠辅助千斤顶提供的动力继续顶进管段,必然可延长顶管的顶进长度,满足敷设长距离管道的需要。

在发展长距离顶管技术的过程中,减摩和设置中继间两项措施已得到较多研究,并已成为较为成熟的技术。此外,人们对减小顶管承受的正面阻力的方法也作过研究,以下分别作介绍。

1)减摩措施

(1)制作技术

对管道进行精心设计和精心制作,可有效地减小管壁和地层之间的摩擦力。在设计方面,应注意使工具管的刃脚外径略大于管道的外径,以使管壁与地层之间有一定的间隙。这类措施在土层较硬时较为有效,地层较软时应向管壁与土层之间的空隙注入支承泥浆,使地层能在一段时间内保持稳定,可有足够的时间顶进一节相当长的管道。

在制作方面,应注意使管壁外表面光洁平滑,以降低摩擦系数;管段应尽可能避免圆度误差,并保持直径一致,以免顶进时产生夹紧力。管段在工厂用多块管模拼装的模板浇筑时,管模尺寸公差、磨损程度的差别、脱模过早,或者在养护时发生收缩等都可能引起这类偏差,应对各个环节给予充分的注意。

(2)减摩泥浆

在管段外壁涂抹泥浆或向管道外壁与地层间的空隙注入泥浆,都可有效地减少摩阻力。这类泥浆常称减摩材料。减摩材料主要起润滑剂作用,并可帮助支持地层。用作减摩材料的泥浆腐蚀性应低,以免管道和接头因腐蚀而损坏。此外,减摩浆液在管道顶进过程中将随之向前移动,并在与地层发生相对运动的过程中不可避免地发生水分损失,使摩阻力增大,因此要求减摩浆液的失水率要比较小。

目前采用的减摩泥浆主要是膨润土泥浆。这类泥浆可满足上述要求,并已在长距离顶管中得到采用。膨润土浆液具有较好的触变性,有助于顶进管道在地层间运动时成为减摩剂,以溶胶状液减少摩阻力;静止时,成为凝胶支撑地层。

常用的膨润土主要有钙膨润土和钠膨润土两类。在含量相同的情况下,钠膨润土悬浮胶中极薄的硅酸盐叠层片的含量为钙膨润土悬浮溶液的15~20倍。因此钠膨润土比钙膨润土更适用于顶管施工。

润滑浆液注入地层的部位、顺序、注入压力和注入量都会直接影响减摩效果。压出的浆液应尽可能均匀地分布在管壁周围,以便围绕整个管段形成环带。因此,注浆孔在管壁上应均匀分布,通常在管子的中间位置均布3~4个孔。在渗透性小的黏土地层中,孔距应小些;在松散的砂土地层中,孔距可大些。一般在顶管机后连续放3~4节有注浆孔的管节,不断地注浆。随着顶管的推进,注入的浆液将向地层渗透和扩散。因此,在其后的管子节中,每隔2~5节放置一节有注浆孔的管节,用以补浆。

注浆压力不宜太高。压力太高容易发生冒浆;在注浆孔口周围形成高压密区,成为阻碍浆液继续流出和扩散的柱塞。此外,如果超过管道上覆土层的重力还可能引起地层的隆起。

进行注浆作业时还应注意与中继环的推顶协调一致,补浆宜与管段的推顶同步进行。需要特别注意的是,浆液在孔隙中的运动方向应与顶管前进方向保持一致,因为管段和悬浮液的逆向运动,将增加顶管的阻力。此外,对于静止不动的管段,不宜进行注浆。

2)降低开挖面正面顶进阻力的措施

降低开挖面上的正面顶进阻力,是使管段可以顺利推进的有效措施之一。然而由于开挖面上的正面顶进阻力是使开挖面地层保持稳定的重要因素,因而既应随时适当降低工作面上的正面阻力,又不能使其降低过多,影响开挖面地层的稳定性。降低正面阻力主要靠清除工具管前端的渣土来实现,降低程度与出土量有关。清除渣土时,操作工人应适当掌握分寸,使之既能及时地从刃脚和网格板前端清除相当数量的积土，以便降低必需的推顶力，又不至于过多地清土，以免造成地层松散、扰动、或工作面坍塌，引起上部土层大量沉陷等后果。

出土量是否适当主要凭操作工人的经验进行判断。因此，有经验的掘土工人，是顶管工程施工中非常宝贵的技术力量。

3）中继间

减摩措施和降低开挖面正面阻力的措施，可大大降低推顶阻力，加长顶管的推进距离，然而这些措施能起的作用有一定的限度。在顶管达到一定长度之后，单阻力仍可超过主千斤顶的极限能力，使管道不能再继续推进。因此，为了适应长距离顶进管道的需要，研制了中继间，又叫中继环，即管道沿全长分成若干段，在段与段之间设置中继间，如图 7.14 所示。

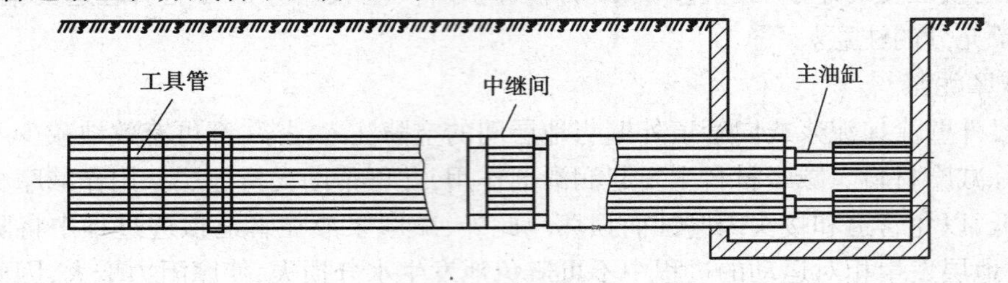

图 7.14　中继间示意图

中继间是一个由钢材制成的圆环，内壁上设置有一定数量的短行程千斤顶，产生的推顶力可用于推进中继间前方的管道，其结构如图 7.15 所示。中继间主要由前特殊管、后特殊管、壳体油缸、均压环等组成。在前特殊管的尾部有一个与 T 形套环相类似的密封圈和接口，后特殊管外侧则设有两环止水密封圈，中继间油缸均匀布置在壳体内。油缸两头装有均压钢环，钢环与混凝土管之间有衬垫环。管道顶通后，把中继油缸拆卸下来，管子可直接合拢。

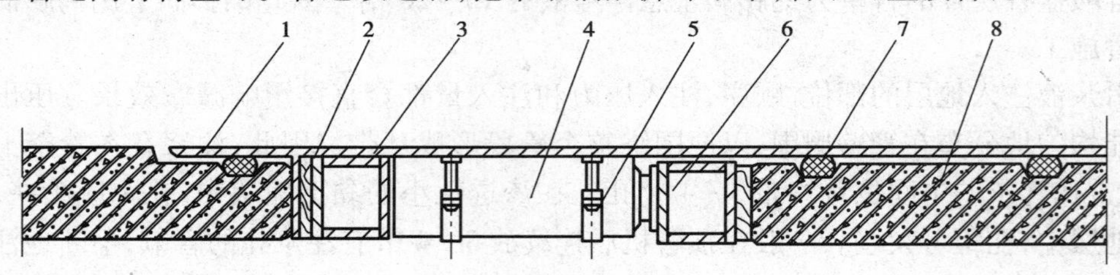

图 7.15　中继间结构形式

1—中继间壳体；2—木垫环；3—均压钢环；4—中继间油缸；5—油缸固定装置；6—均压钢环；7—止水圈；8—特殊管

设置中继间以后，顶管顶进时，每次都应先启用最前面的中继间，将其前方的管道连同工具管一起向前顶进，后面的中继间和主千斤顶保持不动，直至达到该中继间的一个顶程为止，接着后面的中继间开始推顶作业，将两个中继间之间的管道向前推进。与此同时，前面的一个中继间的千斤顶排放油压，活塞杆缩进套筒。可见，这时被推进的只是该中继间和前面一个中继间环之间的管段。在顶进作业中，主千斤顶在每个循环中都最后推进。借助中继间的逐级接力过程，可将顶管的顶推距离延长，以适应长距离顶管施工的需要。

中继间的布置要满足顶力的要求，同时使其操作方便、合理，提高顶进速度。中继间在安放时，第一只中继间应放在比较前面一些。因为掘进机在推进过程中推力的变化会因土质条件的变化而有较大的变化。所以，当总推力达到中继间总推力的 40% ~60% 时，就应安放第一只中继间,以后,每当达到中继间总推力的70% ~80%时,安放一只中继间。而当主顶油缸达到中继间总推力的90%时,就必须启用中继间。

【工程实例7.1】

上海奉贤排污工程施工时,钢筋混凝土管内直径1.6 m,外径1.92 m,每节长3 m,总长度1 856 m。管节允许顶力6 000 kN,中继间装备顶力8 000 kN,中继间长度1.5 m。根据计算共设11个中继间,每次仅用2个(为延长每个的适用寿命,减少每个的使用次数)。越靠工具管,间距越小(因启动次数多,多布置以便于轮流启动,减少启动次数,延长使用寿命)。工具管后第1 ~11个中继间的间距分别为20 m,40 m,40 m,80 m,90 m,180 m,200 m,210 m,224 m,246 m和256 m。实际施工中,由于阻力较小,仅使用了第7和第10个中继间,其余未用。

7.3 顶管工程计算

顶管法施工时,预制管段借助于千斤顶提供的推力克服阻力,压入地层并向前推进。管道既要承受作用在横截面上的荷载,又要承受沿管轴方向作用的顶推力和阻力。管段必须同时满足使用阶段和施工阶段的强度、刚度和稳定性要求。横截面上的荷载为使用荷载,主要在设计时考虑;顶推力及阻力是管段在顶进过程中发生的荷载,属于施工荷载,在施工时要进行设计计算。在管节推进时,主顶装置作用在后座墙上或直接作用于井壁上,因此,一般也要进行后座墙的稳定性验算。手掘式顶管时,挖掘面的稳定性也要进行计算。

7.3.1 顶管设计荷载的计算

管道在使用阶段需要承受的荷载主要有:管道结构的自重,管道上方覆盖层的垂直土压力,管道侧向水平土压力,地下水压力,内部荷载,地面荷载,管道侧向土抗力,管底地层反力等。

垂直土压力计算比较复杂。当覆土层较薄(≤顶管外径)、土体较松散时,可将覆土层的全部重力取为垂直土压力;当覆土层较厚且土体较密实时,可考虑拱效应,按泰沙基公式或普氏公式计算。普氏公式为:

$$p = \frac{2\gamma B_0}{3\tan\varphi} \tag{7.3}$$

式中 γ——土层的重度,kN/ m³;

B_0——冒落拱的跨度, m;

φ——土层的内摩擦角。

水平土压力一般按朗金主动土压力理论计算。对于刚度很大的钢筋混凝土管,也可按静止土压力计算水平土压力:

$$p = k\gamma H \tag{7.4}$$

式中 k——静止土压力系数,可通过实测确定,上海一般为0.7左右;

H——自地表起算的深度, m。

地下水压力的计算有两种情况,对透水性差的淤泥质土和黏性土,一般将地下水压力和土压力合并计算,即所谓的水土合算;对砂质土层,管道位于地下水位以下时应分别计算土层与地下水产生的压力,然后叠加,以求得作用在管道上的荷载。

管道受到的侧向土抗力与其在外荷载作用下产生的变形有关。变形朝向地层并对地层产生挤压作用时，被挤压的地层将对管壁产生反向约束限制作用，形成侧向抗力。侧向抗力的大小主要取决于管壁向地层变位的大小及地层受到挤压后变形的性质。抗力计算式如下：

$$p_k = ky \tag{7.5}$$

式中 p_k——侧向抗力，N/cm^2；

k——地层抗力系数，见表 7.2；

y——地层压缩变形量，cm。

地层较好，标准贯入度 $N>4$ 时抗力较大；$N>2$ 时抗力几乎为零，不再有工程意义，可忽略不计。

表 7.2　地层抗力系数参考值

土种类	固结密实黏土、极密实的砂土	密实的砂土、砂质黏土	中等密实黏土	松散砂土	软黏土
抗力系数 $k/(N\cdot cm^{-3})$	30～50	10～30	5～10	0～10	0～5

作用在管道上的其他荷载可按常规方法计算。管壁尺寸应按由以上荷载引起的最不利内力组合选择，包括配置钢筋。此外管壁强度和刚度还需要按照施工阶段的荷载验算。

7.3.2　顶力计算

主千斤顶在将某一管段推向前进时，必须克服刃脚前壁阻力、各管的外壁摩阻力、纠偏力及在遇到阻碍等情况下可能出现的强制顶进阻力等。

管道位于降水良好的坚实土层，管顶以上土体能保持形成土拱时，顶进中需要克服的摩阻力可按下式计算：

$$F_1 = f[k_1(p_v + p_h)Dl + p_0] \tag{7.6}$$

式中 F_1——管壁与土层的摩阻力，kN；

f——管壁与土层的摩擦系数，查表 7.3 确定；

k_1——顶力系数，0.75～1.0；

p_v——作用于管顶的垂直土压力，kN/m^2；

p_h——管壁侧向水平土压力，kN/m^2；

l——单程顶进长度，m；

D——管道外径，m；

p_0——全程管道自重，kN。

表 7.3　不同土层摩擦角和摩擦系数

土　层	内摩擦角/(°)	摩擦系数	土　层	内摩擦角/(°)	摩擦系数
干粉砂土	15	0.38～0.57	含石灰质的干砂土	30	0.38
含水粉砂	25	0.41～0.45	含石灰质的细砂土	35	0.63
干细砂土	27	0.64	干砂质黏土	45	0.47
湿细砂土	30	0.32	湿砂质黏土	40	0.55

管道位于潮湿或有复杂地下管线的土层，顶部不能形成土拱时，顶时摩阻力可按下式计算：

$$F_1 = f[2(p_v + p_h)Dl + p_0] \tag{7.7}$$

式中符号意义同式(7.4)。

顶进距离较长、管壁外周注润滑泥浆时，可按下式计算：

$$F_1 = f_1 \pi Dl \tag{7.8}$$

式中 f_1——摩阻力，软土中一般取 8 ~ 12 kN/m²；

D——管道外径，m；

l——顶进长度，m。

管道采用敞开式顶管法施工时，顶管机的切入阻力按下式计算：

$$F_2 = \pi D_c tR \tag{7.9}$$

式中 F_2——工具管前端的迎面挤压阻力，kN；

D_c——锥形挤压 H 端面的平均直径，m；

t——锥形挤压口端面的平均厚度，m；

R——单位面积挤压阻力，一般取为被动土压力，kN/m²。

在封闭式压力平衡顶管施工中，迎面阻力可按如下经验公式计算：

$$F_2 = 13.2\pi DN \tag{7.10}$$

式中 N——土的标准贯入度系数。

顶进阻力主要用于验算管段端面的局部承压能力，以及用于检验主千斤顶的能力，决定是否需要设置中继环千斤顶。如前所述最大顶力一般是作用在端面上的偏心压力，使端面上的应力成为非均匀分布的应力。由于管段与管段之间的接缝一般只能承受压应力，因此在施工阶段设计中，除了考虑应使端面上的压应力小于允许值外，还必须注意使顶力的合力作用在环形截面的核心范围以内。

7.3.3 后背墙计算

在一般情况下，顶管工作井所能承受的最大推力应由顶管能承受的最大推力为先决条件，然后再反过来验算工作井后座是否能承受最大推力的反作用力。那么就把这个最大推力作为总推力，如果能承受，则必须以后座所能承受的最大推力作为总推力。不管采用何种推力作为总推力，一旦总推力确定了，在顶管施工的全过程中决不允许有超过总推力的情况发生。

在顶管过程中，为了使分散的各个油缸推力的反力变成均匀地作用在工作井的后方土体上，一般都需要浇筑一堵后座墙，在后座墙与主顶油缸尾部之间，再垫上一块钢制的后靠背，这样，由后靠背和后座墙以及工作井后方的土体这三者组成了顶管的后座。这个后座必须能完全承受油缸总推力 P 的反力。计算过程中，可把钢制的后靠背忽略而假设主顶油缸的推力是通过后座墙而均匀地作用在工作井后的土体上的，它的受力分析如图 7.16 所示。

为确保安全，反力 R 应为总推力 P 的 1.2 ~ 1.6 倍，R 按照下式进行计算：

$$R = \alpha B\left(\gamma H^2 \frac{K_P}{2} + 2cH\sqrt{K_p} + \gamma HhK_p\right) \tag{7.11}$$

式中 R——总推力的反力，kN；

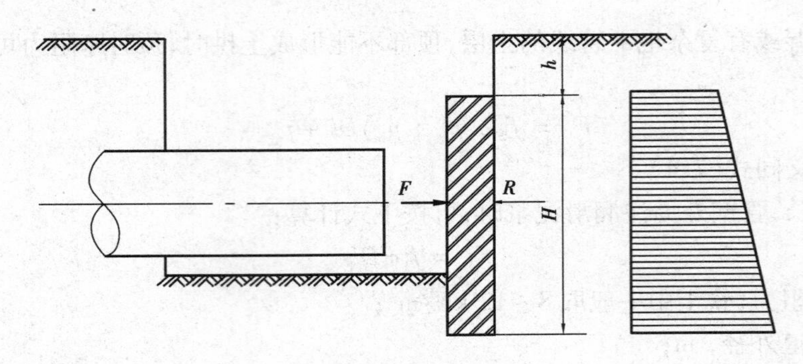

图7.16　后座的受力图

α——系数,取1.5~2.5;

B——后座墙的宽度,m;

γ——土的容重;

H——后座墙的高度,m;

K_p——被动土压系数,按照朗肯土压力理论计算;

c——土的内聚力,kPa;

h——地面到后座墙顶部土体的高度,m。

本章小结

(1)顶管机是顶管施工的必需设备,也是关键设备。顶管机有手掘式和机械式两类,机械式又可分为泥水式、泥浆式、土压式、气压式、岩石式等。顶管机的类型很多,本章主要介绍了目前使用较多的泥水平衡式和土压平衡式顶管机及其施工工艺。当顶管距离较短、土层较好时多用手掘式施工。

(2)顶管法施工具有比其他施工方法对地面干扰小等优点,又有能在江河、湖海底下施工的特点,故自20世纪70年代起世界各国对顶管施工技术纷纷进行工程应用,广泛采用了膨润土触变泥浆减摩剂、盾构式工具管、机械化全断面切削开挖设备、水力机械化排泥、激光导向等技术和措施,从而使顶管的顶进长度和顶进速度越来越大,适应环境也日益广泛。

(3)顶管技术除直接用于各种管道的顶进外,还演变出许多特种顶管工程,如平列式顶管,用于铁路和道路立交上的大型箱涵(地道桥)顶进、垂直顶管等。

习　题

7.1　试述顶管法施工基本原理。

7.2　试述顶管施工的分类及特点。

7.3　顶管施工中工作井和接收井的选取原则有哪些?进出洞的措施有哪些?

7.4　顶管常用的管材和接口形式有哪些?

7.5　什么叫中继间?如何设置和使用中继间?

7.6　顶管施工的顶力如何确定?

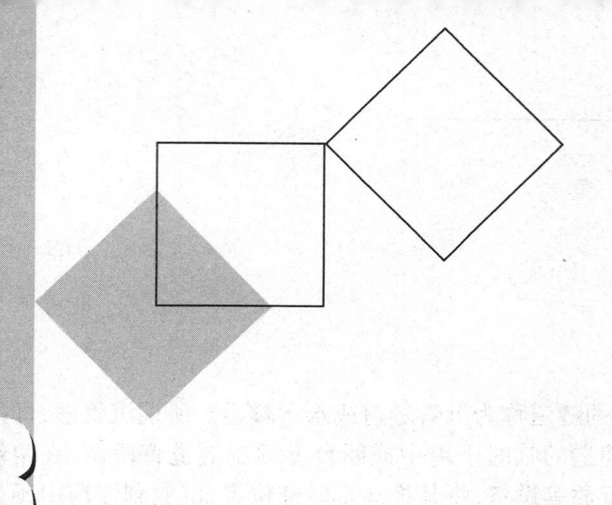

8 沉管法施工

本章导读：

公路或城市道路、地铁穿越江河湖海、港湾时，可采用的办法很多，如轮渡、桥梁、水底隧道、水下隧道等。轮渡最为简易但无法适应较大的交通量；桥梁虽然其单位长度造价低，但在通行大型海轮的江河之下时，或因某些条件的限制而受到制约；水底隧道是指建于河床下面地层中的隧道，由于其地质条件较为复杂，故施工难度大、工期长、费用高。此时，用沉管法建造水下隧道便成为主要的、首选的施工方法。目前国内已建成的沉管隧道有 10 多座。

水下隧道即在江、河、海等水域基床上建造的隧道。

- **主要教学内容：**沉管隧道施工的工艺流程，沉管隧道的基本结构，干坞的设置，管段制作，沉管作业过程，基础处理。
- **教学基本要求：**了解沉管隧道的基本结构；掌握沉管隧道施工的工艺流程和特点；掌握管段制作和沉管作业等流程中的关键技术；熟悉沉管隧道基础处理的常用方法。
- **教学重点：**沉管隧道施工的工艺流程和特点，管段的制作和沉放作业，隧道基础处理的常用方法。
- **教学难点：**管段的浮运、下沉及水下连接。
- **网络资讯：**网站：www. stec. net。关键词：沉管隧道，沉管式隧道，沉管施工，干坞，沉管水下连接，沉管基础回填。

8.1 沉管隧道简介

8.1.1 施工工艺流程

在江、河、海等基床上用沉管法修建的隧道称为沉管隧道或水下隧道。所谓沉管法，即按照隧道的设计形状和尺寸，先在隧址以外建造的临时干坞中或船台上预制隧道管段，并在两端用临时隔墙封闭，然后舾装好拖运、定位、沉放等设备，将其拖运至隧址位置，沉放到江河中预先浚挖好的沟槽中，并在水下连接起来，最后充填基础和回填砂石将管段埋入原河床中。

沉管法施工的工艺流程如图8.1所示，其中管段制作、基槽浚挖、管段的沉放与水下连接、管段基础处理、回填覆盖是施工的主体。

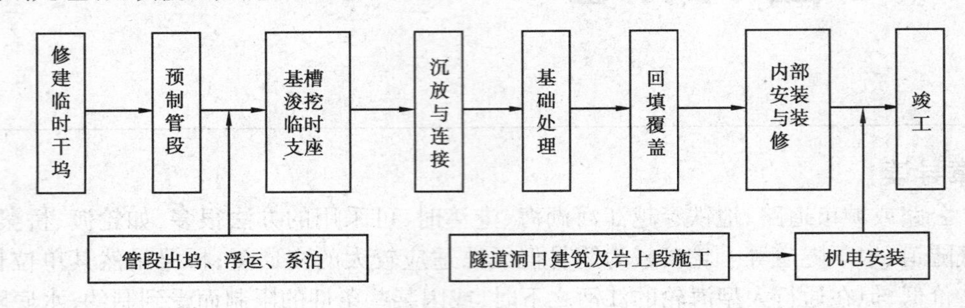

图8.1 沉管法工艺流程

8.1.2 隧道基本结构

1）沉管隧道的横断面结构

水下沉管隧道的整体结构是由管段基槽、基础、管段、覆盖层等部分组成，整体坐落于水底，如图8.2所示。

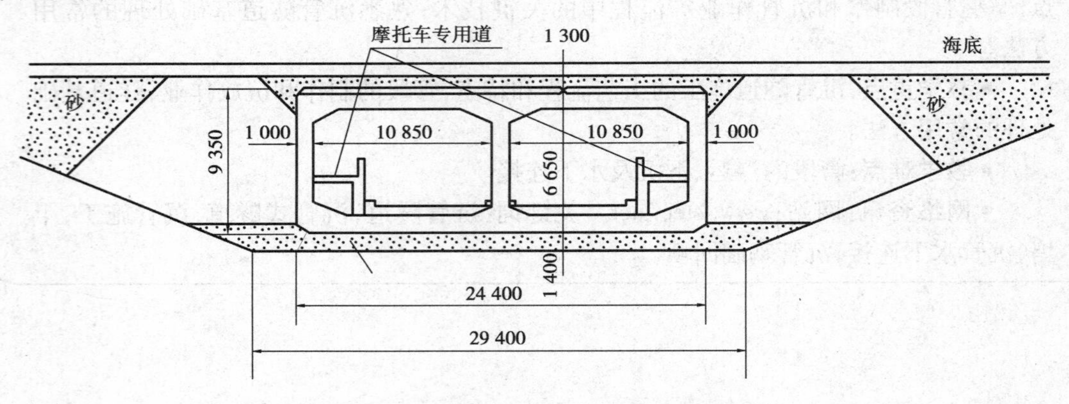

图8.2 沉管隧道的横断面图（台湾高雄）

沉管隧道管段断面结构形式，按制作材料主要分为钢壳混凝土管段和钢筋混凝土管段两种；按断面形状可分为圆形、矩形和混合形；按断面布局可分为单孔式和多孔组合式，如图 8.3 所示。

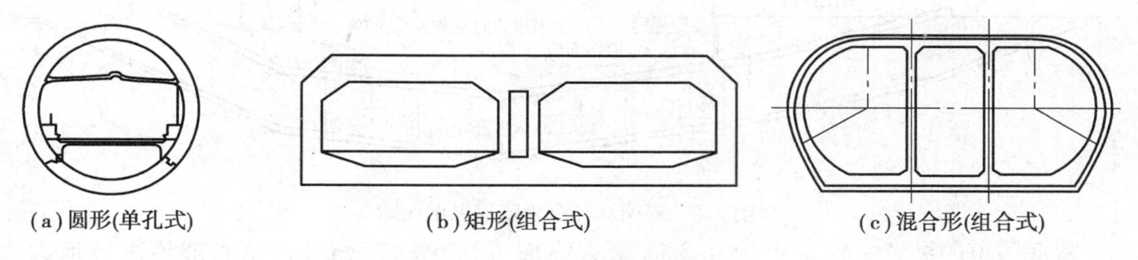

图 8.3　沉管隧道断面结构形式

(1)钢壳混凝土管段

钢壳混凝土管段是钢壳与混凝土的组合结构。钢壳有单层和双层两种。单层钢壳管段的外层为钢板，内层为钢筋混凝土环；双层钢壳管段的内层为圆形钢壳，外层为多边形钢壳，内外层之间浇筑混凝土。钢壳管段一般用于双车道隧道，若需设 4 车道，则可采用双筒双圆形组合式断面。

钢壳管段的优点有：外轮廓断面为圆形或接近圆形，在外荷载作用下所产生的弯矩较小，因此在水深较大时比较经济；管段的底宽较小，基础处理的难度不大；钢壳可在造船厂的船台上制作，充分利用船厂设备，工期较短。

钢壳管段的缺点有：圆形断面的空间利用率低，耗钢量大，造价较高；钢壳的防腐蚀、钢壳与混凝土组合结构受力等问题不易得到较好解决，且施工工序复杂。

(2)钢筋混凝土管段

钢筋混凝土管段的横断面多为矩形，可同时容纳 2～8 个车道，有的还设置有维修、避险、排水设施等的专用管廊。如上海外环路沉管隧道为 8 车道，设有 3 个车辆通行孔和 2 个管廊孔(设于每两个通行孔之间)；管段高 9.55 m、宽 43 m，最大节长 108 m。

钢筋混凝土管段的优点：隧道横断面空间利用率高；不用钢壳防水，节约大量钢材；其主要缺点有：需要修建临时干坞，费用高；制作管段时对混凝土施工要求高，须采取严格的施工措施防止混凝土产生裂缝。

2)沉管隧道的纵断面结构

沉管隧道在纵断面上一般由敞开段、暗埋段、沉埋段以及岸边竖井等部分组成，如图 8.4 所示。竖井通常作为沉埋段的起始点以及通风、供电、排水、运料和监控等的通道。但是，根据具体的地形、地貌和地质情况，也可将沉埋段和暗埋段直接相连接而不设竖井，如广州珠江沉管隧道(图 8.5)。

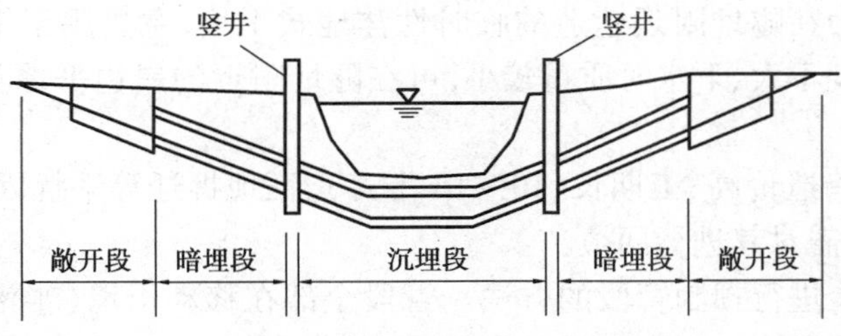

图 8.4　沉管隧道纵断面一般结构示意图

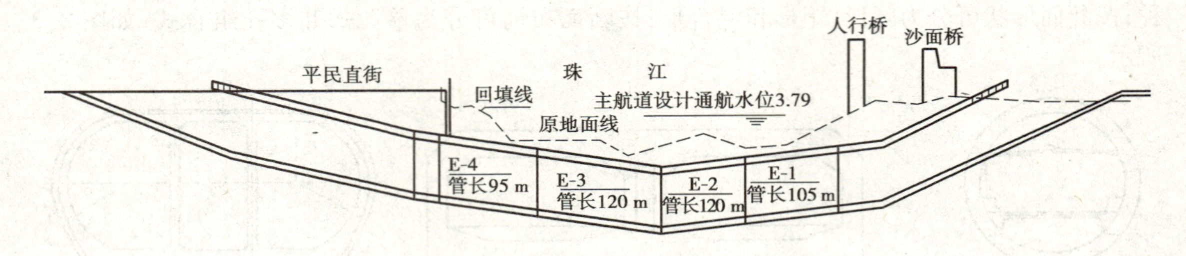

图 8.5　广州珠江沉管隧道纵剖面图

水底隧道的纵坡一般最小为 0.3%，最大纵坡可达 6%，广州珠江沉管隧道纵坡最大为 4.9%。管段长度一般为 100 ~ 150 m，同一隧道的管段长度并不均等。隧道沉管段的长度一定时，确定了管段的长度后，即可确定出所需要的管段数。

8.2　管段制作

8.2.1　干坞

干坞是钢筋混凝土管段制作的必需场所，是坞底低于隧址水面的水池式建筑物。通常是在隧址附近开挖一块低洼场地用于预制隧道管段，如图 8.6 所示。干坞是一项临时性工程，隧道施工结束后便完成其使命。

图 8.6　制作管段的干坞全景

1) 干坞的设计

(1) 干坞的形式

干坞形式按其活动性有固定干坞和移动干坞两种。

固定干坞目前多为在隧址附近建造的临时性洼地式干坞，主要用于钢筋混凝土管段的预制。钢壳管段由于长度不大、下水时质量较小，可在隧址附近的岸边平地上或在造船厂的船台上制造。

临时性洼地式干坞造价高、工期长(10 ~ 12 个月)、征地拆迁等干扰因素多，管段预制完成后一般不作其他用途，需对其进行回填。

移动干坞是在船上进行预制管段的方法。管段全部在移动干坞(半潜驳)上完成预制，用拖轮将半潜驳连同其管段拖航到隧址附近的下潜坑进行下潜，将管段与半潜驳分离后系泊在临时系泊区，沉放时进行二次舾装，浮运就位后实施沉放对接。与传统的固定洼地干坞法相比，移动干坞投资省、工期短、不确定因素少，一次投入能长久使用、多工程使用。

(2)干坞的位置

固定干坞位置的选择方案有两种：一种是位于隧道设计轴线上，该方案仅一个工程使用；另一种是位于隧道设计轴线外，该方案有利于多个工程使用。固定干坞的位置应根据以下原则选择：

①应距隧址较近，附近的航道具备浮运条件，以便管段浮运和缩短运距。

②干坞附近应有可浮存若干节预制好的管段的水域。

③具有适合建造干坞的地质条件，场地土应具有一定的承载能力，同时也有利于干坞挡土围闭及防渗工程实施。

④交通运输方便，具有良好的外部施工条件。

⑤征地拆迁费用低，具有可重复利用的开发价值。

(3)干坞的规模与尺寸

干坞规模分大型干坞和小型干坞。大型干坞又叫一次性预制管段干坞，小型干坞又叫分次完成管段干坞。

一次性预制管段是在干坞内一次完成所有管段的制作，因只需放一次水进坞，干坞不需要采用闸门，仅用土围堰或钢板桩围堰作坞首。管段出坞时，拆除坞首围堰便可将管段浮运出坞。这种干坞规模较大、占地多、投资高，适合于工程量小、管段数量少、土地使用价格低的工程。对于管节数量多、管节长度大的沉管隧道，如需一次完成所有管段而隧址附近又无合适的大坞址时，也可同时建造两个干坞。如上海外环路隧道共预制 7 个管节，分别在不同的区域设 A、B 两个干坞，同时施工，A 坞制作 2 节，B 坞制作 5 节，A、B 两个干坞的面积分别为 40 000 m^2 和 80 000 m^2。

分次预制管段是在干坞内分多批次制作管段，每批次管段预制完成，就放一次水进坞，使之浮运出坞，干坞的坞门需多次开启。这种干坞规模小，占地少，造价低，重复使用率高，而且有利于与其他施工程序配合以缩短工期。但这种方式若不采用启闭式坞门(闸门)，则修复坞门难度大，若采用闸门式坞门，造价又比较高；先批出坞沉放的管段需待几个月时间才能与后批管段相接，不利于先沉放管段的稳定，其安全难于保证；已开挖的基槽，可能会已有回淤，影响后批管段基础的质量；干坞反复灌水、排水，影响坞墙的稳定性。

干坞的规模应根据工程规模、管节长度和数量、坞址的地形与地质条件、工期、土地使用费、施工组织等工程的实际情况综合考虑决定，最佳方案通常也是最经济的。

干坞的平面形状多呈长方形(图 8.7)，横向尺寸取决于管节的宽度、管节的列数、管节横向之间的距离、管节侧面与干坞底边的距离。纵向尺寸取决于每列预制管节的数量、管节的长度、管节端部之间的距离、管节端部至干坞两端边坡脚的距离。另外，还要考虑坞底车辆的运输线路、预制设备等。

干坞的深度应确保管段制作完成后能顺利进行安装工作并浮运出坞。坞底的标高应根据管节的高度、管节浮起时露出水面的高度(矩形管段一般为 15 ~ 25 cm，圆形管段一般为 40 ~ 50 cm)、管节浮起时底部至坞底要求的最小距离(1 m 左右)、水位和浮运要求等因素决定，保证管节能安全顺利出坞。

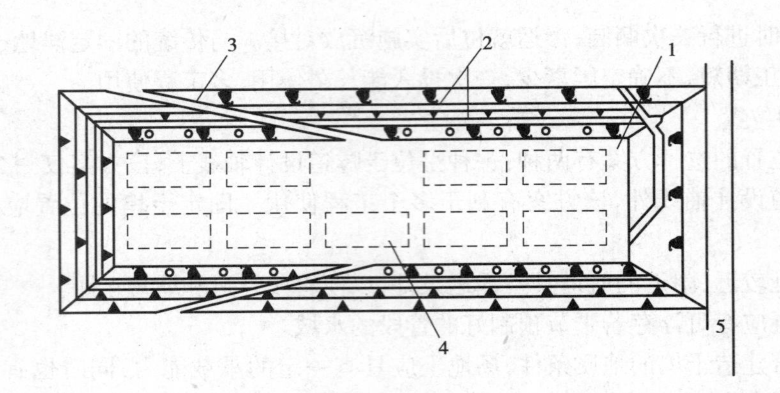

图 8.7　一次预制管段干坞

1—坞底;2—边坡(坞墙);3—运料车道;4—拟预制的管段;5—坞首围堰

(4)干坞的构造

干坞由边坡、坞底、坞首、坞门、运输车道及排水沟井等组成。

干坞周边为斜坡形,必要时可加铺塑料薄膜、植草皮、格栅或砌石等,以防雨水冲刷。个别情况下也可用钢板桩围堰或设混凝土防渗墙。边坡的确定要进行抗滑稳定性验算。为保证边坡的稳定安全,一般设井点降水。

坞底要有足够的承载力。一般情况下,管段作用在坞底上的附加荷载并不大,大多不超过 80 ~ 90 kPa,小于坞底的初始自重应力,地基强度可满足要求。因此,坞底常只是先铺一层干砂,再在砂层上铺设一层 20 ~ 30 cm 厚的无筋混凝土或钢筋混凝土。

干坞的坞壁三面封闭,临水一面为坞首。大型干坞中,因一次性预制所有管节,故可用土围堰或钢板桩围堰作坞首,不设坞门,管段出坞时,局部拆除坞首围堰就可将管段逐一拖运出坞。在分次预制管段的干坞中,既要设坞首也要设坞门。坞首常为双排钢板桩围堰(临河、海侧和临坞侧各一排),坞门可用单排钢板桩。每次拖运管段出坞时,将此段单排钢板桩临时拔除,将管段拖出,再恢复坞门。若考虑多次利用的开闭方便,可采用能上下移动的浮箱式坞门(闸门)。

干坞内外要修筑车道,以便运送设备、机具及材料。为防止坞内积水,坞底设有明沟、暗沟和集水井等,坞外要设置截水沟和排水沟。

2)干坞内的主要设备设施

临时干坞所需机具设备,一般都是普通土建工程的通用设备,包括混凝土搅拌站设备、水平运输车辆、起重设备和钢筋成型设备、各种材料的堆放和储存仓库、各种加工车间以及交通、供电、防洪等设施。

混凝土搅拌站的生产能力应按施工组织设计要求而定。通常应能连续供应浇筑一截管段(长 15 ~ 20 m)所需的混凝土。

干坞中用以起吊模板、钢筋、混凝土等的起重设备,通常为轨行门式起重机或塔式起重机。一次制作所有管段的干坞常用轨行门式起重机;分批制作管段时用塔式起重机较为方便,可省去因干坞反复进水排水多次拆装轨行门式起重机的麻烦。起重机的能力通常是 50 ~ 75 kN。塔式起重机其跨度应比管段宽度大 7 ~ 8 m,净高应比管段高度高出 4 m 以上。

临时干坞中的水平运输,常用轨道车、翻斗车、卡车等。轨道车轨道一般直接铺在坞底上,而卡车运输道路则沿边坡延伸到坞底。

临时干坞中拖运设备，一般采用普通的绞车。在坞内灌水、管段浮起、坞门开启之后，绞车把管段缓缓拖运出坞，再由坞外的拖轮将出坞的管段拖到临时系泊地或管段舾装码头。

3）干坞的施工

干坞施工一般采用“干法”进行干坞内的土方开挖，具体步骤为：先沿干坞的四周做混凝土防渗墙，隔断地下水；然后用推土机、铲运机从里面向坞口开挖，挖出的一部分土用来回填作坞堤，大部分土运至弃土场。坞底和坞外设排水沟、截水沟和集水井。坡面可进行一定的护坡，以防雨水冲刷。坞底铺砂、碎石，再用压路机压实并平整，坞内修筑车道。

8.2.2　管段制作

管段制作实际上就是在构筑隧道，其制作的质量直接影响隧道完成后的工程质量和使用效果。因此，必须严格要求，精心施工。

1）钢壳混凝土管段制作

钢壳混凝土管段不管是单层或双层，施工时都是先预制钢壳，然后将钢壳拖运滑行下水，接着在水中于悬浮状态下浇筑混凝土。管段的外钢壳（厚 12 mm）既是浇筑混凝土的外模，又是防水层，因此要保证钢壳的焊接拼装质量，保证不漏水。

2）矩形钢筋混凝土管段的制作

管段预制的基本工艺与其他大型钢筋混凝土构件类似，但对混凝土施工要求更严格，对其对称均匀性和水密性要求很高，要保证干舷和抗浮安全系数以及防水要求。

（1）管段的对称、均匀性控制

管段制作时对称性控制是为了确保矩形管段在浮运时有足够的干舷。管段在浮运时，为了保证稳定，必须使管段顶面露出水面一定高度，使管段遇风浪发生倾侧后，会自动产生一个反倾力矩，恢复平衡。

如果管段重度变化幅度稍大（超过 1%），管段常会浮不起来，故需严格控制混凝土的密实度及其均匀性，在浇筑混凝土的全过程中实行严密的实时监测。此外，如果管段的板、壁厚度的局部偏差较大，或前后、左右的混凝土密度不均匀，管段就会倾斜。因此需采用大刚度的模板，模板的制作与安装须达到高精度要求。

（2）管段的水密性控制

水密性控制的目的是确保管段的防水性能，使隧道投入使用后无渗漏。管段的防水按部位分为外防水、结构自防水和接缝防水。

①外防水。外防水要求不透水，耐久、耐压、耐腐蚀，能适应温度变化，施工方便，比较经济。外防水分刚性防水和柔性防水。刚性防水主要用钢板或塑料板防水，柔性防水主要用卷材和涂料防水。

矩形钢筋混凝土管段最初采用四边包裹钢壳防水，后又陆续改为三边包裹钢壳（顶板上的钢壳改为柔性防水层）、单边钢板防水（底板为钢板，其他三边用柔性防水）。钢壳防水耗钢量大，焊缝可靠性不高，易锈蚀，因此仅在管段底板下用钢板防水的工程实例越来越多，有的已采用高强度 PVC 塑料板代替底钢板，从而解决了这些问题。

卷材防水是用胶料将多层沥青卷材或合成橡胶类卷材胶合起来的粘式防水层。卷材的层数视水头大小而定，当水底隧道的水下深度超过 20 m 时，卷材层数达 5 ~ 6 层之多。卷材防水施工工艺较繁，施工操作技术要求高。

涂料防水是直接将涂料涂于管段的侧面和顶面进行防水，操作工艺简单，而且在平整度较差的混凝土面上也可以直接施工。由于其延伸率不够，尚未普遍推广。

②结构自身防水。管段的结构自身防水主要以防水混凝土为主。提高管段自身防水的措施在于控制管段混凝土在浇筑凝结过程中产生的裂缝。裂缝产生的原因主要是变形，包括温度（水化热、气温等）变形、湿度变形（自身收缩、失水干缩等）、地基变形等。解决裂缝问题的措施有混凝土配制、温差控制、施工期间的特殊措施等方面。

混凝土配制应选用低水化热水泥，在满足混凝土强度和渗透性要求的前提下，尽量减少水泥用量。

控制温差可减小因温度变化引起的裂缝。混凝土内外的温差、周围环境温度的变化都会在侧墙、底板和顶板处出现温度梯度，在混凝土中引起温度应力，从而导致裂缝产生。温差的控制方法有：用降低骨料温度、夏季使用遮阳棚、掺冰水、夜间浇筑等方法降低混凝土的初始温度；在离底板 3 m 范围内的边墙中埋设蛇形冷却管，使底板和侧墙之间的温差曲线变得平缓；加热底板，降低底板和侧墙之间的温差；采用隔热性能良好的木模板，推迟拆模时间，加强养护工作，控制混凝土内外温差。另外，施工中还可控制一次浇筑的混凝土量，以减少水化热。

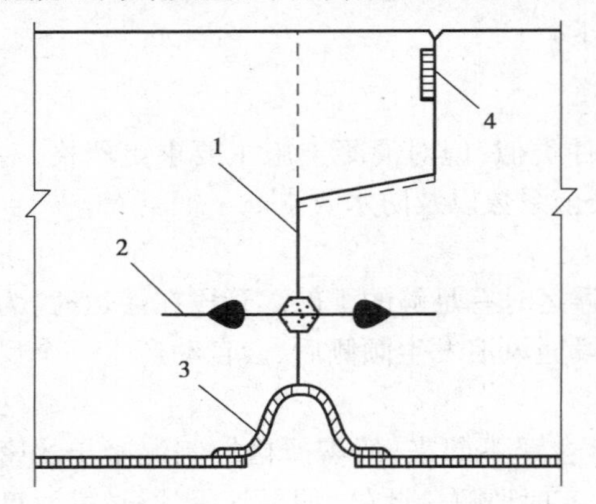

图 8.8　变形缝防水结构
1—变形缝；2—钢板橡胶止水带；
3—Ω 形密封带；4—止水填料

③接缝防水。管段接缝有三种：底板与侧墙之间的纵向施工缝、一节管段中分段浇筑的横向变形缝和管段与管段之间的对接缝。第一种施工缝是防水的薄弱环节，大多采用安装钢带法。变形缝的结构与密封形式有多种，如图 8.8 所示的是钢板橡胶止水带加 Ω 形止水带形式。管段间的对接缝防水一般利用水力压接法所用的 GINA 胶垫形成第一道防水防线，利用 Ω 形止水带作第二道防水防线。

（3）端封墙

在管段浇筑完成、模板拆除后，为了便于水中浮运，需在管段的两端离端面 50 ~ 100 cm 处设置封墙，通常叫端封墙。封墙用钢材或钢筋混凝土制成，也有的采用钢梁与钢筋混凝土复合结构。采用钢筋混凝土封墙的好处是变形小，易于防渗漏，但拆除时比较麻烦；而钢封墙采用防水涂料解决了密封问题后，装、拆均比钢筋混凝土封墙方便得多。

端封墙上设有鼻式托座（简称鼻托）、排水阀、进气阀、人员出入孔以及拉合结构。排水阀设在下面，进气阀设在上面，人员出入孔应设置防水密闭门并应向外开启。

（4）压载设施

由于管段浮运就位后要沉放到水底，靠管段本身的重力不能克服水的浮力时，需对管段进行加载。水箱压载法简单方便，采用较多。压载水箱在管段上对称设置，每节管段至少要设 4 个水箱，对称布置在管段四角，使管段保持平衡，平稳地下沉。压载水箱在封墙安装之前设置在管段内部,水箱的容量及数量取决于管段干舷的大小、下沉力的大小,以及管段基础处理时抗浮所需的压重大小。

3)管段的检漏与干舷调整

管段在制作完成之后,须进行检漏。如有渗漏,可在浮运出坞之前进行补救。一般在干坞灌水之前,先往压载水箱里加水压载,然后再往干坞内灌水。在干坞灌水之后,进一步抽吸管段内的空气,使管段中气压降到0.06 MPa,待灌水24~48 h后,工作人员进入管段内部,对管段的所有外壁进行一次仔细的检漏。如发现渗漏,则需将干坞内的水排干,进行修补;若无问题,即可排出压载水,让管段浮起。

经检验合格后的管段浮起,还要在坞中检查四边的干舷是否合乎规定,如有倾侧现象,可通过调整压载加以解决。在一次制作多节管段的大型干坞中,经检漏和调整好干舷的管段,还需再加压载水,使之沉在坞底,使用时再逐一浮起,拖运出坞。

8.3 沉管作业

8.3.1 沉管隧道的浚挖

沉管隧道的浚挖最主要的是基槽浚挖。基槽浚挖施工是利用浚挖设备,在水底沿隧道轴线,按基槽设计断面挖出一道沟槽,用以安放管段。

1)浚挖作业方式

浚挖作业一般分层、分段进行。在基槽断面上,分多层逐层开挖;在平面沿隧道轴线方向,划分成若干段,分段分批进行浚挖。

管段基槽浚挖亦可分粗挖和精挖两次进行。粗挖挖到离管底标高约1 m处,精挖在临近管段沉放时超前2~3节管段进行,这样可以避免因管段基槽暴露过久、回淤沉积过多而影响沉放施工。

2)土槽浚挖

土质基槽一般采用挖泥船开挖。挖泥船种类较多,下面介绍几种常用类型:

①链斗式挖泥船。它用装在斗桥滚筒上、能连续运转的一串泥斗挖取水底土壤,通过卸泥槽排入泥驳。施工时需泥驳和拖轮配合,生产效率较高,成本较低,能浚挖硬土层。

②绞吸式挖泥船。它利用绞刀绞松水底土壤,通过泥泵吸进泥浆,经过排泥管卸泥于水下或输送到陆上去。它对土质的适应性好、生产效率高、成本低,不需泥驳配合工作。

③自航耙吸式挖泥船。它是带有泥仓的自航吸泥船,挖泥时不妨碍其他船舶的航行,适用于在船舶航行密集的地点挖泥。

④抓斗挖泥船。抓斗挖泥船利用吊在旋转式起重扒杆上的抓斗抓取土壤,卸到泥驳上运走。一般不能自航,施工时需配备拖轮和泥驳。它构造简单、船体小、挖深大、施工效率高。

⑤铲斗挖泥船。它是用悬挂在把杆上的铲斗,在回旋装置操纵下,推压斗柄,使铲斗切入水底土壤内进行挖掘,然后提升铲斗,将泥土卸入泥驳。这种挖泥船适用于硬土层,不需锚缆定位,水面占位小,但挖泥船的造价高,浚挖费用亦高。

一般情况下，挖深在 10 m 以内(由水面计)时，可用吸泥船或链斗挖泥船；挖深 16 m 以内时，可用 4 m^3 铲斗挖泥船或轻型抓斗挖泥船；超过 16 m 时要用重型抓斗挖泥船。

3) 岩槽开挖

岩石基槽开挖，需用水下钻眼爆破法进行。钻眼前要清除岩面以上的覆盖层。炮孔排距、孔距等爆破参数要根据岩性及产状决定，排炮的排与排错开。炮眼深度一般超过开挖面以下 0.5 m。爆破时要注意冲击波对过往船只和水中人员的安全，要保证其安全距离符合规定。

水下钻眼要使用炸礁船，多只船并排布置并抛锚定位。钻眼时应采用多台钻机一排同时作业。爆破后的清挖用铲斗挖泥船和大抓斗型抓斗挖泥船。

4) 开挖辅助工作

基槽开挖施工必须选择合适的卸泥区，运距最好在 50 km 以内。

一般铰吸挖泥船开挖基槽时，在挖泥船进场后，应按现场情况连接所需长度的输砂管，采用趸船作为临时码头，用来固定输砂管和停靠泥驳进行装泥作业。

为保证基槽开挖的坡度、深度和宽度的精度，要加强测量工作。

8.3.2 管段出坞

管段在干坞内预制完毕，安装好全部浮运、沉放及水下对接的施工附属设备设施后，就可向干坞内灌水，使预制管段在坞内逐渐浮起，直到坞内外水位平衡为止，打开坞门或破坞堤，由布置在干坞坞顶的绞车将管段逐节牵引出坞。

管段起浮后，管段的一侧可利用干坞的系缆柱系泊，另一侧可利用尚未起浮的管段系缆绳，要确保起浮的管段平稳无漂移。管段通过绞车系泊缆绳系统逐步牵引出坞。出坞作业应选在海水高潮的平潮前半小时进行。管段出坞后用拖轮或岸上绞车拖运到沉放位置。当水面较宽、拖运距离较长时，一般采用拖轮拖运。水面较窄时，可在岸上设置绞车拖运。广州珠江沉管隧道施工时，由于干坞设在隧道的岸上段，江面宽只有 400 m 左右，浮运距离短，采用了绞车和拖轮相结合的方式。即在一艘方驳上安置一台液压绞车作为后制动，两台主制动绞车设在干坞岸上，三艘顶推拖轮顶潮协助浮运。

管段浮运到沉放位置后，要转向或平移，对准隧道中线待沉。

8.3.3 管段沉放

管段的沉放在整个沉管隧道施工过程中占有相当重要的地位。沉放方法有多种，需根据不同的自然条件、航道条件、沉管本身的规模以及设备条件进行合理选择。

1) 管段的沉放方式

管段的沉放方式多采用吊沉法，根据施工方法和主要起吊设备的不同，吊沉法又分为起重船法、浮箱法、扛吊法和骑吊法等，其中以浮箱法使用较多。

(1) 起重船吊沉法

沉放时用 2 ~ 4 艘 1 000 ~ 2 000 kN 起重船，提着预埋在管段上的 3 ~ 4 个吊点，逐渐将管段沉放到基槽中的规定位置。该法适用于钢壳型、规模较小的隧道。

(2)浮箱吊沉法

该法的主要设备为4只1 000~1 500 kN的方形浮箱。浮箱位于管段顶板上方,分前后两组,每组以钢桁架联系,并用4根锚索定位,管段本身另用6根锚索定位。浮箱通过吊索和管段起吊点连在一起,如图8.9所示。起吊提升机和浮箱定位提升机均安放在浮箱顶部,吊索起吊力要作用在各浮箱中心,定位提升机安设在定位塔顶部。该法适用于小型管段的沉放。

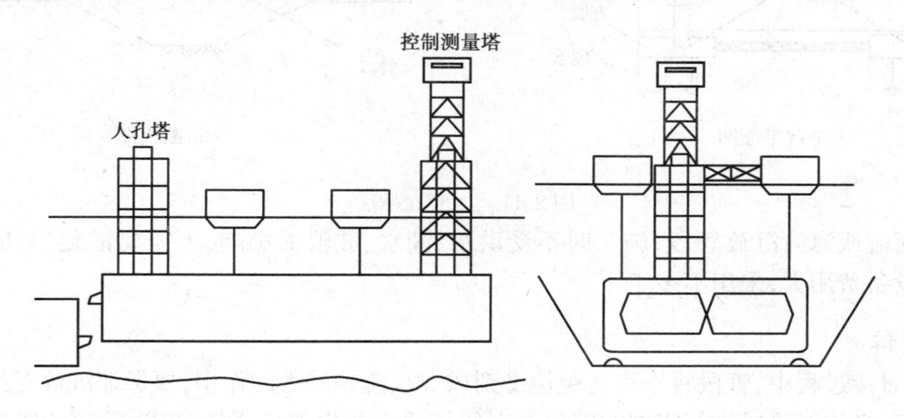

图8.9 四浮箱吊沉法

对于大型沉管,工程中将4只小浮箱由前后两只大浮箱或改装的驳船代替(图8.10),并完全省掉浮箱上的锚索。该法使水上作业大为简化,设备简单,应用较广。

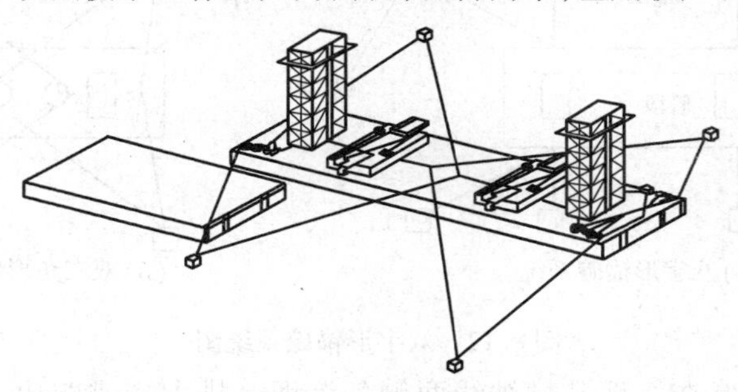

图8.10 双浮箱吊沉法

(3)扛吊法

该法采用4艘方驳(图8.11),左右两艘方驳之间由型钢或钢板梁组成"杠棒",用以承受管段吊索的吊力。每侧的前后两只方驳用钢桁架连成一个船组。驳船组及管段分别用6根锚索定位。由于由4艘方驳承担下沉力,每艘方驳只承担其1/4,故即使沉放大型沉管,只需要1 000~2 000 kN的小型方驳即可,所以设备简单、费用低。

该法的一种改进方法是双驳扛吊法,也称为双壳体船法,是采用两艘船体较大的方驳船(长60~85 m,宽6~8 m)代替4只小方驳。整体稳定性优于4只小方驳组成的船组,施工时可利用这一特点把管段的定位锚索省去,而改用对角方向张拉的斜索系于双驳船组上。该法适用于沉放管段较多、建设多条隧道的情况。

(4)骑吊法

该法使用一浮箱式作业平台,利用浮箱压重使4条钢腿插入河底。然后升起平台,将管段置于平台下面,使水上作业平台"骑"在管段上方,将其慢慢吊放下沉。骑吊法适用于水深或流

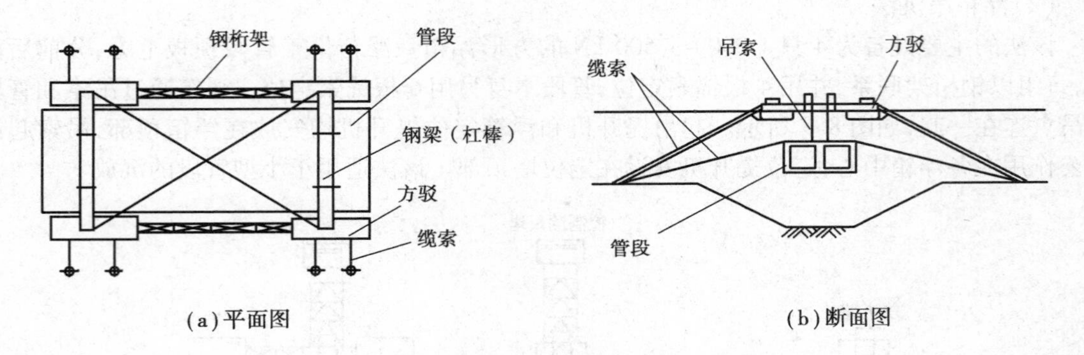

图 8.11　四驳扛吊法

速较大的河流或海湾沉放管段，施工时不受洪水、潮水、波浪的影响，不需要锚碇，对航道干扰小。但其设备费用大，采用不多。

2）管段定位

沉放、对接过程中，管段将不可避免地受到风、浪、流等外力的作用，要保证沉放对接过程中管段的稳定，必须对管段进行牢固的定位。定位作业主要由锚碇系统完成，常用的锚碇方式有“八字形”和“双三角形”，如图 8.12(b)所示。

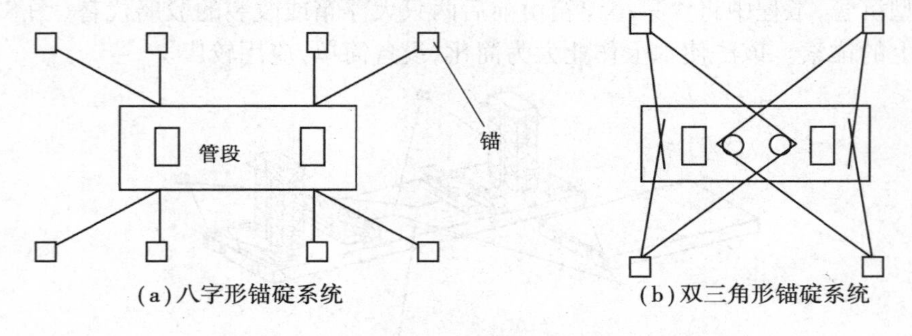

图 8.12　八字形锚碇系统图

八字形锚碇系统通常在沉埋基槽轴线两侧各沉埋一排大型锚碇块，两排锚碇块呈对称埋设，锚碇块与管段之间由锚链连接。该法安全可靠、施工简单，但占水域较大，对航道有不利影响。双三角形锚碇系统的优点是所占江面的水域宽度仅为管段的长度，因而对航道的影响较小。

管段拖运到沉放位置后，系好定位缆。管段位置调整和定位通过测量塔上的卷扬机拉紧或放松定位缆来加以控制。锚碇块的位置用玻璃钢浮筒表示，正式使用前需对锚碇块进行拉力测试。每个测量塔上有定位用卷扬机 3 台，每个钢浮箱上有沉放用卷扬机 2 台，还有紧缆用卷扬机 4 台。当位置误差在 10 cm 以内时，即可进行沉放作业。

3）管段的沉放作业

管段沉放与对接作业受海上的自然条件影响很大，施工前需对沉放阶段的水位、流速、气温、风力等水文气象条件进行资料收集分析，选择最佳时机。一般安排在夜间进行现场准备，翌日高潮平潮时进行管段就位，午前低潮后进行沉放作业，午后结束沉放、对接作业。

(1)沉放作业前的准备工作

沉放的前两天，需派潜水员对基槽进行全面细致的验收，保证沉管就位时无任何障碍。水上要实行交通管制。对管段内部的所有设备设施和系统进行检查，及时排除故障，确保沉放工作顺利进行。

(2)沉放作业步骤

沉放作业分初次下沉、靠拢下沉和着地下沉三个步骤进行，如图8.13所示。

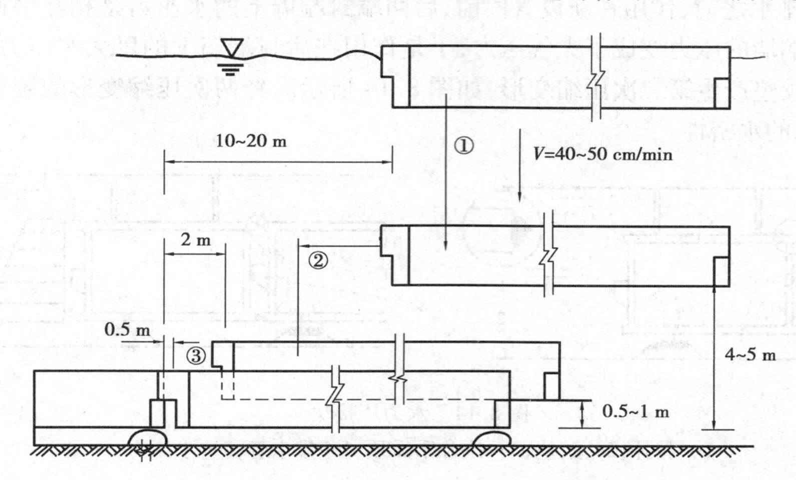

图8.13　管段沉放步骤示意图

①初次下沉。管段位置调节到与已沉管段保持10~20 m的距离，先往管段内压重水箱灌注一半下沉力的水，经位置校正后再继续加至设计值；然后继续下沉，直到管底离设计标高4~5 m为止，下沉时要随时校正管段的位置。

②靠拢下沉。先将管段向前平移至距已沉管段2 m左右处，然后再将管段下沉到管底离设计标高0.5~1 m处，并调整好管段的纵向坡度。

③着地下沉。先将管段平移至距已沉管段约0.5 m处，校正管段位置后即开始着地下沉。最后1 m的下沉要严格控制下沉速度，尽量减少管段的横向摆动，使其前端自然对中。着地时先将前端搁在“鼻式”托座上，通过鼻托上的导向装置自然对中，然后将后端轻轻搁置到临时支座上，即可进入管段的对接作业。

(3)沉放作业注意事项

每一步操作完成后，应等管段恢复静止后，再进行下一步的操作；靠拢下沉和着地下沉的过程中，除常规测量仪器、水下超声波测距仪进行不间断地监测外，尚需由潜水员进行水下实测，检查测量管段的相对位置和端头距离。

8.3.4　管段连接

管段沉放就位后，还要与已连接好的管段连成一个整体。该项工作在水下进行，故又称为水下连接。早期的沉管隧道都是采用水下混凝土连接法，目前普遍采用的连接方法为水力压接法。水力压接法工艺简单方便、速度快、水密性好，基本上不用潜水工作，下面主要介绍这种方法。

1)水力压接法原理

水力压接法是利用作用在管段上的巨大水压力,使安装在管段前端面(靠近既设管段的那一端)周边上的一圈胶垫发生压缩变形,形成一个水密性良好可靠的接头。其具体方法是先将新设管段拉向既设管段并紧密靠上,这时接头胶垫产生了第一次压缩变形,并具有初步止水作用。随即将既设管段后端的封端墙与新设管段前端的封端墙之间的水(此时已与管段外侧的水隔离)排走。排水之前,作用在新设管段前、后两端封端墙上的水压力是相互平衡的,排水之后,作用在前封端墙的压力变成了大气压力,于是作用在后封端墙上的巨大水压力就将管段推向前方,使接头胶垫产生第二次压缩变形,如图 8.14 所示。经两次压缩变形的胶垫,使管段接头具有非常可靠的水密性。

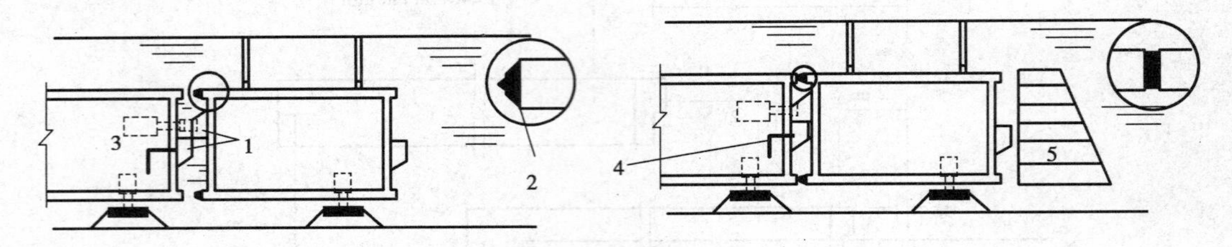

图 8.14　水力压接法

1—鼻托;2—胶垫;3—拉合千斤顶;4—排水管;5—水压力

2)水力压接接头胶垫

水下压接成功实施的关键部件是安装在管段前端面周边上的一圈胶垫,它是管段接头的第一道防水线。接头胶垫的形式有多种,目前广泛应用的是荷兰的 GINA 橡胶垫和德国开发的 phoenix 垫圈,如图 8.15 所示。

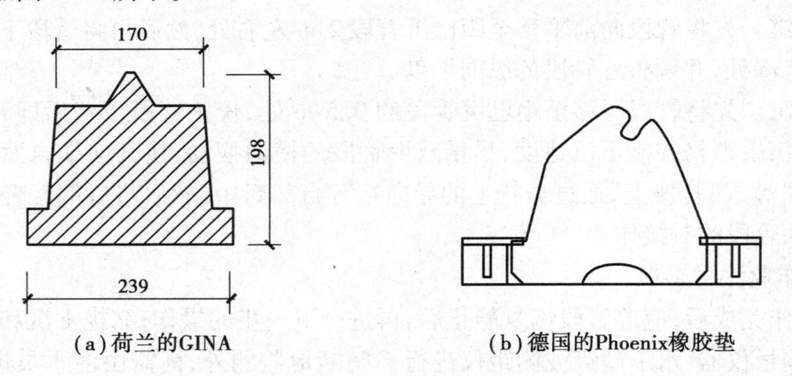

(a)荷兰的GINA　　(b)德国的Phoenix橡胶垫

图 8.15　尖肋形胶垫的断面形状

3)水力压接程序

(1)对位

目前广泛采用"鼻式"定位托座对位,如图 8.16 所示。

(2)拉合

管段的拉合用千斤顶实施。千斤顶的布置位置有两种,一种设置在已设管段内,另一种设置在管段的顶面端部,如图 8.17 所示。设置在管段内的特点是整套液压站在管段内,便于操作,拉合力均匀,但千斤顶活塞杆穿过端墙需设密封装置,活塞杆与新沉没管段的对接在水下进

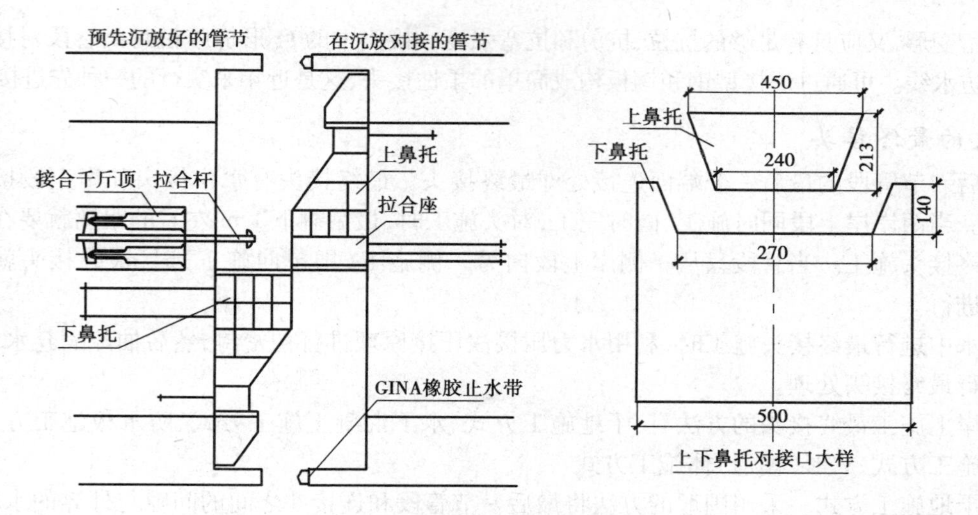

图 8.16 鼻式托座示意图

行,增加水下工作量。布置在顶部时,从水面放下千斤顶很方便,但液压站在水面船舶上需很长的油管,需潜水员下水安装千斤顶和观察工作情况。拉合千斤顶可用 1 或 2 台,总拉合力 2 000 ~3 000 kN,行程一般为 1.0 ~1.2 m。

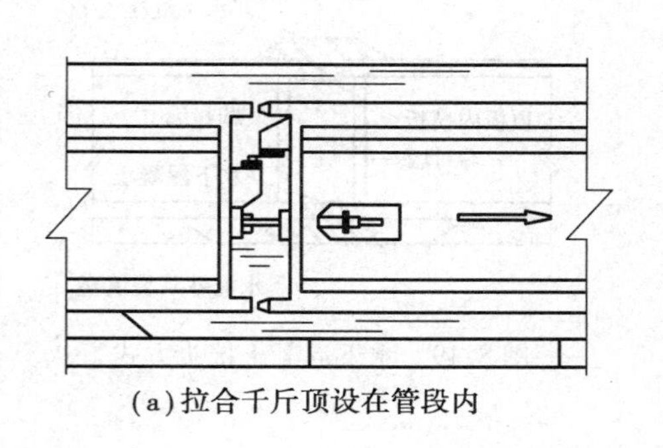

(a)拉合千斤顶设在管段内

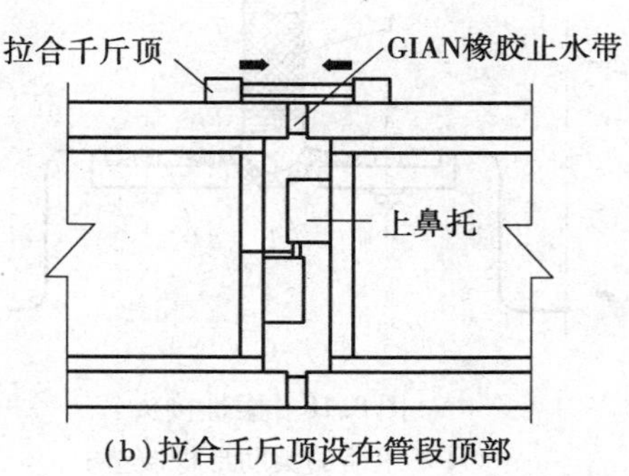

(b)拉合千斤顶设在管段顶部

图 8.17 拉合千斤顶的布置位置

(3)压接

拉合完成后,即可打开已设管段内的进气阀和排水阀,放出两节沉管封端墙之间的水。排完水后,作用在整个胶垫上的压力可达数万千牛。在全部水压力作用在胶垫上后,胶垫进一步被压缩,从而起到加强封水的作用。

压接结束后,即可从已设管段内拆除刚对接的两道端封墙,沉放对接作业即告结束。

4)管段的内部连接

管段在经上述的对位、拉合和对接后,只是隔绝了管段内外水的联系,管段之间并未连成整体,故还需在管段内部进行永久性连接,构筑永久接头。

(1)刚性接头

刚性接头是在水下连接完毕后,在相邻两节管段端面之间、GINA 胶垫内侧,用钢筋将两个管段连接起来,然后浇筑混凝土,形成一个永久性接头。

(2)柔性接头

柔性接头如图 8.18 所示。该接头形式宜用于地震区的沉管隧道,但在其构造上要满足线性位移和角变形,又应具有足够的抗拉、抗剪和抗弯强度。接头中的Ω形橡胶密封是管段对接缝的第二道防水线。可通过焊接型钢和钢板构成简单的柔性接头,这是近年来实行的一种先进接头。

5)管段的最终接头

最后一节管段的最后一个端面连接处即最终接头。最终接头有水中接头和岸上段接头两种情况。当两岸岸上段同时施工、同时完工,对头施工时,最后剩下1 m左右的距离就要在水中进行最终接头施工。当管段只从一侧岸上段向另一侧施工(即单向施工)时,最终接头就必须在岸上进行。

在水中进行最终接头施工时,利用水力压接法压接原理进行初密封,然后抽掉隔仓水,在隧管内进行最终接头处理。

在岸上施工最终接头的方法有:干地施工方式、水下混凝土施工方式、防水板施工方式、接头箱体施工方式、V形(楔形)体施工方式。

①干地施工方式。采用围堰的方法将最后一节管段和连接井之间的间隙与外界的水隔开,然后将围堰内的水抽干,在无水的情况下用现浇钢筋混凝土的办法完成最终接头。

②水下混凝土施工方式。在最终接头部位设水下模板,浇筑水下混凝土,如图8.19所示。

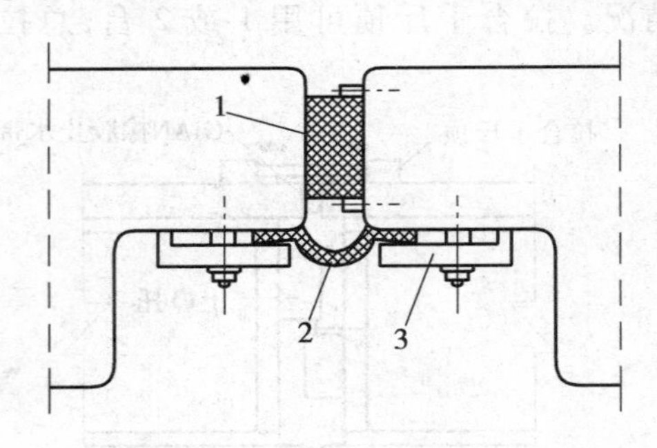

图8.18　柔性接头

1—压缩的尖肋形橡胶垫;

2—Ω形橡胶密封;3—密封固定装置

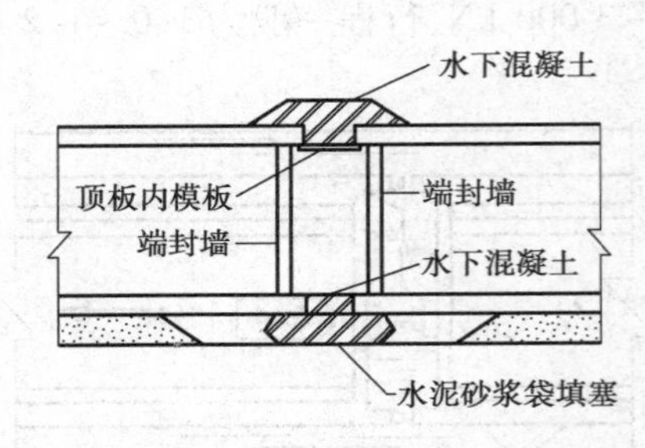

图8.19　水下混凝土接头方式

③防水板施工方式。最终接头的两个端面之间的空隙设置适当的支撑,用装有橡胶圈的钢封板从管段外侧将接头包住,形成第一道防水线。接着将端封墙之间的水抽干,利用水力压接的原理使防水钢板与管壁密贴,这时防水钢板的内侧(即最终接头空间)是干的,然后打开最终接头的两个端面钢封门上的人孔,进入到最终接头空间,进行现浇混凝土施工,如图8.20所示。

④楔形箱体施工方式。根据最终接头的实际间距,制作一段楔形钢壳,用起重船将钢壳插入最终接头部位,通过水力压接使楔形钢壳与原有管段形成一个整体,如图8.21所示。

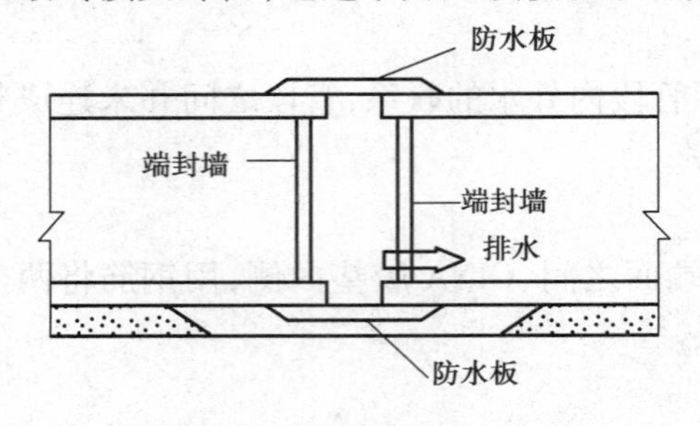

图8.20　防水板接头方式

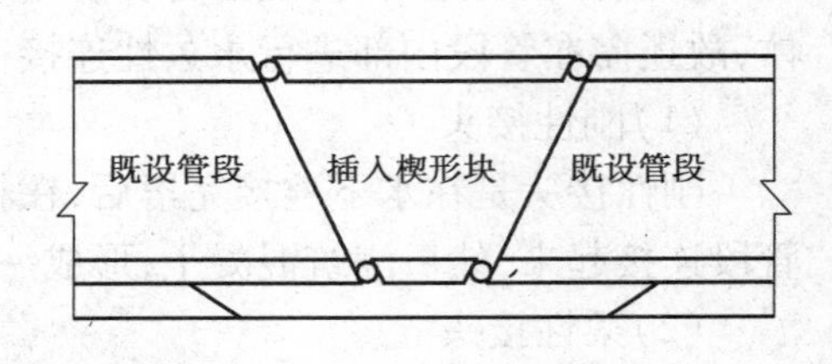

图8.21　楔形箱体接头方式

8.4　基础处理及回填

沉管管段就位后，槽底表面与沉管底面之间尚存在很多不规则的空隙，将会引起不均匀沉降，使沉管结构受到局部应力而开裂，故必须进行基础处理（基础填平）。

基础处理结束后，还要对管段两侧和顶部进行覆土回填，以确保隧道的永久稳定。回填覆盖采用"沉放一段，覆盖一段"的施工方法，在低平潮或流速较小时进行。管段两侧应对称回填，回填应均匀，不要出现堆积和空洞现象。

沉管隧道基础处理的很多，这里介绍几种常用的方法。

8.4.1　先铺法

浚挖基槽时，先超挖 60 ~ 90 cm，然后在槽底两侧打数排短桩，用作安设导轨，以控制高程和坡度。再通过抓斗或刮板船的输料管将铺垫材料投放到槽底，投放范围为一节管段长，宽为管段底板宽 1.5 ~ 2.0 m。最后用简单的钢刮板或刮板船刮平。

为保证基础密实，管段就位后可加过量的压载水，使垫层压紧密贴。如铺垫材料为石料，可通过管段底板上预埋的压浆孔向垫层压注水泥膨润土混合砂浆。

先铺法能够清除积滞在基槽底的淤泥，使砂砾或碎石基础稳定；圆形断面或宽度较窄的矩形断面沉管隧道运用最多。不足是需要专门的刮铺设备；水上作业时间长；水底由潜水员架设导轨时费工、费时；刮铺完后需经常清除回淤土或塌坡的泥土，直到管段沉没开始为止；在管段底宽较大（超过 15 m）以及流速大、回淤快的河道上施工困难。

8.4.2　喷砂法

喷砂法是从水面上用砂泵将砂、水混合料通过伸入管段底下的喷管喷注，填充管底和基槽之间的空隙，如图 8.22 所示。喷填的砂垫层厚度一般为 1 m 左右。

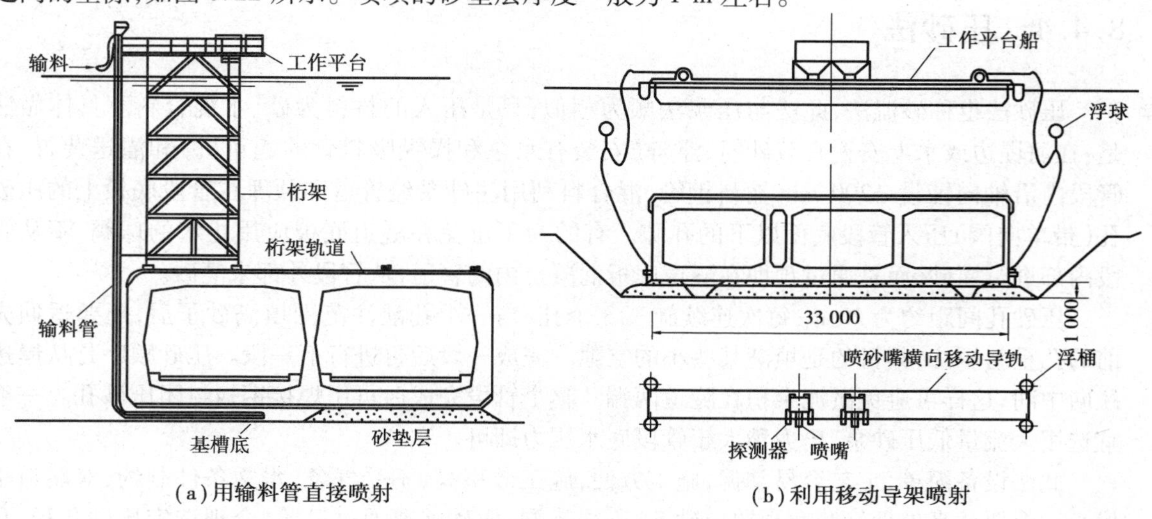

图 8.22　喷砂法示意图

喷砂作业需一套专用的台架，台架顶部突出水面。台架外侧悬挂着一组（一根喷管，两根吸管）伸入管段底下空隙中的L形喷射管，作扇形旋移前进。在喷砂的同时，经两根吸管抽吸回水，使管段底面形成一个规则有序的流动场，砂子便能均匀沉淀。利用移动导架喷射（图(b)）是在管段底下的空隙中设置一套能纵向（沿管段纵向）移动的导架，导架上放置横向往复移动的喷砂机械手，由水面工程船舶通过输砂管路输砂，导架由水面工程船舶拖曳纵向移动，管段下空隙的喷砂效果利用闭路电视监视。

喷砂法施工效率高，容易清除基槽底的淤泥，在欧洲用得较多，适用于宽度较大的沉管隧道。其主要缺点是喷砂台架体积庞大，占用航道影响通航；喷砂系统设备费昂贵；对砂子的粒径要求较严，增加了喷砂法的费用。

8.4.3 压浆法

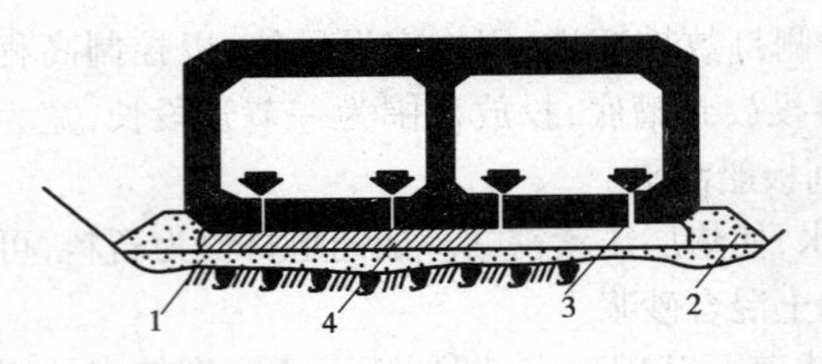

图8.23 压浆法

1—碎石垫层；2—砂石封闭栏；3—压浆孔；4—压入砂浆

压浆法的施工步骤为：在浚挖基槽时先超挖1 m左右，铺垫40～60 cm厚的碎石垫层；再堆放临时支座所需的石渣堆，完成后即可沉放管段；在管段沉放到位后，沿着管段两侧及后端抛堆砂、石封闭栏，栏高至管底以上1 m左右，以封闭管底周边；然后从隧道内部用通常的压浆设备，通过预埋在管段底板上的压浆孔（ϕ80 mm）向管底空隙压注混合砂浆，如图8.23所示。混合砂浆由水泥、膨润土、砂和外加剂组成。

压浆压力不宜过大，以防顶起管段。

压注法操作简单，不需要专用设备，施工效率高，施工费用低，不受水深、流速、浪潮及气象条件的影响，不干扰航运，无需潜水作业，可日夜连续施工。我国宁波甬江隧道在中国大陆首次采用该法，根据施工及运营观测，压浆基础情况良好。

8.4.4 压砂法

压砂法也称砂流法，此法与压浆法颇为相似，只是压入的材料为砂、水混合料。具体做法是：在河堤边或水上安置有载砂船、浮舟（安装有水泵和操纵吸料管的起重机）和灌送装置，在管段内沿轴向铺设ϕ200 mm输料钢管，混合料利用注砂泵经管道和预埋在管段底板上的压砂孔（带单向阀）压入管段底面以下的孔隙。有的为了避免在隧道底板应用止水的球阀，不从管段内部进行灌砂，而是通过预埋在隧道底板混凝土内的管道，从管段外部来灌砂。

压砂孔间距约为20 m，每次连续施工3个孔，当一个孔灌注范围填满砂子后，还要返回先前的孔重新压注，其目的是填满某些小的空隙。完成一段后再进行下一段。压砂顺序是从岸边注向中间，这样可避免淤泥聚积在隧道两端。整个管段完成后再用焊接钢板封闭压砂孔。一般宜选用大流量低压砂泵，压力稍大于管段底水压力即可。

此法设备简单，工艺容易掌握，施工方便，施工效率高，不受气象、水文条件制约，对航道干扰小。但要认真处理好管底预留压砂孔，不得渗漏；压砂前要通过试验，合理选定压砂孔径、孔间距、砂水比、砂泵压力等参数。此外,砂基经压载后会有少量沉降。

压砂法最早在荷兰采用,以后逐渐推广,已取代了喷砂法。我国广州珠江沉管隧道也采用此法,效果较好。

本章小结

(1)本章主要介绍了沉管隧道施工的工艺流程、沉管隧道的基本结构、干坞设计、管段制作、沉管作业过程、基础处理等内容。

(2)沉管法诞生至今已有200年的历史。沉管法修建水下隧道,具有对地质水文条件适应性强、施工方法简单、工期短、造价较盾构隧道低、对航运干扰小、施工质量容易保证、接头少、隧道防渗效果好、抵抗灾害能力强等许多优点。因此,近十几年来得到较多应用。初步估算,我国(含港台)已建和在建的沉管隧道至少在20座以上。据报道,2012年在建的有:天津海河隧道、舟山沈家门港海底隧道、广州洲头咀隧道、港珠澳大桥工程中的海底隧道等。尤其是港珠澳沉管隧道是目前世界上综合难度最大的沉管隧道之一。

(3)随着国家经济和城市发展的不断深入,对城市交通提出了更高的要求,于是大量水下隧道正在兴建,而作为水下隧道最主要的施工方法的沉管法,越来越受到重视,应用前景广阔。

(4)尽管沉管隧道优点很多,但也有一定的制约条件,对航运会产生一定的影响。选择时应考虑以下原则:

第一,与城市总体规划要求的两岸交通疏解方案相协调。要保证隧道与两岸所需衔接的道路具有良好的连接,如衔接道路的标高和坡度要求等。

第二,具有较为合适的河(海)航道、水文及河(海)床条件。沉管隧道宜建在河床较平坦、水流较缓的下游地带,否则会给管节的沉放与对接造成困难。水深超过40 m时,管节的沉放、对接以及GINA临时密封困难。另外,虽然沉管隧道适合于软弱地基,但也不能忽视软弱地基的河床稳定性。

第三,施工条件应满足要求,如航道能否有足够的水深和宽度实施浮运、转向和储放;隧址附近有无合适的干坞修建地带等。

习 题

8.1 简述沉管法的基本概念。

8.2 沉管隧道的断面形式和结构材料有哪些?

8.3 干坞有哪些形式?如何设计和布置?

8.4 管段有哪些部位需要防水?都有哪些防水措施?

8.5 管段是如何出坞的?

8.6 说明管段的沉放方式、步骤及连接原理。

8.7 沉管隧道基础的充填处理方法有哪些?是如何处理的?

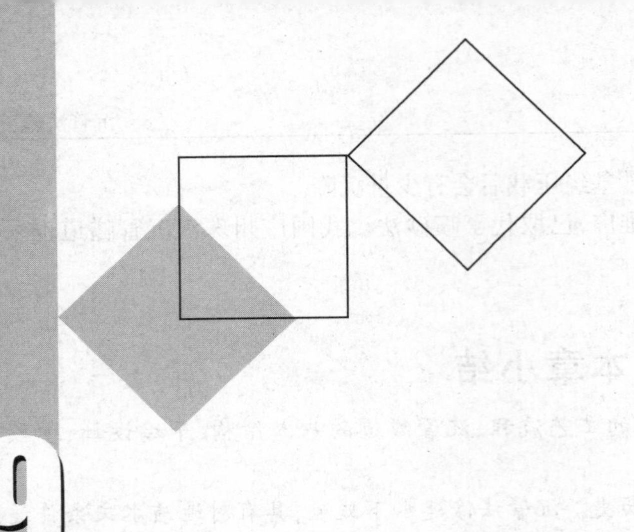

9 辅助工法

本章导读：

在饱和含水、松软、破碎等不良地层中修建地下工程时，为保证掘砌施工的安全顺利进行，往往需要采取一些辅助施工技术，如冻结法、注浆法、混凝土帷幕法、降水法等来加固和处理这些不良地层，然后再进行正常的挖掘和砌筑工作。这些方法都有各自的专门技术工艺和要求，故可称之为辅助工法。本章主要介绍冻结法和注浆法。

- **主要教学内容：**冻结法和注浆法的基本概念与原理、基本工艺和方案、施工设备、技术参数的选择等。
- **教学基本要求：**了解两种工法的基本原理；熟悉主要施工设备；掌握基本的施工工艺、方案和方法，能够进行主要技术参数的设计计算和合理选择。
- **教学重点：**冻结法的原理、技术方案和技术参数的选择与计算；注浆法的基本工艺与技术参数。
- **教学难点：**冻结法的三大循环，尤其是氨循环系统；注浆的工艺与参数确定。
- **网络资讯：**网站：www.ccmcgc.com，www.zmts.com，www.zmtzc.com；www.tdbmc.com。关键词：冻结法，人工制冷，冻结原理，冻结设计，注浆法，工作面预注浆，地面预注浆，注浆材料，注浆机。

9.1 人工冻结法

9.1.1 基本原理

冻结法是在地下工程开挖之前，先在欲开挖的地下工程周围打一定数量的钻孔，孔内安装冻结器,然后利用人工制冷技术对地层进行冻结,使地层中的水结成冰、天然岩土变成冻结岩土,在地下工程周围形成一个封闭的不透水的帷幕——冻结壁,用以抵抗地压、水压,隔绝地下水与地下工程之间的联系,然后在其保护下进行掘砌施工。

形成冻结壁是冻结法的中心环节。冻结壁的形成依赖于冻结系统的三大循环:盐水循环、氨循环和冷却水循环。完整的冻结系统如图9.1所示。

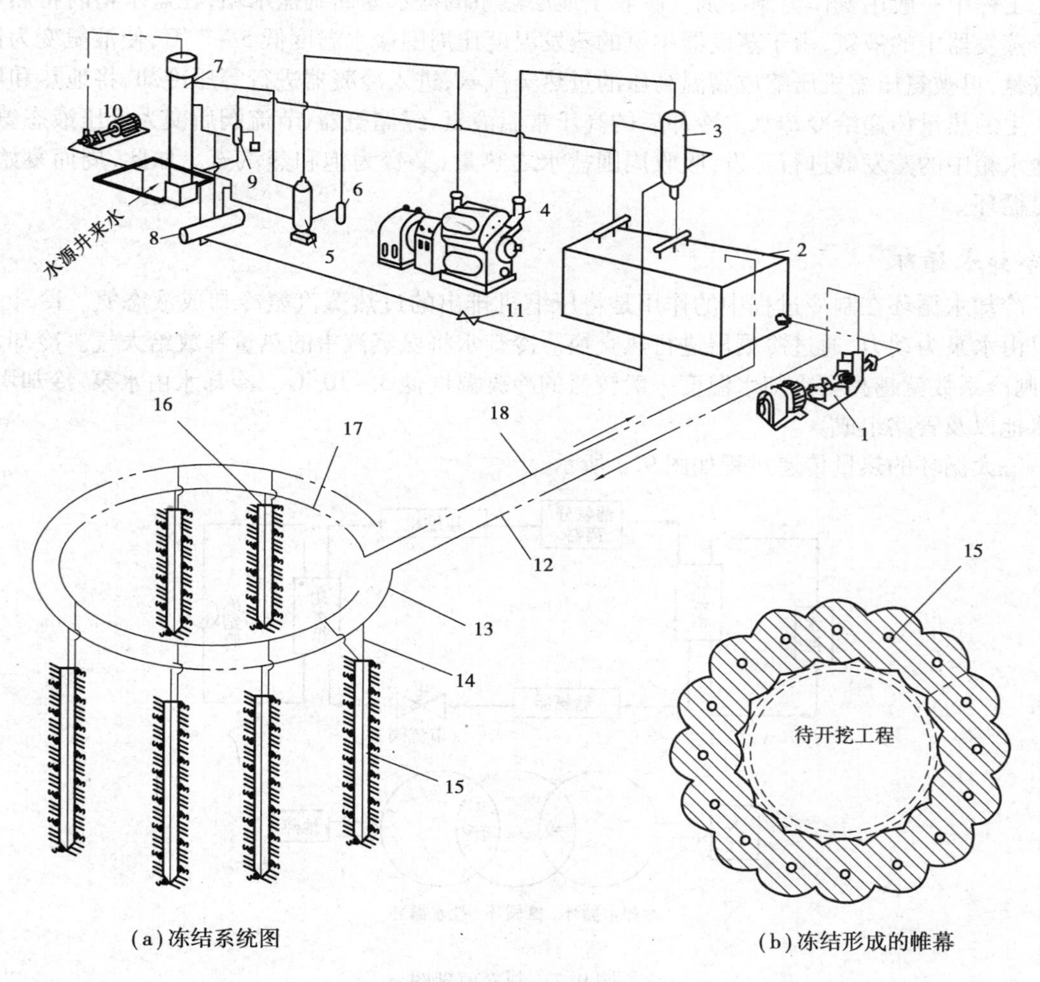

(a)冻结系统图

(b)冻结形成的帷幕

图9.1 冻结施工原理图

1—盐水泵;2—盐水箱(内置蒸发器);3—氨液分离器;4—氨压缩机;5—油氨分离器;6—集油器;7—冷凝器;8—储氨器;9—空气分离器;10—水泵;11—节流阀;12—去路盐水干管;13—配液圈;14—供液管;15—冻结器;16—回液管;17—集液圈;18—回路盐水干管

1)盐水循环

盐水循环在制冷过程中起着冷量传递作用,以泵为动力驱动盐水进行循环。循环系统由盐水箱、盐水泵、去路盐水干管、配液圈、供液管、冻结管、回液管、集液圈及回路盐水干管组成,其中供液管、冻结管、回液管组合称为冻结器。低温盐水(-25~-35℃)在冻结器中流动,吸收其周围地层的热量,形成冻结圆柱,冻结圆柱逐渐扩大并连接成封闭的冻结壁,直至达到其设计厚度和强度为止。此后维持其厚度与强度，一直到冻结带掘砌工作完成。通常将冻结壁扩展到设计厚度所需要的时间称为积极冻结期，而将维护冻结壁的时间称为维护冻结期。

工程中使用的盐水(冷媒剂)通常为氯化钙溶液，其浓度为26.6%~28.4%。

2)氨循环

工程中一般用氨作为制冷剂。吸收了地层热量的盐水返回到盐水箱，在盐水箱内将热量传递给蒸发器中的液氨，由于蒸发器中氨的蒸发温度比周围盐水温度低5~7 ℃，使液氨变为饱和蒸汽氨，再被氨压缩机压缩成高温高压的过热蒸汽氨，进入冷凝器进行等压冷却，将地热和压缩机产生的热量传递给冷却水。冷却后的高压常温液氨，经储氨器、节流阀后变为低压液态氨，进入盐水箱中的蒸发器进行蒸发，吸收周围盐水之热量，又变为饱和蒸汽氨。如此，周而复始，构成氨循环。

3)冷却水循环

冷却水循环在制冷过程中的作用是将压缩机排出的过热蒸汽氨冷却成液态氨。冷却水循环以由水泵为动力，通过冷凝器进行热交换。冷却水将氨蒸汽中的热量释放给大气。冷却水越低，制冷系数就越高。冷却水温度一般较氨的冷凝温度低5~10 ℃。冷却水由水泵、冷却塔、冷却水池以及管路组成。

三大循环的热量传递过程如图9.2所示。

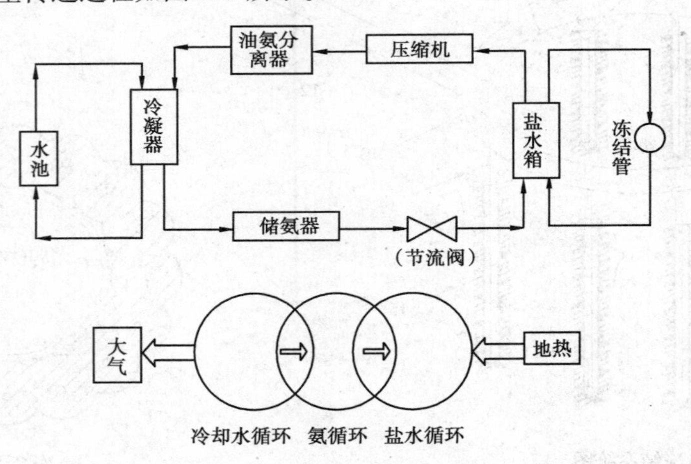

图9.2　制冷原理图

当需冻结的地层量不是很大时，需要的制冷量比较小，制冷的温度较低，可使用一级压缩制冷系统(图9.1)，一级压缩的经济蒸发温度只能达到-25℃。如果冻结工程量比较大，需要温度更低的盐水时，则需使用两级压缩制冷系统。两级压缩与一级压缩的主要区别是在氨循环中再串联一台压缩机(先低压后高压)，并在高压机和低压机之间增加一个中间冷却器，其他与一级压缩基本相同。中间冷却器的作用是用来冷却来自低压级压缩机的排气，同时对来自冷凝器的液态氨进行过冷，以便进入蒸发器进行高效蒸发。

9.1.2 制冷设备

制冷设备包括压缩机、冷凝器、蒸发器、中间冷却器、氨油分离器、贮氨器、集油器、调节阀、氨液分离器等。下面简介一级压缩制冷系统中的一些主要设备。

1）**压缩机**

氨压缩机是制冷系统中最主要的设备。氨压缩机就其工作原理可分为活塞式、离心式和螺杆式三种。我国冻结法施工中主要用活塞式和螺杆式压缩机。

（1）活塞式氨压缩机

活塞式压缩机，按标准制冷能力分为：小型机（<60 kW）、中型机（60～600 kW）和大型机（600 kW 以上）三类；按气缸中心线的位置分为卧式、立式、斜式，斜式又分为 V 形、W 形和扇形（S 形）。我国冻结法施工常用的压缩机有100，125，170，250 等系列。

（2）螺杆式压缩机

螺杆式制冷压缩机是一种回转式压缩机，在机体内平衡地配置着一对互相啮合的螺旋形转子，气体的压缩依靠容积的变化来实现，而容积的变化又是借助压缩机的一对转子（主动转子和从动转子）在机壳内做回转运动来达到。它只有旋转运动部件。国外，当要求标准制冷量为580～2 300 kW时，大多使用螺杆压缩机，我国许多厂家生产有这种压缩机，最大标准制冷量为1 400 kW。

螺杆压缩机可靠性高、寿命长、操作维护方便、动力平衡性好（几乎无振动）、体积小、质量轻、占地面积少，适宜作移动式制冷设备。

2）**冷凝器**

冷凝器用于冷却氨，将氨由气态变为液态，是制冷系统中的主要热交换设备之一。

冷凝器有立式、淋水式、卧式及组合式几种。冷凝器内装有许多支冷却水管，冷却水从冷凝器上端经冷却水管下淌，使管壳内过热蒸汽氨液化。

冷凝器按其冷却介质不同，可分为水冷式、空气冷却式、蒸发式三大类。水冷式以水作为冷却介质，靠水的温升带走冷凝热量。受热后的水由水泵送入冷却塔冷却后循环使用。

3）**蒸发器**

蒸发器是制冷系统中的热交换设备，被放置在盐水箱内，液氨在其内蒸发变为饱和蒸汽，吸收周围盐水的热量，使盐水温度降低。

4）**节流阀**

节流阀也称减压阀，主要对高压制冷剂进行节流降压，保证冷凝器和蒸发器之间的压力差，以便使蒸发器中液体制冷剂在要求的低压下蒸发吸热，从而达到制冷降压的目的；同时，使冷凝器中的气态制冷剂在给定的高压下放热、冷凝。其次，调整供入蒸发器的制冷剂的流量，以适应蒸发器热负荷的变化，使制冷装置更加有效的运转。因此，要求它有较好的耐压和密封性。

5）**其他辅助设备**

辅助设备包括：油氨分离器、贮氨器、氨液分离器、盐水泵及盐水循环系统管网等，它们也是保证冻结工程正常运行不可缺少的辅助设备。

9.1.3 冻结方案

1)一次冻全深方案

一次冻全深方案是集中在一段时间内将冻结孔全深一次冻好,然后掘砌地下工程的方法。这种方案应用广泛、适应性强,能通过多层含水层。其不足之处是当浅部冻结壁达到设计值时,深部冻结壁已进开挖区域,要求制冷能力大。

一次冻全深方案除常用单圈(排)布置冻结管外,还有多圈(排)管冻结方案和异径管冻结方案。如果要求冻结壁厚度较大、冻土平均温度低时,可选取双圈(排)或三圈(排)冻结管方案。为加快冻结壁的形成,改善下部冻结段的施工情况,可采用上部直径大而下部直径小的异径管方案进行冻结。这样可用不同传热面积来调整上下冷量的输出,保证上部及时冻结交圈以便提前开挖,同时又能使下部冻结壁不至于冻得太厚。

2)分段(期)冻结方案

当一次冻结深度很大时,如矿山立井冻结,为了避免使用过多的制冷设备,可将全深分为数段,从上而下依次冻结,称为分段冻结,又叫分期冻结。

分段冻结一般分为上下两段,先冻上段,后冻下段,待上段转入维护冻结时,再冻下段。上段掘砌完毕后下段再转入维护冻结。分段冻结要求在分段处一定要有较厚的隔水层(黏土层)搭接,分段尽量要均匀,使每段供冷均衡。实施分段冻结时,冻结管内需布置长、短两根供液管,冻结上部时,关闭长管阀门,由短管输送低温盐水;冻结深部时则相反,关闭短管阀门,开启长管阀门,由长管输送低温盐水,这样即可实现分段冻结的目的。

3)长短管冻结方案

长短管冻结又称为差异冻结,即冻结管分长、短管间隔布置,长管进入不透水层 5 ~ 10 m,短管则进入风化带或裂隙岩层 5 m 以上。由于上部冻结孔间距小,故冻结壁形成快,有利于早日进行上部掘砌工作。待上部掘砌完后,下部恰好冻好,可避免深部冻实,减少冷量消耗,有利于提高掘砌速度,降低成本。在矿山立井中应用较多。

长短管冻结方案适用于岩土层很厚(200 m 以上)而需要较长时间冻结的情况;或浅部和深部需要冻结的含水层相隔较远,中间有较厚的隔水层的情况,如图 9.3(a)所示;或者表土层下部有较厚且含水丰富的风化基岩或裂隙岩层的情况,这样可避免在表土冻结后再用注浆法处理基岩段的涌水问题,如图 9.3(b)所示。

采用长短管冻结方案能缩短冲积层的冻结时间,可以提前开挖,节约钻孔和冻结费用。长、短管一般沿地下工程周围在同一圈径上一隔一交替布置。

4)局部冻结方案

当冻结段上部有较厚的黏土层,而下部需要冻结时;或者上部已掘砌,下部因冻结深度不够或其他原因出现涌水事故时,需要采用局部冻结方案。实施局部冻结主要是改变冻结器的结构,常用的冻结器结构有隔板法、压气隔离法、盐水隔离法等。如图 9.4 所示为隔板法,可用于下部冻结而上部不冻结的情况。交界面可设隔板,如果不设隔板可在上部充入压缩空气或灌入不流动的盐水。局部冻结器的结构比一次冻结器的结构稍复杂一些,但从综合冻结成本来看,

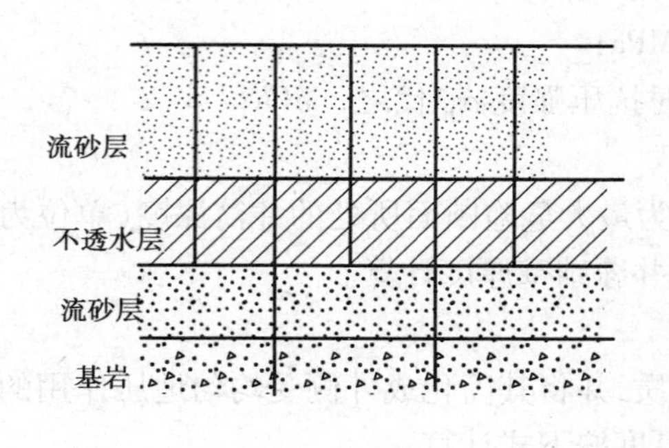

(a)含水层相隔较远

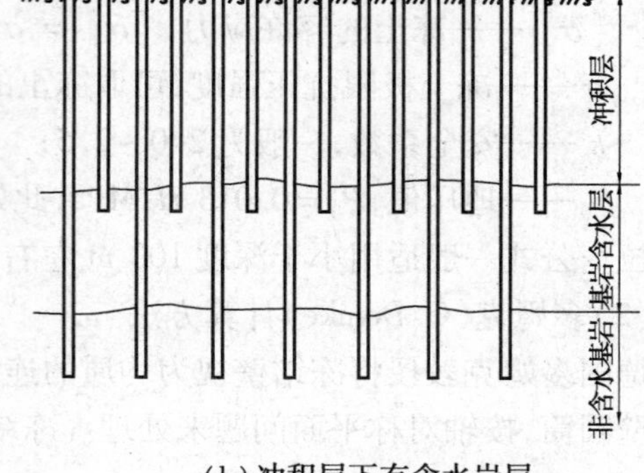

(b)冲积层下有含水岩层

图 9.3 长短管冻结示意图

它比较经济合理，因而在上述条件下经常使用。

9.1.4 冻结参数

1)冻结深度

冻结深度应根据地质条件和开挖深度决定，并注意以下几点：

①冲积层下部基岩风化严重，并与冲积层有水力联系，涌水量大，这时应连同风化层一起冻结，且冻结孔还要深入不透水基岩 5 m 以上。

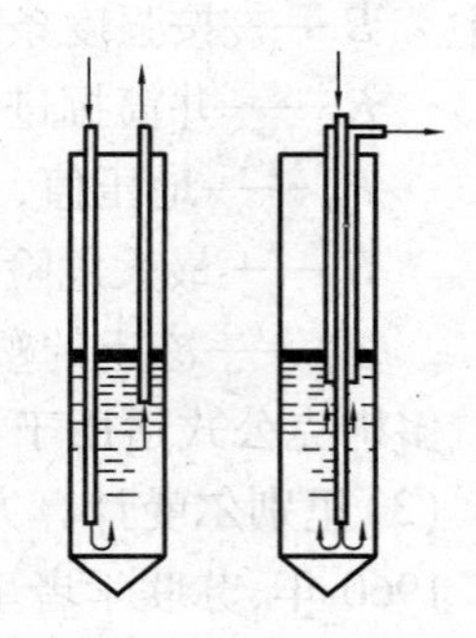
图 9.4 局部冻结方案

②冲积层底部有较厚的隔水层，而基岩风化不严重，冲积层地下水未连通时，冻结孔深入弱风化层 10 m 以上。

③地下工程深度不大，穿入的基岩层不厚，风化带与冲积层地下水连通，涌水量又比较大时，可选用冻结全深。市政工程(如基坑)应根据围护结构安全要求确定冻结深度。

2)冻结壁厚度

冻结壁在掘砌施工中起临时支护作用，其厚度取决于地压大小、冻土强度及冻结壁变形特征。冻结壁厚度，在矿山立井中一般为 2 ~ 10 m；在城市地下工程中，由于工程埋藏浅，水土压力不大，冻结壁一般为 2 ~ 3 m。

冻结壁的理论计算方法较多，计算结果相差较大，工程中多用理论计算作为参考，结合实际经验予以确定。下面简要介绍三种理论的计算方法。

(1)拉麦(G. Lame)计算方法

1852 年法国工程师拉麦将冻结壁视为无限长的厚壁圆筒，并简化为平面问题处理。假定冻土介质受均布外力作用，为均匀弹性体小变形；冻土屈服准则符合第三强度理论。据此，采用弹性理论推导出冻结壁厚度计算公式：

$$E = R\left(\sqrt{\frac{[\sigma]}{[\sigma] - 2P_0}} - 1\right) \tag{9.1}$$

式中 E ——冻结壁厚度，m；

R——井筒掘进半径，m；

$[\sigma]$——冻土的容许应力，$[\sigma]=\sigma/k$，MPa；

σ——冻土极限抗压强度，可取冻土的长时抗压强度 σ_d 代之，MPa；

k——安全系数，一般为2.0～2.5；

P_0——地压值，$P_0=0.013\ H$，MPa，此处 H 为最大危险断面所处的井筒深度（单位为m）。

拉麦公式一般适用小于深度100 m左右的立井冻结壁厚度计算。

（2）多姆克（O. Domke）计算方法

德国多姆克教授将冻结壁视为均质的连续介质，并将其简化成外侧受均匀地压作用的无限长厚壁圆筒，按轴对称平面问题来处理。冻结壁厚度按下式计算：

$$E=R\left[0.29\left(\frac{P_0}{\sigma_s}\right)+2.3\left(\frac{P_0}{\sigma_s}\right)^2\right] \tag{9.2}$$

式中 E——按强度条件计算的冻结壁厚度，m；

R——井筒掘进半径，m；

P_0——地压值，$p_0=0.013\ \mathrm{H}$，MPa；

H——最大危险断面所处深度，m；

σ_s——冻土的塑限，宜用与冻结壁暴露时间相适应的冻土长时抗压强度，MPa。

多姆克公式适用于200 m左右的立井冻结深度。

（3）里别尔曼计算方法

1960年，苏联学者里别尔曼提出用极限平衡原理计算立井冻结壁的厚度，假设冻结壁外侧面的地压力为 γH；掘进空帮的上下端固定，冻土为理想塑性体。公式如下：

$$E=\frac{\gamma H}{\sigma_s}hk \tag{9.3}$$

式中 γ——土的平均重度，N/m³；

H——段高处井筒深度，m；

h——挖掘段高，一般取2.0～2.5 m；

k——安全系数，取1.1～1.2；

σ_s——冻土的塑限，宜用与冻结壁暴露时间相适应的冻土长时抗压强度，MPa。

3）钻孔布置

（1）冻结孔

冻结孔一般靠近地下工程的边缘布置。封闭式冻结时，布置在待挖工程的四周；挡墙式冻结时，则在待挖工程的一侧或一端呈线性布置（如盾构隧道的进、出洞洞口）。

冻结孔的布置形式因冻结工程的形式而异。按布置形状分，有圆形、矩形、椭圆形、不规则布形等；按钻孔的钻进方向分，有垂直、倾斜和水平布置；按钻孔的排列方式分，有单圈（排）、多圈（多排）布置；按钻孔的钻进角度分，有平行、放射状和扇形布置等。

①圆形立井冻结时，钻孔方向为竖向且与井筒呈同心圆布置，其圈径大小由井筒直径、冻结深度、钻孔允许偏斜率和冻结壁厚度来确定。冻结孔间距通常取0.9～1.3 m。冻结孔的布置圈径可按下式计算：

$$D_d = D_j + 2(\eta E + eH) \tag{9.4}$$

式中　D_d——冻结孔单圈布置圈径，m；

D_j——掘进半径，m；

η——冻结壁内侧扩展系数，0.55～0.60；

E——冻结壁厚度，m；

H——冻结深度，m；

e——冻结孔允许偏斜率，一般要求 $<0.3\%$。

冻结孔布置圈径确定后，就可根据冻结孔间距确定出冻结孔的数目。

②斜井冻结时，冻结孔的布置方式有斜孔、垂直孔和立斜孔混合三种。斜孔布置与立井类似，沿斜井周边打斜孔，穿过含水层，进入斜井底板隔水层 10 m 以上；垂直孔布置是在地面沿斜井掘进方向，在斜井周边打垂直孔，穿过斜井底板隔水层；立斜孔混合布置是在斜井顶板范围内钻垂直孔，侧帮和底板布置斜孔。

③水平巷道或隧道工程冻结时，钻孔可根据需要在掘进工作面布置，钻孔布置在待掘工程周围，钻孔方向与地下坑道轴线平行或呈放射状钻进。这种冻结又称为水平冻结。水平冻结已在上海、广州、深圳等城市的地铁区间隧道及旁通道中得到应用。如图 9.5 所示为广州地铁 2 号线某区间隧道的冻结孔布置方式，开孔间距 886 mm，冻结孔长 62 m，钻孔方向呈放射状，终孔间距不超过 2 m。

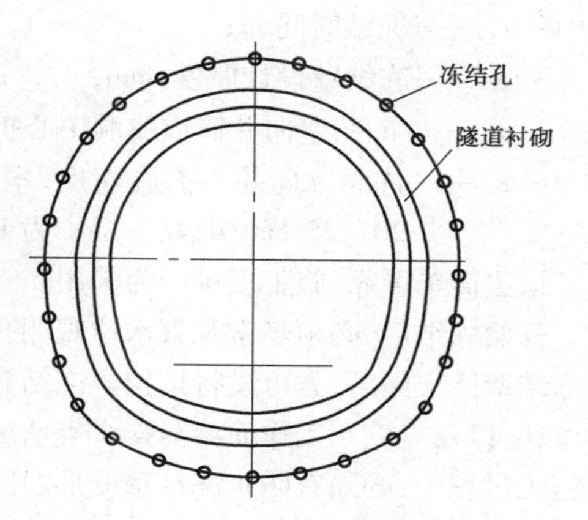

图 9.5　地铁区间隧道钻孔布置（放射状钻进）

（2）水位观测孔

为了掌握冻结壁交圈情况，合理确定开挖时间，需要在冻结区域内布置一定数量的水位观测孔。立井冻结时，一般在距井筒中心 1 m 远的位置，以不影响掘进时井筒测量为宜。孔数为 1 或 2 个，其深度应穿过所有含水层，但不应大于冻结深度或超出井筒。利用水位孔判断冻结壁交圈的原理是：当冻结圆柱交圈后，井筒周围便形成一个封闭的冻结圆筒，由于水结冰后体积膨胀，使水位上升并溢出地面，故将水位孔溢水作为冻结圆柱交圈的重要标志。

（3）测温孔

为确定冻结壁的厚度和开挖时间，在冻结壁内必须打一定数量的测温孔，根据测温结果（冻结壁温度与时间的关系）分析判断冻结壁峰面即零度等温线的位置。测温孔一般布置在冻结壁外缘界面上，冻结孔数目根据需要而定，立井井筒一般为 3 或 4 个。

4）冻结站制冷能力计算

冻结站应用于一个地下工程项目时，冻结站实际制冷能力按下式计算：

$$Q_0 = \lambda \pi d N_d H_d q \tag{9.5}$$

式中　Q_0——冻结一个地下工程项目时的实际制冷能力，kW；

λ——管路冷量损失系数，一般取 1.10～1.25；

d——冻结管内直径，m；

N_d——冻结管数目；

q——冻结管的吸热率，一般 $q=0.26\sim0.29\ \mathrm{kW/m^2}$；

H_d——冻结管长度。

一个冻结站服务于两个相近的、需同时冻结的工程时，如盾构隧道并列的进（或出）口、矿山的主副井等，一般将两个工程安排为先后开工，以错开积极冻结期，即第二个工程在先开工工程进入维护冻结期后才开始冻结。此时，总制冷能力按先开工工程所需制冷能力的25%～50%与后开工工程所需制冷能力之和计算。

5）冻结时间计算

立井井筒或隧道呈封闭形冻结时，冻结时间经验计算公式为：

$$t_d=\frac{\eta_d E}{v_d} \tag{9.6}$$

式中 t_d——冻结时间，d；

E——冻结壁设计厚度，mm；

η_d——冻结壁向井筒或隧洞中心扩展系数，$\eta_d=0.55\sim0.60$；

v_d——冻结壁向井心扩展速度，根据现场经验，砾石层中为35～45 mm/d；砂层中为20～25 mm/d；黏土层中为10～16 mm/d。

该法简单可靠，施工现场广为采用。

开始冻结后，必须经常观察水位观测孔的水位变化。只有在水位孔冒水7 d、水量正常、确认冻结壁已交圈后，方可进行试挖。冻结和开凿过程中，要经常检查盐水温度和流量、岩壁温度和位移，以及岩壁和工作面渗漏盐水等情况。检查应有详细记录，发现异常，必须及时处理。掘进施工过程中，必须有防止冻结壁变形、片帮、掉石、断管等安全措施。只有在永久支护施工全部完成后，方可停止冻结。

9.2 注浆法

9.2.1 注浆基本工艺

1）概述

注浆主要用于地下工程中的地层加固或防水堵漏工程。它是将具有充填、胶结性能的材料配制成浆液，用注浆设备注入地层的孔隙、裂隙或空洞中，浆液经扩散、凝固和硬化后，减小岩土的渗透性，增加其强度和稳定性，从而达到封水或加固地层的目的。

注浆法的分类方法有很多，按注浆材料种类分为水泥注浆、黏土注浆和化学注浆；按注浆施工时间不同分为预注浆和后注浆；按注浆对象不同分为岩层注浆和土层注浆；按注浆工艺流程分为单液注浆和双液注浆；按注浆目的分为堵水注浆和加固注浆；按作用机理分为渗透注浆、压密注浆、劈裂注浆、充填注浆、喷射注浆等。

注浆法的主要优点是：设备少、工艺简单、方法可靠、造价低。因而，目前在水利水电、交通隧道、矿山、建筑基础、边坡等土木工程的各个领域得到了广泛应用。

2)地面注浆

地面注浆是在地下工程开挖之前或开挖过程中,用钻机沿拟开挖工程的周围垂直向下钻孔,将配好的浆液用注浆泵通过注浆孔注入地层的裂隙(或孔隙)中充填固结,形成不透水的注浆帷幕,然后进行地下工程的开凿工作,其工艺如图 9.6 所示。

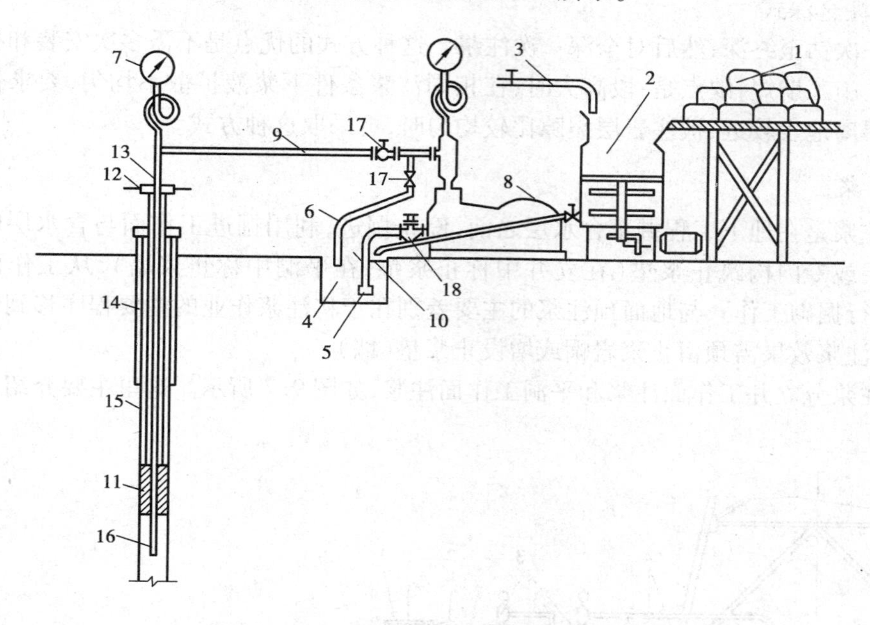

图 9.6　地面注浆工艺流程

1—注浆材料;2—搅拌筒;3—供水管;4—贮浆池;5—吸水龙头;6—回浆管;
7—压力表;8—注浆泵;9—输浆管;10—过滤筛;11—止浆塞;12—加压螺母;
13—加压丝扣;14—套管;15—外套;16—注浆管;17—阀门;18—闸板阀

地面注浆通常用水泥浆液、黏土浆液以及水泥-水玻璃浆液,注浆深度在矿山可达500 m以上。在浅表土(厚度小于 50 m)的流沙层中通常注化学浆液。

注浆时,首先钻孔,同时安装注浆设备。注浆作业前,要对钻孔进行压水试验,其目的是检查止浆塞的止浆效果及孔口装置的渗漏情况,冲洗孔内的岩粉和岩层裂隙中的黏土等充填物,测定注浆段岩层的吸水率。压水试验的注入压力一般比注浆终压高 0.5 MPa 左右;压水时间一般为 10 ~ 20 min。注浆作业过程中要随时掌握压力和进浆量的变化情况,做好有关记录,以便分析注浆效果。一般情况下,注浆浆液应先稀后浓,先粗后细。当注浆量与设计量大致相等或达到注浆终压时,应结束注浆。

注浆方式有以下三种:

(1)分段下行式(自上而下)

注浆孔从地面钻至需注浆的地段开始,钻一段孔注一段浆,反复交替直至注浆全深,最后再自下而上分段复注。其优点是能有效地控制浆液上窜,确保下行分段有足够的注浆量,同时使上段获得复注,能提高注浆效果;缺点是反复扫孔,钻孔工作量大,交替作业工期长。在岩层破碎,裂隙很发育,涌水量大的厚含水层(大于 40 m)及含水砂层的粒度和渗透系数大致相间时,宜采取这种方式。

(2)分段上行式(自下而上)

注浆孔一次钻到注浆终深,使用止浆塞进行自下而上的分段注浆。这种方式的优点是无重复钻孔,能加快注浆施工速度;缺点是易沿注浆管外壁及其附近向上跑浆,影响下层注浆效果。因此,对止浆垫的止浆效果要求较高,同时,对地层的条件要求较严格。在岩层比较稳定,垂直裂隙不发育的条件下或含水砂层的渗透系数随深度明显增大时,可采用这种方式。

(3)一次注全深式

注浆孔一次钻至终深,然后对全深一次注浆。这种方式的优点是不需多次安装和拔起止浆塞,工艺简单、施工期短;缺点是:段高大时,在相同注浆条件下浆液扩散不均匀,要求供浆能力大。当含水层离地表较近,被注岩层裂隙比较均匀时,可采取这种方式。

3)工作面注浆

工作面注浆是在地下工程掘至含水层之前,停止掘进,利用掘进工作面与含水层间不透水岩帽为保护层或专门构筑止浆垫(在立井中称止浆垫,在平洞中称止浆墙),从工作面钻孔注浆,然后再进行掘砌工作。与地面预注浆的主要差别在于将注浆作业的主要程序移到地下工作面,为了保证注浆效果需预留止浆岩帽或增设止浆垫(墙)。

工作面注浆分立井工作面注浆和平洞工作面注浆,如图 9.7 所示。这里主要介绍立井工作面注浆。

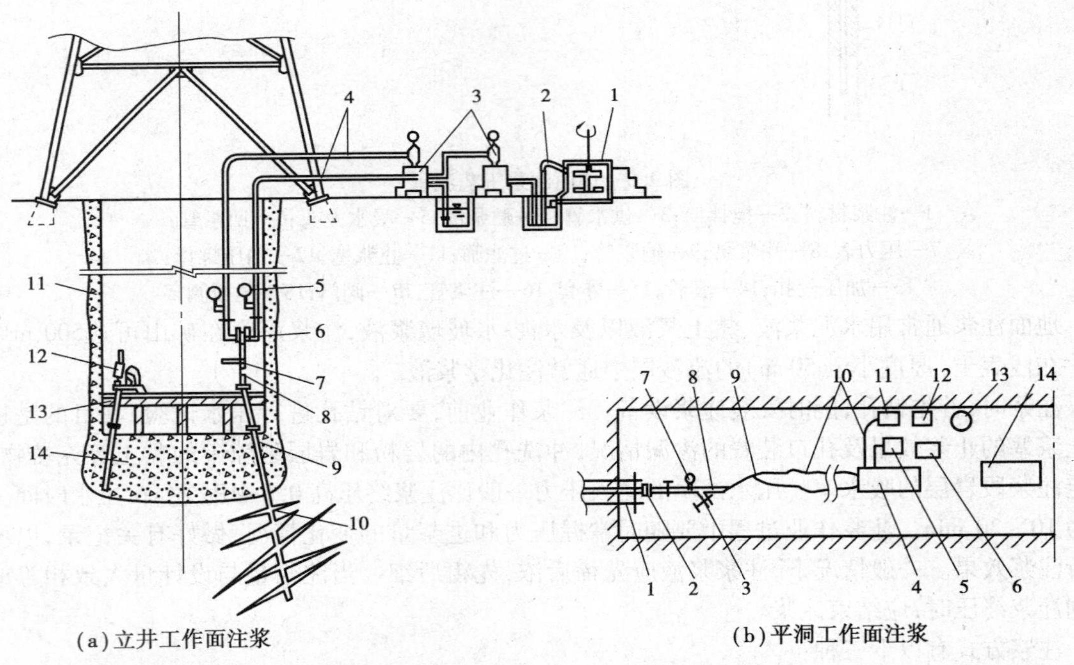

(a)立井工作面注浆

1—浆液搅拌池;2—压风管;3—注浆泵;4—输浆管;5—压力表;6—混合器;7—泄浆阀;8—孔口阀;9—孔口管;10—注浆孔;11—井壁;12—钻机;13—工作台;14—止浆垫

(b)平洞工作面注浆

1—锚杆;2—孔口管;3—泄浆阀;4—注浆泵;5—水玻璃桶;6—清水桶;7—压力表;8—四通管;9—三通管;10—输浆胶管;11—水泥浆桶;12—转浆桶;13—搅拌机;14—水泥车

图 9.7 工作面注浆工艺流程

(1)预留止浆岩帽

当含水层上部有致密的不透水层时,在井筒掘进到注浆段以上一定距离即可停止施工,为注浆作业预留一段岩帽,从而保证浆液在压力作用下沿裂隙有效扩散,并防止从工作面跑出。岩帽的厚度应根掘岩石的性质及强度确定,按经验选取时一般为2~7 m。

(2)构筑止浆垫

在不具备预留止浆岩帽的情况下,应构筑人工止浆垫。止浆垫的结构形式分为单级球面型(图9.8)和平底型(图9.9)。止浆垫内锥角的一半 α,一般取30°~33°,球面内半径 R_a 约为1.8 r(r 为井筒掘进半径)。止浆垫的厚度主要根据注浆终压和止浆垫材料的允许抗压(抗剪)强度确定。

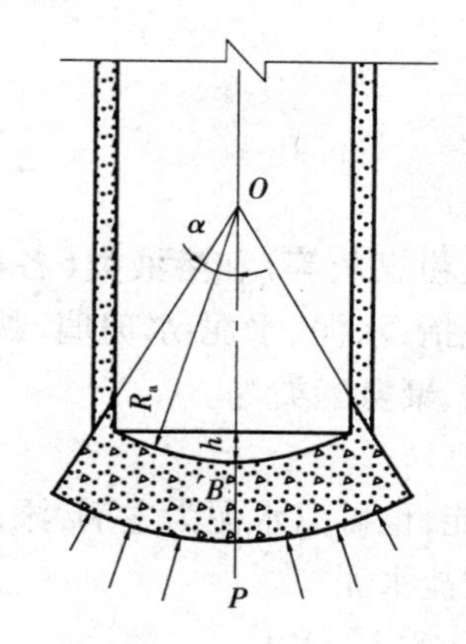

图9.8　单级球面型止浆垫

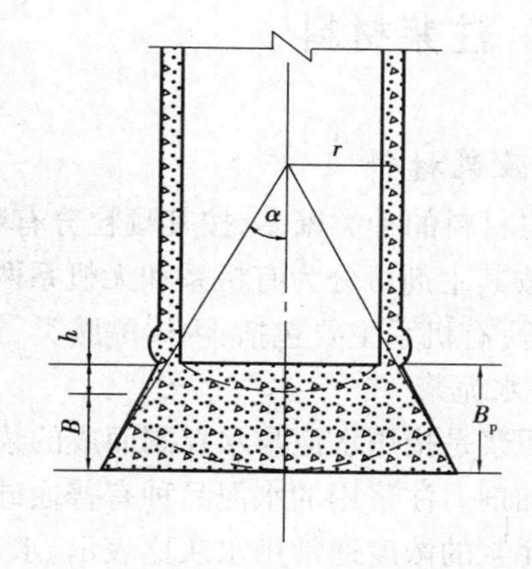

图9.9　平底型止浆垫

止浆垫的厚度计算公式为:

单级球面型

$$B = \frac{rP}{[\sigma]} \tag{9.7}$$

平底型

$$B_p = B + h = \frac{rP}{[\sigma]} + 0.3r \tag{9.8}$$

式中　P——注浆终压,MPa;

r——井筒掘进半径,m;

$[\sigma]$——止浆垫材料的许用抗压强度,MPa;

h——球面矢高,m。

止水垫用混凝土构筑。构筑前,要处理工作面中的水,并将工作面清底成型,制备好孔口管和安装件等,然后进行止浆垫施工。施工时要安装并固定注浆导向管,经校正后便可浇筑混凝土。当工作面涌水量较大时,需采取滤水层和排水措施。

(3)布孔与注浆段高

注浆孔一般与井筒呈同心圆布置。布孔方式分为直孔或径向斜孔。当裂隙连通性好,裂隙近于水平或孔壁稳定性较差时,宜采用直孔方式,这时可采用较大型钻机钻孔,注浆段高可适当加大,一般根据钻机能力所能达到的有效钻进深度确定;当裂隙连通性一般,径向垂直裂隙发育较差时,宜采用径向斜孔,这时一般用轻型钻机钻孔。注浆段高一般为30~50 m。

注浆孔至外帮距离一般取0.3~0.6 m,以便于钻机操作为准;注浆孔间距,在大裂隙中为

2~3 m,在小裂隙中为1~1.5 m。

(4)钻孔与注浆作业

工作面注浆常用2或3台轻型钻机或多台凿岩用的重型凿岩机钻注浆孔。为了防止钻孔突然涌水,需在导向管上安装防突水装置。

工作面注浆的工艺设备与地面预注浆基本相同。注浆站通常设在地面,注浆管悬吊或敷设在井筒内。如果井筒直径较大,也可将注浆泵放在井内凿井吊盘上,浆液在井口制作并通过供水管或混凝土输送管输送到吊盘上的盛浆容器内。双液注浆时,混合器多设在工作面,采用下行式分段压入式注浆。

9.2.2 注浆材料

1)常用注浆材料

注浆材料的种类繁多,按其颗粒分有颗粒类(如水泥、黏土、粉煤灰等)和溶液类(各种化学浆液),按其主剂可分为有机系和无机系两大类。无机系主要包括:水泥、水泥-水玻璃、黏土、水玻璃类等;有机系主要包括:丙烯酰胺类、铬木素类、脲醛树脂类、聚氨酯类等。

(1)水泥浆

水泥浆是指用水泥与水拌制而成的浆液,为改变浆液的性能,也可以水泥为主剂,添加一定量的外加剂。注浆用的水泥品种有普通硅酸盐水泥和矿渣硅酸盐水泥。

水泥浆的浓度通常用水灰比表示,水灰比变化范围一般为0.8:1~2:1。

水泥浆液应用最为广泛,其主要优点是货广价廉,结石体强度高,抗渗性能好,注浆工艺简单,易于操作、无污染;其缺点是水泥颗粒较粗,可注性差,在细裂隙及粗砂以下地层中很难注入,凝胶时间长且难以准确控制,初期强度低,浆液易沉淀析水,易被水稀释,稳定性差。因此,纯水泥浆在注浆工程中的应用受到了一定限制。为改善水泥浆液的性能,通常在水泥浆液中加入添加剂,如水玻璃、氯化钙等速凝剂;三乙醇氨等速凝早强剂;硅粉等早强剂和黏土等悬浮剂。水玻璃、氯化钙的添加量一般为水泥质量的3%~5%,三乙醇氨的最佳用量为水泥质量的0.05%,硅粉、黏土用量可占水泥质量的10%~30%。

(2)水泥-水玻璃浆液

水泥-水玻璃浆液又称为C-S浆液。当水玻璃掺量增加到一定比例时,水泥浆的性能就发生了质的变化,这种浆液兼有水泥浆和化学浆的一些优点。凝胶时间可以从几秒至数十分钟任意调节,强度可为5~20 MPa。早期强度比水泥浆有较大的提高,可注性好,材料来源丰富,价格低廉,在地面预注浆、工作面预注浆和处理淹井事故等方面得到了广泛应用,效果较好。注浆作业时需采用双液注浆系统。

水玻璃又称泡花碱。模数和浓度是水玻璃的两个重要参数,水玻璃的模数要求为2.6~3.0,浓度一般为30~40°Bé(波美度)。模数越小,凝胶时间越长,结石体强度越低。

C-S浆液中,水泥一般用强度等级为42.5以上的普通硅酸盐水泥,水泥浆的水灰比为0.5~2.0(质量比),水泥浆与水玻璃的体积比为1:0.5~1:1。

(3)水玻璃类浆液

水玻璃是化学注浆中最早使用的一种材料,其性能良好、来源丰富、价格低廉、对环境无污染,可注性好。固砂强度一般为0.2~0.3 MPa,适用于松软地层加固或细裂隙岩层堵水,应用前景好。水玻璃一般不单独使用,常与铝酸钠、氯化钙等混合使用。水玻璃与氯化钙在相遇瞬间就会发生反应,故其凝胶时间难以控制,通常采用双管注入的方式,让两种材料在地层中发生反应。

(4)丙烯酰胺类浆液

丙烯酰胺类浆液是以有机化合物丙烯酰胺为主剂、添加其他药剂配制而成的化学浆材,如美国的AM-9、日本的日东SS、我国的MG-646等均属于这一类浆液,国内通常称为丙凝。这种浆液常为双液浆,分甲液和乙液,注入地层发生聚合反应,形成不溶于水的弹性聚合体,起到阻水作用,故可应用于各个工程领域的防渗堵水。丙烯酰胺类浆液及凝胶体性能特点是:

①浆液黏度小,且在凝胶前始终保持不变,因此可注性好。

②凝胶时间可在几十秒至几十分钟内准确控制,凝胶是在瞬间发生并完成。

③凝胶体抗渗性能好,其化学性能稳定,耐久性能好。

④凝胶体本身是弹性的,抗压强度低。固砂体的抗压强度一般为0.4~0.6 MPa。

⑤浆液的材料来源较困难,价格较贵,配制浆材较复杂,因此,一般只用于其他浆材难以注入的极细裂隙或粉土的堵水注浆。

化学浆液还有聚氨酯类、铬木素类、环氧树脂类、脲醛树脂类等多种,不再一一介绍。

2)浆液的主要性能

注浆材料的品种繁多,其浆液性能的变化也很大,不同的浆材有不同的性能,同种浆材也可以根据需要而改变其性能。浆液的主要性能有黏度、凝胶时间、抗渗性和抗压强度等。

(1)黏度

黏度是表示浆液流动时,因分子间相互作用而产生的阻碍运动的内摩擦力。通常所说的浆液黏度系指浆材所有组分混合后的初始黏度。黏度是浆液的一个重要性能指标,其大小影响着浆液的可注性及扩散半径。黏度的单位用帕秒(Pa·s)表示。现场有时用简单的漏斗黏度计测定浆液的黏度,用秒(s)作单位。

(2)凝胶时间

凝胶时间是指从浆液各组合成分混合时起,直至浆液凝胶不再流动的时间间隔。凝胶时间对注浆作业、浆液扩散半径和浆液注入量等都有明显的影响。能否正确确定和准确控制浆液的凝胶时间,是注浆成败的关键之一。因此,要求浆液的凝胶时间能随意调节和准确控制,以满足不同的需要。凝胶时间的确定,水泥浆可用试锥稠度仪,其他浆液可用凝胶时间测定仪。在没有测定仪器的情况下,通常用倒杯法测定。

(3)抗渗性

抗渗性指浆液固化后结石体透水性的强弱,通常用m/d或cm/s表示。

(4)抗压强度

抗压强度指浆液结石体的无侧限抗压强度。以加固为主要目的时,应选择结石体强度较高的浆材;以堵水为注浆主要目的时,浆材结石体的强度可低些。

3)注浆材料的选择

一种理想的注浆材料,不但应满足工程上的性能要求,而且应货广价廉、无毒性、对环境无污染。因此,注浆时应结合地层地质与水文地质条件、工程要求、原材料供应及施工成本等因素合理选择注浆材料,使施工既经济又有效。

①在基岩裂隙含水层中注浆,需浆量大,往往又要求有足够的固结体强度。因此,当裂隙开度较大时,可选择水泥浆、黏土浆或水泥-水玻璃浆液;当裂隙开度较小、普通水泥浆液难以注入时,可采用超细水泥浆液、脲醛树脂浆液或者水玻璃类浆液。

②在含水砂砾层中,粗砂以上可采用水泥-水玻璃浆液;中砂以下可采用化学浆液,如丙烯酰胺类、聚氨酯类和水玻璃类等。开凿地下工程穿过流沙层时,应选用强度高的化学浆材。在动水条件下,可采用非水溶性聚氨酯浆材。

③对于特殊地质条件(如破碎带、断层、岩溶等),应先注惰性材料,如砾石、砂子、岩粉和炉渣等,然后注单液水泥浆或C-S浆液。

④化学浆液是松散含水层注浆不可缺少的浆材,但价格较贵,有的还有毒性。因此,只有在必须用化学浆液的条件下才使用。毒性较小、价格较低的化学浆液有改性脲醛树脂等。

9.2.3 注浆参数

1)注浆压力

注浆压力系指克服浆液流动阻力进行渗透扩散的压强,通常指注浆终了时受注点的压力或注浆泵的表压。地面注浆时,主要观察和控制注浆泵上的表压;工作面注浆时,主要观察和检查工作面上孔口(受注点)的表压。立井工作面注浆、注浆泵在地面时,受注点的表压包括泵压和浆液液柱的压力。

提高注浆压力,可增加浆液的扩散距离,减少注浆孔数,从而加快注浆速度。此外,由于注浆压力的提高,细小裂隙亦易被浆液充填,提高了结石体的强度和密实性,改善注浆质量。但是,压力过高,会使浆液扩散太远,造成材料浪费,也会增加冒浆次数,甚至引起上覆地层的变形和移动;若压力太小则难以保证注浆效果。

注浆压力通常根据静水压力或经验确定。根据有关规定,注浆终压应为静水压力的2~4倍,国内部分矿区的经验是取静水压力的2~2.5倍。

在流沙层中进行化学注浆时,注浆压力一般比静水压力大0.3~0.5 MPa。在粗砂以上地层中可以用低压注可注性好的浆液;在细砂层中,为了保证扩散的范围和质量,可采取先低压后高压的方式注浆。

在地基加固、埋深50 m以内的地下工程中注浆时,注浆压力一般为0.5~1.0 MPa。

2)浆液注入量

浆液注入量是指一个注浆孔的受注段注入的浆液量,其计算以浆液扩散范围为依据。但是,由于地质情况复杂,很难精确计算,只能估算。浆液的注入量常按下式确定:

含水岩层
$$Q_v = Sh\eta\beta / m \tag{9.9}$$

含水砂层
$$Q_v = Sh\eta_s C \tag{9.10}$$

式中 S ——注浆的面积,m^2;

h ——注浆段高(厚度),m;

η ——岩层裂隙率,根据取芯或经验确定,一般为 0.5% ~3% ;

β ——浆液在裂隙内的有效充填系数,一般 β =0.8 ~0.9;

m ——浆液的结石率,与浆液的水灰比有关,水灰比 0.5∶1时为 99% ,1∶1时为 85% ,1.5∶1时为 0.67,2∶1时为 0.56;

η_s ——砂层孔隙率,一般 η_s =30% ~40% ;

C ——与浆液、砂层的种类、充填率等有关的修正系数,一般取 1.1 ~1.3。

在计算浆液的总需求量时,还应考虑一定的损耗量,浆液损失系数为 1.2 ~1.5。

3)浆液有效扩散半径

浆液在岩层裂隙或砂层孔隙间扩散流动的范围称为扩散半径,浆液充塞胶结后起堵水或加固作用的有效范围称为有效扩散半径。在裂隙岩层或其他不均匀地层中,由于渗透性和裂隙的各向异性,扩散半径和有效扩散半径的数据相差很大。有效扩散半径的大小与被注地层裂隙或孔隙的大小、浆液的凝胶时间、注浆压力、注浆时间等成正比,与浆液的黏度及浓度成反比。

由于被注地层的各向异性,用理论公式计算扩散半径的结果往往与实际相差甚远。在实际工作中,通常按经验值选取。在岩层中用颗粒类浆液时,工程设计中一般取 4 ~6 m。砂层中的化学注浆有效扩散半径较小,一般为 200 ~1 000 mm。

实际工程中,有效扩散半径太小,注浆钻孔数目就要增加,否则就难以达到注浆堵水和加固的目的;若注浆的扩散半径太大,就会造成浆液的流失和浪费,对此,可通过控制浆液的黏度和浓度,调整注浆压力和注浆时间等途径解决。

4)注浆段高

注浆段高指一次注浆的高(长)度。注浆段高的划分应以保证注浆质量、降低材料消耗及加快施工速度为原则。在含水砂层中注浆时,每层注浆厚度一般为 0.4 ~1.0 m;在岩层中注浆时,中小裂隙(裂隙宽度小于 6 mm)中段高为 20 ~40 m,大裂隙中段高为 10 ~20 m,破碎带中可取 5 ~10 m。

9.2.4 注浆设备

注浆设备是指配制、压送浆液的机具和钻孔机具。这些设备的合理选择与配置是完成注浆施工的重要保证。常规注浆设备主要包括:钻孔机、注浆泵、搅拌机、混合器、止浆塞、流量计和输浆管路等。当注浆量较大时,通常在地面设注浆站。

1)钻孔机械

钻进注浆孔主要使用钻探机械(图 9.10)、潜孔钻机(图 9.11)、潜风锤、气腿式凿岩机和钻架式钻机等,主要依据钻孔深度、钻孔直径、钻孔的角度等因素选择。凿岩机主要用于壁后注浆等浅孔(深度小于5 m)的钻进,钻架式多为立井钻凿炮眼用的伞形钻架(可达 10 ~15 m)。

2)注浆泵

注浆泵是注浆施工的关键设备。注浆泵要依据设计的最大注浆压力和供浆量来选择。泵压应大于或等于注浆终压的 1.2 ~1.3 倍。在注浆过程中能及时调量调压,并保证均匀供液;双

图 9.10　ZLJ 系列钻机

图 9.11　DZ/MZ 型潜孔钻机

液注浆时，注浆泵应能使双液吸浆量保持一定的比例。

注浆泵的种类有很多，按动力分，有电动泵、风动泵、液压泵和手动泵；按压力大小分，有高压泵（15 MPa 以上）、中压泵（5 ~ 15 MPa）和低压泵（5 MPa 以下）；按输送的介质分，有水泥注浆泵和化学注浆泵；按同时可输送的浆液的种类分，有单液注浆泵和双液注浆泵（见图 9.12 和图 9.13）。

图 9.12　2TGZ-60/120 型电动双液注浆泵

图 9.13　KBY-50/70 型液压双液注浆泵

3）搅拌机

搅拌机是使浆液拌和均匀的机器。它的能力应与注浆泵的最大排浆量相适应，搅拌机多由施工单位自制或与注浆泵配套供应。搅拌机（桶或池）的有效容积一般为 0.8 ~ 2 m^3。

4）止浆塞

止浆塞主要用于划分注浆段高，以使浆液能够注入本段高内的岩石裂隙。它应安设在孔壁稳定、无纵向裂隙和孔形规则的地方。止浆塞应结构简单、操作方便和止浆可靠。

目前使用的止浆塞多为机械式，它主要是利用机械压力使橡胶塞产生横向膨胀，与孔壁挤紧，从而实现分段注浆。橡胶塞的外径为 42 ~ 130 mm，高度为 150 ~ 200 mm，可根据实际情况选 2 ~ 4 个。机械式止浆塞有孔内双管止浆塞、单管三爪止浆塞和小型双管止浆塞等形式，目前，三爪止浆塞应用范围较广，矿山地面预注浆多采用这种形式。

本章小结

(1)辅助工法较多,本章介绍了两种较为重要的方法——冻结法和注浆法。冻结法的实质是利用人工制冷临时改变岩土性质以固结地层。注浆法的作用与冻结法基本类似,但注浆法实施后,注入的材料将滞留于地层中,起到永久加固的作用。冻结法施工结束后,冻结地层将被融化,地层恢复到原始状态。冻结法施工的成本相对较高,但比较可靠。注浆法较为经济,但效果难以准确把握。

(2)冻结法虽然广泛应用于矿山立井施工,但其基本原理同样适用于其他地下工程的不稳定地层或含水极丰富的裂隙岩层施工。近十几年来,该工法已从矿山逐步推广到城市地铁、污水排放、深基坑、水利工程、河底隧道等工程中。

(3)冻结法制冷系统的三大循环是理解冻结法基本原理的关键,必须深刻理解和掌握。冻结方案及技术参数对冻结工程成败影响较大,施工前应充分论证,合理选择。

(4)冻结法施工时必须等待冻结壁完全形成后才能开挖,必须等地下工程结构完成后才能停冻。

注浆作为岩土与地下工程加固与堵水的方法已在各个行业领域得到广泛应用。注浆材料的选择及浆液的性能参数对注浆效果影响很大。裂隙或孔隙较大时一般采用常规的颗粒型材料即可达到预期效果,但在微隙地层,则需采用化学浆液或超细水泥等微细材料。化学浆液价格较贵且有毒性危害,选用上应从技术、环保和经济方面综合考虑。

(5)不论冻结法或是注浆法,施工前必须编制相应的施工组织设计。对施工设备、施工方案、施工工艺、技术参数等做出详尽的规划设计。

习　题

9.1　什么是冻结法?

9.2　冻结法的三大循环是什么?试详述热量的传递过程。

9.3　冻结壁厚度如何计算?各公式的适用条件是什么?

9.4　立井、基坑、斜洞、平洞冻结时,冻结钻孔应如何布置?请画出布置简图。

9.5　什么是地面注浆?简述其施工工艺。

9.6　注浆材料的性能参数有哪些?应如何确定?

9.7　常用注浆浆液有哪些?说明其基本性能。

参考文献

[1] 姜玉松. 地下工程施工技术[M]. 武汉:武汉理工大学出版社,2008.
[2] 李晓红. 隧道新奥法及其量测技术[M]. 北京:科学出版社,2002.
[3] 关宝树. 隧道工程施工要点集[M]. 北京:人民交通出版社,2003.
[4] 杨其新,王明年. 地下工程施工与管理[M]. 成都:西南交通大学出版社,2005.
[5] 贺少辉. 地下工程(修订本)[M]. 北京:清华大学出版社,北京交通大学出版社,2006.
[6] 周爱国. 隧道工程现场施工技术[M]. 北京:人民交通出版社,2004.
[7] 王斌. 公路隧道施工监测检测技术与实践[M]. 北京:北京交通大学出版社,2010.
[8] 颜纯文,D. stein. 非开挖地下管线施工技术及其应用[M]. 北京:地震出版社,1999.
[9] 上海隧道工程股份有限公司. 软土地下工程施工技术[M]. 上海:华东理工大学出版社, 2001.
[10] 侯学渊,钱达仁,杨林德. 软土工程施工新技术[M]. 合肥:安徽科学技术出版社. 1999.
[11] 关宝树. 地下工程[M]. 北京:高等教育出版社,2007.
[12] 任建喜. 地下工程施工技术[M]. 西安:西北工业大学出版社,2012.
[13] 朱合华,张子新,廖少明. 地下建筑结构[M]. 北京:中国建筑工业出版社,2011.
[14] 陈韶章,陈越. 沉管隧道设计与施工[M]. 北京:科学出版社,2002.
[15] 黄成光. 公路隧道施工[M]. 北京:人民交通出版社,2001.
[16] 张照煌,李福田. 全断面隧道掘进机施工技术[M]. 北京:中国水利水电出版社,2006.
[17] 王运敏. 中国采矿设备手册:下册[M]. 北京:科学出版社,2007.
[18] 余彬泉,陈传灿. 顶管施工技术[M]. 北京:人民交通出版社,1998.
[19] 刘刚. 井巷工程[M]. 徐州:中国矿业大学出版社,2005.
[20] 陈馈,洪开荣,吴学松. 盾构施工技术[M]. 北京:人民交通出版社,2009.
[21] 林登阁,王有凯. 井巷工程[M]. 徐州:中国矿业大学出版社,2010.
[22] 吴再生,刘禄生. 井巷工程[M]. 北京:煤炭工业出版社,2005.
[23] 张凤祥. 沉井与沉箱[M]. 北京:中国铁道出版社,2002.
[24] 张凤祥,傅德明. 盾构隧道[M]. 北京:人民交通出版社,2004.
[25] 张庆贺. 地下工程[M]. 上海:同济大学出版社,2005.
[26] 张凤祥,傅德明,杨国祥等. 盾构隧道施工手册[M]. 北京:人民交通出版社,2005.

[27] 周文波. 盾构法隧道施工技术及应用[M]. 北京:中国建筑工业出版社,2004.
[28] 朱永全,宋玉香. 隧道工程[M].2 版. 北京:中国铁道出版社,2005.
[29] 于书翰,杜谟远. 隧道施工[M]. 北京:人民交通出版社,2005.
[30] 关宝树,国兆林. 隧道及地下工程[M]. 成都:西南交通大学出版社,2002.
[31] 吴焕通,崔永军. 隧道施工及组织管理指南[M]. 北京:人民交通出版社,2005.
[32] 陈小雄. 现代隧道工程理论与隧道施工[M]. 成都:西南交通大学出版社,2006.